JN297869

フィリピンの国軍と政治

民主化後の文民優位と政治介入

山根健至 著
Takeshi Yamane

法律文化社

はしがき

　「フィリピンは政治が不安定な国だ」という言葉をしばしば耳にする。民衆の街頭デモや反政府武装勢力の活動が活発であることに加え、より耳目を集める国軍将兵によるクーデタ事件の多発が、そうした言葉が発せられる背景にあるように思う。実際、2001年から2010年まで続いたアロヨ政権期には、複数のクーデタ事件が発生したほか、日常的にクーデタ計画の噂が巷を賑わせ続けた。2010年7月に発足したベニグノ・アキノ3世政権下では、現在のところまでクーデタ事件はないが、国軍大佐が政権打倒を訴えるビデオ映像がインターネット上で公開されたり、前政権派の国軍将校がクーデタを計画しているとの憶測が飛び交ったりするなど、きな臭い情報が絶えることはない。フィリピンの政治が不安定であるとの印象は、メディアを賑わす国軍の政治介入（憶測や噂も含め）に多くを帰すことができるだろう。

　フィリピンにおいて国軍は、組織的暴力を保持する国内最大の集団である。メディアを賑わすだけではなく、状況によっては、その一挙一動がフィリピンの政治や民主主義のあり方に影響を与え得る存在である。1980年代後半以降多発した、国軍によるクーデタ事件はすべてが失敗に終わったが、他方で1986年2月のマルコス政権と2001年1月のエストラダ政権の崩壊劇において、国軍が政権崩壊の決定的な役割を演じた。また、アロヨ政権が相次ぐクーデタ事件を凌ぐことができたのは、国軍上層部が離反を拒否し政権を支持したからである。

　国軍が独裁者のパートナーとなったマルコス政権が崩壊し、フィリピンが民主化して20年以上経ったが、新たな民主主義体制と民主政治に国軍がどのように関わっているのか、国軍と政治の関係を形作る要素は何かなどという問題は、現代のフィリピン政治研究において依然として重要なイシューであるといえる。しかし既存の研究でこうした問題が十分に検討されてきたとは言い難い。本書は、文民優位のあり方という観点からこの問題に光を当て検討し回答

を模索することで、フィリピン政治研究への貢献を目指している。

　もちろん、このような問題に直面しているのはフィリピンに限ったことではない。

　ある国の国内で最大の武装組織である軍部（例外はあるが）の動向は、その国の政治情勢を左右し得る。権威主義体制から民主化した国においては、民主的社会の構築という観点から、武力を背景とした軍部の政治的影響力の行使は減少させていかなければならないものである。しかし、世界中で軍事クーデタが発生した1960年代、70年代のみならず、民主化が世界的な潮流となった1990年代以降も、軍部を政治から遠ざけておくことの困難に悩まされている国は多い。

　権威主義体制を経験した多くの途上国は、1980年代以降、次々と民主主義体制へと移行した。しかし、そうした国における民主主義の定着は順風満帆とはいかず、多くの場合、制度・手続き面における定着でさえも困難に直面した。なかでも、長年にわたり軍部が権威主義体制の中枢を占めてきた国においては、軍部を脱政治し、民主的に統制すること、そして、政治・経済・社会の各分野で軍部のプレゼンスを減少させることなどが重要な課題となった。

　他方で、冷戦の終焉、経済の自由化やグローバル化の進展などは、軍部が国内において様々な役割を担う正当性を減少させている。米ソ両超大国間の対立の終焉は地域の緊張を緩和し、国際的な軍事衝突が生じる可能性を劇的に低下させ、途上国の軍部の役割にも重大なインパクトを与えた。冷戦の終焉にともなう世界レベルでの共産主義の衰退、とりわけ大国から各地の共産主義勢力への支援の減少は、一般的に、国内における反政府共産主義勢力の武装闘争を鈍らせ、その結果、脅威としての逼迫性を激減させた。それにともない、軍部が反乱鎮圧任務をはじめとした国内的任務を担う必要性は低下し、軍部の役割拡大はその正当化の根拠を失った。

　さらに冷戦の終焉は途上国の軍部の利益に冷淡な国際社会を創出した。途上国への経済援助を推進する先進諸国や国際金融機関は、冷戦時代とは異なり軍部が大きな影響力を保持し続ける政治体制をもはや容認せず、援助や融資の条件として軍事費の抑制などを含む「良い統治」を要求するようになっていた。

はしがき

　こうしたなか、多くの新興民主主義国では、民主主義体制への移行以来、曲がりなりにも機能し続けている制度的、手続き的民主主義により、権威主義体制の残滓である軍部の特権や影響力は一般的に減少している。また国内でも、権威主義体制の強権性の象徴であった軍部の政治関与には批判的な見方が強まっており、政治社会や市民社会の諸アクターが、軍部による非合法な異議申し立てを積極的に容認することはほとんどない。このような状況の変化を無視して、軍部が異議申し立てをしたり、政治関与を繰り返したりすることはもはや容易ではない。

　しかしながら、これはあくまで一般論であり、さらに言えば、1990年代当時に湧き上がった期待であった。近年、いくつかの国でみられるように、軍部は依然として政治の表舞台で重要な役割を演じている。

　長らく軍事政権が続いていたビルマ（ミャンマー）では、2010年に軍事政権から軍部主導で「民政移管」が行われたが、新政権に軍部が大きな影響力を残す仕組みが埋め込まれた体制移行であった。軍事政権時代と比べ「民主的」になった部分もあるが、軍部が権力を手放す気配は今のところない。1990年代に軍部が政治から退いたタイは、東南アジアの民主化の優等生とみなされるほどの国になっていた。しかし2006年にクーデタによってタックシン政権が崩壊し政権交代が行われ、その後も軍部が政治的影響力を保持している。2011年のエジプトにおけるムバラク政権崩壊劇では、軍部の行動が体制崩壊過程の帰趨を左右した。軍部はその後の暫定政権を担い、選挙によって成立した政権に権力を移譲したが、新政権との対立を深めた結果、民主的に成立した政権を事実上のクーデタで崩壊させた。

　また、民主化したいくつかの国では古典的なクーデタではない、より複雑な形での政治関与による軍部の介入や影響力行使がみられる。クーデタのようなあからさまな政治介入が国内外の批判を呼ぶことを想起すれば、以前ほどクーデタは発生しないだろうが、しかし、これをもってして軍部の政治介入の問題がなくなったとは言えない。むしろ、軍部の政治介入や権限の保持が、民主化の過程で、より複雑化、巧妙化、制度化されたと考えて見極めを進める必要があろう。また、軍部の政治介入がたとえ直接的な武力行使によるものでない圧

力であっても、組織の性質上、武力を背景とすることが暗黙のうちに関係者の間で認識されていることを軽視してはならない。

　たとえ民主主義体制であっても、また、たとえクーデタが発生していなくても、軍部と政治の関係は存在するため、ポスト権威主義国における民主主義体制と軍部の関係の再編をめぐる問題は重要な研究課題である。本書は、長年同様の問題に直面してきたフィリピンの事例研究から、民主化後の政軍関係再編に取組む他の途上国の政治研究に示唆を提供することができよう。

　加えて、現代の途上国の政軍関係の問題を、軍部のみならずその他の治安機構や暴力装置を取り巻く問題として幅広く捉えた場合、目を向けるべき問題や取り組むべき課題は多岐にわたる。冷戦終焉後の内戦、武力紛争の多発や、平和構築活動の活発化、9.11事件後の世界情勢の混沌化、一部途上国での国家建設の失敗や民主主義的統治の危機などは、途上国の「軍」に関連する問題や課題を多様化・複雑化した。例えば、ポスト権威主義体制における軍部の民主的文民統制の確立や脱政治に加え、紛争後社会の平和構築における軍部・治安機構の改革、国家の暴力装置による人権侵害、民主化後の国家暴力の変容にともなう暴力の拡散の問題など、政治社会のみならず市民社会の領域へも問題は広がりをみせている。

　なかでも近年注目を集めるのは治安部門改革であろう。ポスト紛争国やポスト権威主義国では、一方で、社会秩序を維持し人々に安全を提供するための治安部門および監督機関の「能力強化」、他方で、人間の安全保障、法の支配、人権擁護、政治への不介入などの価値観を備えた治安部門にするための「体質改善」のふたつを含む治安部門改革が求められる。

　こうした治安部門改革に関する研究は近年増加しているが、平和構築の文脈でポスト紛争国の治安部門の能力強化を念頭に置いた研究が多く、ポスト権威主義国の文脈で治安部門の体質改善、監視機関の能力強化などに焦点を当てたものは少ない。ポスト権威主義国であるフィリピンに焦点を当てる本書の考察は、国軍の体質改善や監視機関の強化を妨げるものは何かという問題を、地域研究および比較政治学の視点から明らかにすることで、治安部門改革の研究・実践に貢献することができよう。

はしがき

　軍部の政治介入や治安部門改革などいずれの問題も、途上国における民主主義の発展・深化において重要な課題となるものである。すなわち、途上国においていかにして民主的な社会を構築し発展させていくかを考える際、依然として、政軍関係は無視することができない問題領域なのある。

　本書の目的は、民主化後のフィリピンにおける国軍と政治の関係について文民優位のあり方という観点から考察し、その実態を明らかにすることである。また、本書におけるフィリピンの事例の考察が、上述した多様な問題群のすべてに解答を与えることにはならないが、類似する境遇に置かれる途上国が直面する問題を把握、検討し、さらに理論的な研究へと発展させる際の知見を提供するものになると考える。

目　次

はしがき

序　章　フィリピンにおける権威主義体制の負の遺産と文民優位 　1
　――問題の所在と分析の視角――

1　民主化後のフィリピンにおける国軍と政治：本書の課題　1
　1-1　なくならない国軍の政治介入　1
　1-2　権威主義体制の負の遺産としての国軍　3

2　分析の視角　5
　2-1　文民優位　5
　2-2　軍部の政治関与と政軍関係：なぜ政治関与するのか　7
　2-3　民主主義の制度と実態　12

3　本書の構成　17

第1章　文民優位の伝統とマルコス政権期の政軍関係　26
　――エリート民主主義と独裁政権のなかの国軍と政治――

1　文民優位の伝統――エリート民主主義と国軍　26
　1-1　植民地経験と国軍の起源／文民主導の独立・文民統治の歴史　26
　1-2　伝統的な国軍の任務：国内の反乱鎮圧　28
　1-3　エリート間政治と国軍　29
　1-4　国軍将校と政治家のイデオロギー・利害の同質性　32

2　マルコス戒厳令体制への布石：国軍の権力基盤化　34
　2-1　国軍との関係強化と政治利用　34
　2-2　国軍の役割拡大　35

3　マルコス戒厳令体制と国軍：歪む文民優位　36

  3-1 戒厳令とマルコス体制 36
  3-2 統治と政治における国軍の役割拡大／忠誠と報奨の関係 38
  3-3 国軍の近衛兵化 39
 4 国軍の亀裂と改革派の登場：歪んだ文民優位の帰結 41
  4-1 国軍の亀裂・不満 41
  4-2 国軍改革派の登場と政治家の接近 42
  4-3 マルコス体制の崩壊 44
 5 国軍の政治化 45

第2章　文民優位回復への苦闘　54
――アキノ政権期の国軍の反発――

 1 クーデタとアキノ政権の危機 55
  1-1 脱マルコスと国軍内派閥 55
  1-2 アキノ政権に対する国軍の不満 56
  1-3 脅威認識と対共産主義勢力政策への不満 58
 2 国軍への依存と政策転換――安定化のために 60
  2-1 アキノ大統領の政策転換 60
  2-2 ラモス派の台頭 61
 3 クーデタと国民世論――介入の機会・意志の不在 63
  3-1 介入の機会の不在 63
  3-2 介入の意志の不在 64
 4 RAMとYOUの模索――政治社会での居場所を求めて 65
  4-1 活動の行き詰まり 65
  4-2 政治社会への参入の試み 66
  4-3 YOU：反エリート民主主義 68

第3章　民主制度の再生と文民優位　75
――国軍の利益と議会政治――

 1 政‐軍接触の公式の場――議会と国防省 76
 2 国軍と議会政治（1987-1990）――国内安全保障関連の政策決定と国軍 78

　　　　　　　　　　　　　　　　　　　　　　目　　次

　　2-1　主張する議会　78
　　2-2　CAFGU の動員　80
　　2-3　バランガイ選挙の延期　81
　　2-4　警察軍の解体　82
　　2-5　国軍利益と民主制度・エリート民主主義　83

3　国軍と議会政治(1990-2000年代)——国軍近代化法制定過程と実施局面　85
　　3-1　共産主義勢力の退潮　85
　　3-2　選挙職への退役軍人の進出：1992年選挙　86
　　3-3　国軍近代化法制定過程の政軍関係：「近代化」の意味をめぐって　87
　　3-4　国軍近代化予算・国防予算のトレンド　90

4　国軍と国防省——文民優位の間隙　92

第4章　国軍の開発における役割の制度化　99
　　　　——ラモス政権と国軍——

1　ラモスと国軍：国軍の掌握　99
　　1-1　ラモス政権の課題　99
　　1-2　残存する不安定要素としての国軍：ラモスと国軍　100
　　1-3　ラモスの国軍掌握手法　102

2　国軍反乱派の政治社会への統合——政治的安定化に向けて　103
　　2-1　国軍反乱派への恩赦　103
　　2-2　選挙への参加：政治社会への統合　105
　　2-3　国軍反乱派の免責：政治的安定化の代償　107

3　国軍の開発任務の制度化・拡大——ラモス政権の開発政策と国軍の開発参加　108
　　3-1　ラモスの開発志向と国軍　108
　　3-2　国軍近代化法とラモス　109
　　3-3　作戦計画 Unlad Bayan：反乱鎮圧から国家建設へ　111

4　政府・官僚機構への退役軍人の進出　113
　　4-1　国軍掌握と政府・官僚機構への退役軍人の任命　113
　　4-2　開発との関連　116
　　4-3　「弱い国家」と国軍の役割：ホセ・アルモンテの考え　118

第5章　国軍将校と政治家の個別的関係の形成 ── 126
　　　──国軍人事と文民優位の陥穽──

 1 選挙における政治家と国軍将校 127
 2 国軍将校の昇進と政治家の権限──議会任命委員会 128
  2-1 国軍将校の昇進と議会任命委員会 128
  2-2 フィリピンの政軍関係と任命委員会：先行研究における言及 129
  2-3 民主化後の任命委員会：アキノ政権期を中心に 131
  2-4 民主主義の定着と文民優位の逆説 134
 3 フィリピン士官学校名誉同期生 137
 4 国軍人事の規則・慣習と大統領の権限 140
  4-1 国軍人事の規則・慣習 140
  4-2 大統領の権限 141
  4-3 人事による国軍掌握の危険性 142

第6章　エドサ2の衝撃 ── 147
　　　──エストラダ政権期の政軍関係──

 1 エストラダ政権と文民優位促進の試み 148
  1-1 官僚機構の「文民化」 148
  1-2 退役軍人との不和 151
 2 政治化を深める国軍・国家警察人事 152
 3 エストラダ政権の危機・崩壊と国軍の動向 157
  3-1 エストラダ政権の危機 157
  3-2 退役軍人の動き 158
  3-3 国軍内における反エストラダの動きと政治家との接近 159
  3-4 国軍の支持撤回：エストラダ政権の崩壊 161
  3-5 報奨と粛清の人事 163
 4 政治介入の正当化──「『国民、国家の守護者』としての国軍」 165
 5 エストラダ政権とRAM・YOU 167
  5-1 政権中枢へ 167
  5-2 「エドサ2」と「エドサ3」：RAMの分裂 168

6　「エドサ2」の衝撃　171

第7章　忠誠と報奨の政軍関係　　　　　　　　　　　　　　　177
　　　　──アロヨ大統領の国軍人事と政治の介入──

　1　ポスト・エドサの政治的文脈と政軍関係　178
　2　忠誠と報奨──国軍掌握とアロヨ大統領の人事　181
　　2-1　アロヨ大統領の課題　181
　　2-2　論功行賞人事　182
　　2-3　フィリピン士官学校同期生　184
　　2-4　国軍参謀総長人事　186
　　2-5　退役後の政府ポストへの任命　187
　3　アロヨ大統領の国軍人事の陥穽　187
　4　大統領選挙での不正疑惑と国軍人事　190
　　4-1　大統領選挙での不正疑惑と国軍幹部　190
　　4-2　報奨と懲罰の人事　191
　　4-3　国軍内の不満　193
　　4-4　クーデタ未遂事件の発生　194
　5　78年組の台頭と大統領選挙　195
　　5-1　78年組の台頭　195
　　5-2　政治介入の懸念　198
　　5-3　政権維持と国軍人事　199

第8章　国軍の国内安全保障における役割　　　　　　　　　203
　　　　──反乱鎮圧作戦と開発任務──

　1　国軍任務転換の試みと安全保障環境──反乱鎮圧と対外防衛　204
　　1-1　安全保障環境の変化と国軍幹部の認識　204
　　1-2　国家警察の設立と反乱鎮圧任務の移管　205
　　1-3　国軍への反乱鎮圧任務の再移管　206
　2　国軍の開発任務──反乱鎮圧作戦のアプローチ　209
　　2-1　国軍の開発任務：反乱鎮圧作戦と「総合的アプローチ」　209

  2-2　開発局面への参加強化の傾向　211
 3　反乱鎮圧作戦における非戦闘任務——民軍作戦の諸要素　214
  3-1　民軍作戦（CMO）　214
  3-2　特別作戦チーム（SOT）　215
  3-3　コミュニティ開発の強化・制度化　218
  3-4　インフラ整備　220
  3-5　政府の貧困対策への収斂と制度化：アロヨ政権期　220
 4　開発任務の影響——国軍の政治化と文民優位の侵食　224
  4-1　国軍の政治化　224
  4-2　文民優位の侵食　225
  4-3　国軍・文民機関双方の本来の役割への影響　226

第9章　アロヨ政権期における反乱将校のクーデタ事件　232
——不変の介入の意向と拡大する介入の機会——

 1　国軍若手将校の不満——反乱の不変の要因　233
  1-1　オークウッド事件　233
  1-2　国軍若手将校の反乱の要因　234
  1-3　13年前の勧告　235
 2　政権転覆の企てとホナサンの影　238
 3　続くクーデタ事件　241
 4　介入の機会の拡大と活用——国軍の政治介入の社会的容認　244
  4-1　介入の機会の拡大と迎合：アロヨ大統領の信頼低下　244
  4-2　国軍の介入に対する社会的容認　247
  4-3　憲法条項引用の定着化　249
 5　アキノ3世政権下での恩赦　250

終　章　文民優位の逆説と改革の可能性　256

 1　文民優位の逆説　256
  1-1　文民優位の諸相　256
  1-2　国内安全保障における国軍の役割と文民優位　258

1-3　政治における国軍の役割　260
　　1-4　反乱将兵とクーデタ事件　262
　2　改革にむけて：アキノ3世政権下の取り組みと市民社会　264
　　2-1　治安部門改革と市民社会　264
　　2-2　アキノ3世政権と国軍の国内平和安全保障政策「バヤニハン」　266
　　2-3　改革の背景：国家の応答性　270
　　2-4　市民社会の参加　276
　　2-5　可能性と課題　278

参考文献
あとがき
索　　引

序　章

フィリピンにおける権威主義体制の負の遺産と文民優位
――問題の所在と分析の視角――

1　民主化後のフィリピンにおける国軍と政治：本書の課題

1-1　なくならない国軍の政治介入

　フィリピン政治と国軍の関係が問題視されるようになったのは、1972年にフェルディナンド・マルコス大統領が戒厳令を布告し権威主義体制を成立させてからである。国軍はマルコスのパートナーとして政治・経済・社会の様々な領域で役割を拡大させ、特権を享受し、反対勢力の抑圧を担った。こうした権威主義体制下での一連の役割拡大は国軍の「政治化」を帰結し、一部がマルコスに対するクーデタを敢行するに至った[1]。これをきっかけに、1986年2月、マルコス政権は崩壊した。

　マルコス政権崩壊はアキノ大統領の下での民主主義体制成立に帰結したが、民主主義定着段階のフィリピンは、その初期において国軍の反乱に直面することとなった。マルコス政権下で涵養された国軍の政治志向と、マルコス政権打倒・新政権成立において国軍が重要な役割を担ったという自負心が相まって、国軍の一部は政治介入は当然であると考えるようになっていたのである[2]。失敗あるいは未遂に終わったとはいえ、アキノ政権下で国軍の一部が企てたクーデタは8回を数えた。そのような国軍を抱え、民主化直後から1980年代末までのフィリピンにおける政軍関係は概して不安定であった。

　一方、アキノ政権末期、そして1992年からのラモス政権期になると、クーデ

タが起こらなくなり、特筆すべき国軍の政治介入や、国軍と政府との軋轢はみられなかった。つまり、1990年頃からラモス政権期にかけて、政軍関係は徐々に安定していったと捉えることができる。1990年代の中期から後期にかけては、政軍関係に耳目を引くような出来事は発生せず、国軍は政治の表舞台から姿を消したかに思われた。

　しかし、こうした状況は2000年代に入り一変した。国軍は2001年1月のエストラダ政権崩壊とアロヨ政権誕生に大きな役割を果たすこととなった。2000年後半から2001年初頭にかけて、エストラダ大統領の汚職疑惑発覚を機に大統領に辞任を求める抗議行動がフィリピン全土で繰り広げられていたが、そうしたなか国軍が大統領への支持撤回を宣言し、政権崩壊を決定付けたのである。その後、アロヨ政権が成立したが、国軍が政権交替に一役買ったことは誰の目にも明らかであった。

　こうして成立したアロヨ政権下のフィリピンでは、政軍関係は常に緊張状態にあり、国軍将校によるクーデタ未遂事件が幾度となく発生した。2003年7月に、国軍若手将兵およそ300名がマニラ首都圏マカティ市のホテルを占拠し、アロヨ大統領の辞任、国軍の待遇改善などを要求する事件が発生した。2006年2月には、一部の国軍将校や反アロヨの政治家、左派勢力などが関与するクーデタ計画が発覚し、アロヨ大統領が非常事態宣言を発令した。さらにその2日後、海兵隊の一部将兵が政権打倒を訴え海兵隊司令部に立て籠もる事件が発生した。2007年11月には、先述のクーデタ未遂事件で逮捕され公判中であった将校が出廷中の法廷から脱走し、合流した将兵とともにマカティ市内のホテルに立て籠もり、アロヨ大統領の辞任を訴えた。表面化したこれらの事件だけでなく、アロヨ政権期にはクーデタ計画の存在が頻繁に取沙汰された。

　また、マルコス政権の強権性の象徴であった国軍による人権侵害事件も、依然として多発している。とりわけアロヨ政権下で、左派系政党の議員やその関係者、左派系団体の政治活動家、労働運動や農民運動の活動家、ジャーナリストなどが多数、政治的意図による処刑を意味する「政治的殺害」の犠牲となっている。その犠牲者の数は、アロヨ政権が成立した2001年から2006年の間に、フィリピン国家警察の発表では137名、フィリピンのNGO「カラパタン」の発

表では724名、アムネスティ・インターナショナルの報告書では244名、などとされている。事件には国軍部隊の関与が指摘され、国軍の作戦として実行されていることが疑われたが、ほとんどの場合、被疑者が逮捕されることはなかった。アロヨ政権下だけではなく、民主化以降、こうした国軍による人権侵害問題に対して政府が毅然とした態度で取り組んできたとは言い難い。

民主化以降、国軍が政権を掌握するといった民主主義体制の崩壊は起きていないし、マルコス政権期に比べて国軍のプレゼンスは後退している。しかし他方で、民主化後20年以上経つにもかかわらず、依然として国軍の政治関与や人権侵害行為など、改善されるべき問題が生じている。こうした混沌とした状況を理解し、さらに将来への示唆を得るためには、個々のクーデタ事件の直接的要因を探るだけではなく、中・長期的な観点から民主化後の政軍関係の実態を検討し、民主化後のフィリピンにおける新たな民主主義体制とそこで営まれる政治に、国軍がどのように関わっているのか、国軍がどのように位置付けられているのか、そして国軍と政治の関係を形作るのはどのような要素なのか、などの点を明らかにすることが必要である。しかし、こうした問題が十分に検討されてきたとは言い難い。

1-2 権威主義体制の負の遺産としての国軍

フィリピンでは独立以来、国軍が政権を奪取したことがないため、政軍関係に関する研究はさほど多くなかった。しかし、1972年にマルコスが戒厳令を布告し国軍をパートナーとする体制を構築して以降は、マルコス政権以前も視野に入れたまとまった研究成果が出されている。その後、マルコス政権の崩壊に国軍が一役買ったことや、アキノ政権期におけるクーデタ事件の続発といった状況を受け研究は増加した。

民主化後のフィリピンにおける国軍と政治の関係を扱った研究の多くは、「マルコス権威主義体制下で政治化し、民主主義体制への移行期に政治介入の度合いを強めた国軍」という権威主義体制の負の遺産に注目する。そして、政治化の要因や過程、政治介入の様態や要因、政軍関係の安定化・不安定化の様相、文民統制が確立するか否か、などが研究の関心となってきた。こうした従

来の研究に共通して存在するのは、権威主義体制の負の遺産である政治化した国軍が民主化後のフィリピンにおける国軍と政治の関係を大きく規定しているとする視点である。

　こうした問題関心や視点は、理論的にも実証的にも重要であるため、これ自体を問題視するつもりはないが、民主化後のフィリピンにおける国軍と政治の関係を現在まで射程に入れて理解し、将来への示唆を求める場合、これだけでは不十分であると考える。

　民主化後20年以上が経ったアロヨ政権期においても、クーデタ未遂事件が相次いだり人権侵害問題が深刻化したりし、また、現在のアキノ3世政権下でもクーデタの噂が流れるなどしたが、これら権威主義体制の負の遺産を直接結び付けて考えることはできるのだろうか。つまり、近年の政軍関係に生じるあらゆる問題の原因、さらに言えば将来に起き得る問題の原因を、過去の権威主義体制の負の遺産としての国軍の政治化と機械的に関連付けてしまうことは、はたして妥当なのであろうか。権威主義体制の負の遺産が長期にわたり残存し影響を及ぼし続けるとは限らないし、残存しているのであれば、なぜ、どのようになどという疑問が浮上する。政軍関係を形成する他の要素に影響を残す形で残存することもあろうし、民主主義の定着など様々な状況から影響を受け変質して残存することも考えられる。また、権威主義体制の負の遺産とは別の独立した要因が政軍関係を規定し得る。すなわち、負の遺産としての国軍の性質が政軍関係を規定するといった見方のみならず、同時に民主化後の政軍関係の様態が国軍の性質を規定するという相互作用を認識する必要がある。

　これまで、マルコス権威主義体制の負の遺産が政軍関係に与えたインパクトについてはよく研究されてきたが、他方で、それがなぜ依然として存在するのか、あるいはどのような形で存在するのか、などという問いが検討されることは皆無であった。つまり、民主化後のフィリピンにおける国軍と政治の関係──民主化直後から2000年代そして将来をも視野に入れて──を理解するためには、異なる視角を加えて多面的に検討する必要がある。

序　章　フィリピンにおける権威主義体制の負の遺産と文民優位

2　分析の視角

2-1　文民優位

　そこで本書では、民主化後のフィリピンにおける「文民優位」のあり方に焦点を当てたい。

　文民優位とは、「民主的に選出された文民政府が、軍部の干渉なく全般的な政策を実施し、国防に関する目標と全体的な組織を定め、国防政策を策定・実施し、軍事政策の実施を監督する能力」を発揮している状態のことである[8]。民主主義国家においては、軍部に直接関係のない領域の政策はもちろんのこと、軍部に関係が深い安全保障領域においても、選挙の洗礼を受けていない軍部が政策決定に大きな影響を及ぼすことは望ましくない。軍部はその専門知識に基づき安全保障に関係する政策について提案をすることができるが、それはあくまでも提案に限定されるべきなのである。すなわち、たとえ軍部の専門領域であっても、政策決定において軍部のために権限が留保されていてはならず、安全保障政策や軍事予算の決定権限は文民が有していなければならない。そして、文民政府が決定した政策が軍部の拒否権行使の対象となってはならない[9]。これが文民優位の原則である。

　民主化後から1990年代のフィリピンの政軍関係を対象とした研究では、政軍関係における文民優位の確立が目指されるべき到達点として置かれる。そして1992年から1998年のラモス政権期に、文民優位が相対的に達成され政軍関係が安定したとみなす傾向がある[10]。しかし、政軍関係の安定・不安定、あるいはクーデタの有無については関心が払われる一方で、文民優位の内実については深くあるいは批判的に検討されることはなかった。また、2000年代の政軍関係の不安定化を扱った研究でも、1990年代の文民優位の内実の再検討を含め、文民優位の実情や変容に焦点が当てられることはほとんどない[11]。そもそも、マルコス権威主義体制下でも、民主制度が破壊されたとはいえ、マルコス大統領個人による文民優位が存在した。そのあり方に歪があったため、政軍関係に様々な問題を生み出したのである（第1章）。

民主化後の国家で文民優位の確立が単線的に進展することはほとんどない。ある領域では進展する一方、他の領域では滞ったり、一時的に進展をみせたが後退したりするケースが普通である。また、文民優位は程度の問題であり、文民優位の状態と軍部が政治的影響を持つ状態は混在する。文民優位の確立か軍部による聖域化か、つまり文民優位の有無などという二分法的な捉え方は適切ではない。すなわち、複数の民主的制度が国軍の統制において各々の役割を果たす文民優位が制度的に保障されているかどうかという点と同時に、制度的外観のみならず、どのような実態の文民優位が存在するのかが問われなければならない。

　さらに、文民優位の進展が政軍関係に望ましい影響を与えるとは限らない。民主的に成立した政権の下で文民優位が確立することは、権威主義体制の民主化という観点からは歓迎されるものであるが、場合によっては、本来は政治的に中立であるべき軍部に、文民優位の名の下に党派的な意思が浸透し、軍部の政治利用や政治化が生じる可能性は否定できない。そして、こうした文民優位のあり方は、政軍関係を構成する人々や制度、環境や文化といった構造的要因などに影響を受け形成される。

　こうしたことから、民主化後のフィリピンにおける国軍と政治の関係を多面的に把握するためには、文民優位のあり方にも目を向けて実態を分析し、それを規定する要因、権威主義体制の負の遺産との関係、国軍の政治介入への影響などを明らかにしなければならない。

　上述したように、文民優位については、二分法的にその有無を問うことでは実態の把握はできない。また、強いか弱いかといったように全体的な傾向を示すだけでは不十分である。すなわち、どの領域でどの程度の文民優位が存在するのかという視点から捉える必要がある。これを観察するためにクロワッサンは、5つの領域における意思決定権限の文民政府と軍部の間での配分状況を検討の焦点に設定している[12]。5つの領域は次のとおりである。第1に、公職を占める者を採用、選択し、正当性を与えるルール、基準、過程を定める領域である。この領域には、「誰が統治するか、あるいは統治する者を誰が決めるか」に関する権限が存在する。軍部のために公職が確保されていたり、軍部の選挙

操作等によって政治的競争が歪められたり、特定の政治連合への非公式の支援やあからさまな介入によって政府の成立や解体において軍部が影響力を行使したりする状況は、文民優位を侵食、制約するものとなる。第2に、狭義の安全保障政策を除くすべての国政についての政策決定・実施の領域である。安全保障分野以外の政策決定や国家予算の配分等で軍部の意向が優先的に反映されているかどうかが焦点となる。第3に、反乱鎮圧作戦、対テロ作戦、国内諜報活動、法執行や国境管理などの国内法秩序維持に関わる決定の領域である。こうした活動に関連する目標や方策を文民がどの程度決定しているか、国内治安や法執行を担当する文民当局が軍部から独立しているか、仮に軍部が国内治安活動に携わる場合でも活動が文民の原理原則やガイドラインに則って実施されているか、文民の監視下にあるか、などが焦点となる。第4に、対外的防衛を目的とする国防の領域である。文民が国防政策に関わるすべての実効的・最終的な意思決定権限を有するかどうか、軍部による国防政策の実施を文民が効果的に監督できるかどうかが焦点となる。第5に、軍部組織に関する決定の領域である。これには、軍部の規模や部隊構成、装備の調達・製造などのハード面と、ドクトリンや教育、将兵徴募、任命や退役等の人事などのソフト面のものがある。これらにおいて文民が実質的にどの程度の決定権限を有しているか、また、軍内部の事案に関する軍部の自律性を認めながらも、それが及ぶ範囲を文民が設定する権限をどの程度有しているかが焦点となる。

　本書では、民主化後のフィリピンにおける政軍関係を文民優位のあり方に着目して検討する。その際、全体を貫く問いを次のように設定し諸々の現象を検討する。第1に、どの領域で、どのような、どの程度の文民優位が存在するのか。言い換えれば、国軍の影響力がどの領域で、どの程度存在するのか。第2に、文民優位のあり方が国軍の政治関与とどのように関連しているのか。第3に、なぜそのような文民優位なのか、または文民優位のあり方が何に影響を受けているか、である。

2-2　軍部の政治関与と政軍関係：なぜ政治関与するのか

　文民優位のあり方と国軍の政治関与がどのように関係しているのかを検討す

るため、いくつかの概念整理とアプローチの設定をしておきたい。

軍部の政治関与には、ファイナーが指摘するように、介入の「意向（disposition）」と「機会（opportunity）」が存在する必要がある[13]。意向は軍部側にある要因で、機会は文民政府や社会の側にある要因である。

軍部の政治関与の意向に影響するのは、軍部には国家の救世主たる使命が与えられているとの考え、国益と自らを重ね合わせ自身を国家の守護者として思い描きそれゆえに政治介入が義務であるとする考え、階級的利益、地域的利益、軍部の組織的利益、軍人の個人的利益などを擁護しようとする考え、軍部が抱く自らが文民政府や文民一般よりも優れているとする考えや高い自尊心などであり、多くの場合これらが絡み合って政治関与の意向を形成する[14]。

これらをフィリピンの経験と状況に引きつけて整理すると、国軍の政治志向と利益が、国軍の政治関与の意向を形成すると考えることができる。前者はフィリピンの政軍関係に関連する研究で定型表現となっている「国軍の政治化」に相当する。ミランダによると、国軍の政治化とは、「国軍は政府全般に関与し、また国家安全保障を含む特定の関心事においては顕著な影響力を持つことが適切であると大半の将兵が考える」状態であり、それは「文民政府の枠組み内で自らの政治的地位を強化する様々な試みから、軍事クーデタのような手段で政治権力を奪取するようなあからさまな企てを含む」諸活動によって表出する[15]。第1章で検討するが、フィリピンで国軍が政治化したのは、マルコス政権下で開発などの行政分野に役割を拡大したことであると認識されている。以上を踏まえて以下の点を検討のポイントとして設定する。

国軍の役割と政軍関係

第1に、国軍の役割に焦点を当てる。国軍がどのような役割を担っているかということは、国軍の政治志向に関連する。

一般的に権威主義体制下では、軍将校が、議会、官僚機構、政府関連諸機関、公営企業などのポストに就き、さらに軍部が開発などの社会経済活動に従事するなど、軍部の役割の政治、行政、経済分野への拡大が顕著であった。軍部の役割拡大は、多くの場合、統治行為に対する軍部の自信を高め、政治的影響力を増大させ、組織的利益や特権を生むものとなる[16]。マルコス政権下のフィ

リピンにおいても同様であった。フィリピンでは権威主義体制下での役割の拡大が、国軍が政治志向を持つ要因となったり、国軍の特権を生み出したりした（第１章）。こうしたことから、民主化後は国軍の役割を減少させることが望ましいと認識される。

　ただし、軍部の役割拡大は権威主義体制下に限って生じるわけではない。民主的に選ばれた政治指導者によって軍部の役割の拡大が行われることもある。独立して間もない途上国においては文民政府の統治能力の欠如を補完し、安定を維持する役として、また近代化の推進役として、組織的凝集性や優れた技術などの「近代性」を有している軍部の役割が一定の評価を受けてきた[17]。実際、多くの途上国において、軍部はインフラ整備や住民への社会的サービスの提供などの社会経済開発任務を主要な任務としてきたのである。軍部の役割拡大は民主制下・文民優位の下でも起こり得る。

　仮に軍部の役割が非防衛任務へと拡大する場合、それが無条件、無制限であってはならない。グッドマンは、ある特定の任務が軍部によって適切に果たされているか否かを判断するものとして、以下の３つの基準を挙げている。第１に、軍部の関与が他の文民機関の人員をその活動から排除しているか、あるいは文民による重要な技術の向上や活動範囲の拡大を阻害しているか。第２に、軍部がその任務への関与によって付加的な特権を獲得し、一般市民や民間企業を犠牲にして自己の制度的な利益を促進する特別利益集団となっているか。第３に、軍部が計画、訓練、即応性の維持のために相当程度の時間と労力を必要とする中心的防衛任務を無視するようになっているか、である[18]。

　また、安全保障における任務が、対外防衛と国内の反乱鎮圧のどちらを主としているかが、軍部の政治志向に影響を与える。ある国の軍部の役割は、一義的には対外的脅威から国家を防衛することであるが、多くの途上国では国内の反政府武装勢力の鎮圧を軍部が主要任務としてきた。国内の反乱は、政治、経済、社会の諸要素が絡み合って生じるものであるため、軍部の対応も軍事のみならず、例えば開発などの分野に及ぶようになる。そのため、軍部将校は政治、経済、社会など軍事以外の分野に関する知識や技能、そして関心を高めることとなり、結果的に、国内安全保障のためには政治への関与が必要であると

認識するようになる。これが軍部の政治志向を醸成するのである。ステパンは、軍部が国内安全保障と開発を主要な任務とする場合、軍部の役割の拡大と政治介入を促進すると主張した[19]。フィリピンでも国軍が開発任務を含む国内安全保障作戦を長らく実施しており、政治志向への影響が想定される状況にある。

　また、こうした「統治」における国軍の役割のみならず、「政治」における国軍の役割にも注目したい。つまり、政治権力者の権力維持装置、あるいは権力闘争の道具としての国軍の役割である。フィリピンではマルコスが権力基盤として国軍を活用したことが、政軍関係を大きく変容させ国軍を政治化させる一要因となったが、国軍が権力闘争の道具となる現象はマルコス戒厳令期以前の民主主義体制期にも散見されたことである（第1章）。民主化後のフィリピンにおいても国軍はこうした役割を担っているのだろうか。そうだとすれば、それは国軍の政治志向や政治介入にどのようなインパクトを与えるのだろうか。

　以上のようなことから、本書での考察の際、国軍の役割に焦点を当て、その拡大の有無、程度、経緯、内容、生じ得る政軍関係への影響、国軍の政治志向への影響などを検討する。

国軍の利益と政軍関係

　第2に、国軍の利益に焦点を当てる。マルコス政権下では、権力基盤として国軍の忠誠を得ようとするマルコスの取り計らいで国軍は様々な利益を享受したが、民主化にともなう民主的プロセスや文民優位の再生は、これら利益の削減と抑制を不可避とする。こうしたことは国軍の抵抗や不満を喚起し、場合によっては国軍の政治介入を誘発する（第2章）。このような観点から、国軍の利益と民主政治との関係は、民主化後のフィリピンにおける文民優位と国軍の政治志向との関係を形成する重要な要素となる。

　軍部の利益と政治行動が密接に関係していることは、ほとんど疑いようのない事実である[20]。権威主義体制下で権力の中枢を占め、そこから生じた特権を享受した軍部が、体制移行後にそれらの権力や特権を手放すことに対して抵抗することは容易に想像できよう。実際に、軍部は民主化政権の政策に対する異議申し立てを憚らなかった[21]。

ここで注意しておきたいのは、軍部の利益は多岐にわたり、物質的なものに限られないし、軍部にとっての重要性も一様ではないことである。例えばウィークスは軍部の利益を重要な順に次のように分類する[22]。第1に、軍部の制度的役割である。軍部の最も基本的な法的・象徴的な存在根拠と政治や社会に関与する根拠を含む。第2に、安全保障政策における利益である。例えば、軍部のドクトリンの形成、戦略的目標と脅威シナリオの設定、国内・社会秩序の維持、対外防衛、国内の反乱鎮圧、軍備、外国軍との関係、軍事に関連する外交政策などである。第3に、軍内部の日常的な管理運営である。例えば、給与、リクルート、規律、教育、昇進、任務の割り当てなどである。第4に、市民社会との関与や戦闘任務に直接関係のない活動を含む国内的役割である。例えば、選挙監視、災害救援、インフラ整備、健康・公衆衛生支援、教育支援などである。

　こうした分類に加えて、本書では、国軍の利益を、組織としての国軍の利益である集団的利益と、昇進・任命などといった将校個人の出世に関わる個人的利益のふたつに大別して扱う。組織的一体性が脆弱であったり内部の利害関係が多様化していたりする軍部の場合、集団的利益よりも個人的利益を優先する将校が現れることが想定されるためである。

　民主政治の下、国軍の様々な利益が様々な経路で媒介されるため、それぞれ異なる仕方で国軍の政治関与の意向に影響する。また、問題となるイシューに国軍のどのような利益が関係しているか、抑制される利益が国軍にとってどれほど重要であるかによって服従や反発といった国軍の対応も異なることを念頭に置く必要がある。

政治介入の機会：文民政権の正統性

　加えて、国軍の政治関与を検討する際、ファイナーのいう「機会」にも着目しなければならないだろう。意向があっても機会がなければ軍部の政治関与は発生しない場合が多い。軍部の政治関与は状況を踏まえた計算に基づいて実行されるのである[23]。ここではその「機会」として、文民政権の正統性に着目する。

　文民側の要因である政治介入の機会は、第1に、戦争などのため文民政府が

軍部に依存する状況、第2に、国内において反政府勢力などが引き起こす治安悪化に対応するため文民政府が軍部の協力を必要とする状況、第3に、非効率や腐敗などで文民政府の正統性が著しく低下した状況によって生じる[24]。第2の点は国内に反政府武装勢力を抱えるフィリピンの状況に合致しており、上記の国軍の役割との関連で着目する。また第3の点は、フィリピンの状況を鑑みると重要な着目点となる。民主化以降の歴代政権は、ラモス政権を除き、政権成立過程、経済的低迷、汚職・腐敗、選挙操作疑惑などから生じる正統性の低下に直面していた。そしてラモス政権を除く政権が、クーデタなどの国軍の政治介入を経験している。フィリピンでも政権の正統性の低下は、国軍の政治介入と密接に関連しているのである。

2-3　民主主義の制度と実態

民主主義体制下の文民優位のあり方を検討するのであれば、それを体現する民主制度やアクターの性質を俎上に載せなければならないだろう。民主化後のフィリピンでは、その実態には議論があるものの、定期的な選挙や議会政治といった民主主義の手続きや制度が再生・存続し、制度面での民主主義の定着が曲がりなりにも進展している。このような状況下では、定着が進む民主主義の制度や、アクターの行動の集積で形成される民主主義の実態が文民優位のあり方を形作る要素として浮上してくる。

それではフィリピンの民主主義はどのようなものなのか。まず、民主主義のシステム、制度、一般的な手続きといった法的な側面を挙げることができる。

南米諸国の政軍関係を扱ったいくつかの研究では、民主主義体制への移行や民主主義の定着が再生した、あるいは新たに生み出した制度や営みが、軍部を含む諸アクターにインセンティヴを与えたり行動を規定したりして政軍関係を形成する重要な要素となっていることが指摘されている。

例えば、ポスト権威主義体制のブラジルにおける政軍関係を分析したハンターは、体制移行後における民主制のルールや規範の発展をともなう広範な政治的、制度的変更は、軍部の強い影響力という残存する過去の体制の遺産を途絶させることができると主張する[25]。また、ポスト権威主義におけるアルゼンチ

序　章　フィリピンにおける権威主義体制の負の遺産と文民優位

ンの政軍関係を考察したパイオン＝バーリンは、民主主義のルールを具体化し、軍幹部と政治指導者との接触がなされ、政策が形成され、議論され、実行される、あるいは廃棄される意思決定の中心である政府機関、すなわち制度を中心に置いた考察が必要であると主張する[26]。両者には、制度の捉え方や着目点に違いがあるが、民主的な制度や手続きが政軍関係を形作る重要な要素になっているという認識は同じである。当然これらは、文民優位のあり方にも影響すると考えられる。

　フィリピンは大統領制を採用しており、民主化後に制定された1987年憲法では、大統領が国軍の最高司令官と規定され、国軍の集団的および個人的利益に関わる多くの権限を有している。政軍関係には様々な側面があるが、大統領と国軍の関係が特に重要な着目点であることは間違いない。しかし、国防省など他の行政機関、議会、司法機関などの複数の制度も、それぞれ権限を持つことで文民優位のあり方に影響を与える地位にある。大統領の権限が大きいからと言って、文民優位がそれのみによって担われるのではない。

　すなわち、民主化後のフィリピンの文民優位は、大統領と国軍との関係のみならず、大統領の他に閣僚を含めた政権と国軍の関係、制度的な文民優位の要となる国防省と国軍の関係、また、議会も国軍利益に関わる権限を有していることから、国軍と議会の関係、あるいは制度によって影響を受ける一国軍将校と一政治家の個別的関係など、様々な制度・手続き、そして慣行の有機的な関係群のなかに存在するのである。また、そうした諸制度・諸手続きが織り成す関係群が文民優位のあり方を形成するのである。

　次に、定着する民主主義とはどのようなものなのかという民主主義の実態の諸側面が、文民優位のあり方に影響する。以下では、民主化後のフィリピンの民主主義の実態を簡潔に述べておきたい。端的に言うと、それはマルコス戒厳令期以前のエリート民主主義との類似性を主たる特徴とするものであった。

　フィリピンでは、1946年に独立してからマルコスが1972年に戒厳令を布告するまでは、選挙に基づく議会政治が続いてきた。しかし、その民主主義は、「カシケ民主主義」や「エリート民主主義」などの呼称が与えられるように、ごく少数の大土地所有一族、資本家階級を出自とする支配エリート層による寡

13

占的な政治、経済支配を「合法的に」持続させるための仕組みであり、一部特権階層によって営まれ大多数の民衆が事実上排除される民主主義であった[27]。フィリピンにおける政治社会の分析では、これまで様々なモデルが提示されてきたが、川中は各モデルの共通点を次のように整理している[28]。

　第1に、例外はあるとしても、階級に基礎を置く水平的な政治集団やイデオロギー、民族、宗教などに基づく包括的で強固な政治集団がフィリピンの政治のなかで優勢な存在となったことはない。第2に、垂直関係を軸とする政治関係が政治社会の基本的な枠組みとなっている。寡頭エリートは、様々なレベルのエリート間におけるクライエンテリズム的関係に加え、末端の民衆とのパトロン・クライアント関係や彼らを暴力や脅迫によって支配することで政治的地位を保持してきた[29]。第3に、マクロの政治体制としてみれば、垂直的政治関係に基づいて、国政レベルでは寡頭エリートによる支配とその内部での競争関係が存在している。

　寡頭エリート間の競争は多くの場合、支配権の維持をかけた利権や選挙職の争奪になり、それは血で血を洗う政治抗争であった。定期的に選挙は実施されたが、選挙戦は 3G（銃：Gun、私兵：Goon、金：Gold）と呼ばれ、金や暴力が飛び交うものとなった。こうしたフィリピンにおける民主主義の実態をまとめると、社会経済的に上層に属する一握りのエリート一族によって営まれ、異なる地位にある政治エリートの関係はクライエンテリズム的原理で動き、そしてエリート間競争やエリートと民衆との関係において頻繁に金銭や暴力が政治資源となるなどの特徴を有するものであった。

　マルコス戒厳令期にエリート支配の一角が崩れその空白をマルコスのクローニーたちが埋めることがあったが、大土地所有一族や資本家階級のようなエリート層による寡占的支配の構造そのものが崩れ去ることはなかった。

　そして、1986年2月に民主化して以降は、マルコス戒厳令期以前の民主主義が程度の差こそあれ復活した[30]。それはアキノ政権下で再生した上下両院の議席の大半が、大土地所有一族、資本家階級を出自とする議員で占められていることが示している。

　1987年5月に議会選挙が実施され同年7月に議会が召集されたが、選挙と再

生した議会の特徴をサイデルは次のようにまとめている。第1に、マルコス政権以前やマルコス政権期に公職の経験を持つ政治家や、伝統的政治家族のメンバーが多く再選を果たした。第2に、それら政治家や政治一族のほとんどが、自らの地元において土地所有や商業、伐採・採掘権、交通会社、時には地下経済の支配などによって経済的繁栄を享受していた。そして第3に、選挙に絡んだ暴力の応酬、汚職、票の売買が依然として蔓延していた。[31] また、1988年1月に実施された地方選挙でも、多くの選挙区で同様の特徴を有する一族のメンバーが返り咲いた。[32] 議会を構成する政治エリートの背景はマルコス政権以前から多様化し始めており、民主化以降もそれは進んだが、議席の大半が大土地所有一族や資本家層によって占められる傾向や同一親族の構成員が複数の選挙職を占めるという傾向は現在まで続いている。とりわけ小選挙区で選出される下院はその傾向が顕著である。[33]

政治社会において中間層やNGOなどの新しい政治的アクターの重要性が増加したり、選挙における政党名簿制導入によってこれまで政治的に代表されてこなかった層の代表が議会に進出したりするなど、政治社会領域における新しい傾向も出現していた。[34] こうした変化はある程度のインパクトを持ったが、現在のところエリート民主主義を凌駕したり、根本から掘り崩したり、あるいは大きく変質させたりするまでには至っていない。

フィリピンにおける以上のようなエリート民主主義は、フィリピン国家のあり方とも関連している。例えば、寡頭エリートの権力基盤の形成に、国家が重要な役割を果たしていることに注目して国家とエリートの関係を捉える見方がある。このような立場に立つ研究者のひとりであるサイデルは、アメリカ植民地統治下において導入され現在まで継続する国家の制度的構造の特徴を、強制力や経済権益などの私的独占を可能とする国家機構が選挙職へと従属するものであると指摘し、土地の集積をはじめとするエリートの資産の蓄積、すなわちエリートの政治的資源、経済的資源の蓄積が、国家機構を利用したものであると述べる。[35]

すなわち、選挙によるエリート間の「競争」の結果として公職に就くこととなったエリートたちが、その地位を利用して国家機構を私物化し、権力や支配

の再生産のための政治的、経済的資源を獲得するという状況がフィリピンに存在してきたのである。このようなフィリピン国家の状況は、しばしば家産制の概念を用いて説明される。

ハッチクロフトやバッドはウェーバーの家産制の概念[36]を参照し、フィリピンの状況とウェーバーが提示した概念との類似性を見出す。現代国家に現れる家産制の具体的特徴をまとめると次のようになるであろう。第1に、公的資源のやりとりが政治家や公務員と彼らの仲間（例えばクローニー）との間でなされる、第2に、諸政策が普遍的ではなく個別的なものになる傾向がある、第3に、法の支配が「人治」に従属する、そして第4に、政治家や公務員による公私の領域が曖昧なものとなる、などである[37]。つまり、エリート一族や場合によってはマルコスのような独裁者とそのクローニーらが国家機構を占有し、恣意的な裁量によって自らの一族や同盟者に利益誘導を行ったり、敵対するエリート一族に対して制裁を科したりするところに公私の分化が弱いという家産的特徴が見て取れるのであり、その特徴が独立後のフィリピン国家に一貫して存在してきたと彼らは主張する[38]。

マルコスの独裁体制が、新家産制の概念をもって表現されることがあるが（第1章）、マルコスは、以前からのエリート層による国家の私物化を、一族とその取り巻きとともに独占的に推し進めた、すなわちフィリピンの支配エリートが行っていた家産的略奪（patrimonial plunder）[39]を独占し拡大したのである。

マルコス政権が崩壊し彼とその取り巻きによる国家の私物化は終焉したが、上述したエリート民主主義の復活にともない、公職を新たに占めることとなったエリート層による国家機構の私的利用の構図が復活した。民主主義の制度や手続きの復活は、マルコスによって締め出されていたエリートが、マルコス以前にそうであったように再び国家機構にアクセスし、自らの経済的、政治的利益のためにその私的利用を競い合うことを可能としたのであった。フィリピンにおいては、マルコス以前も、マルコス期も、そしてマルコス後も、程度の差こそあれ、国家機構はエリートによる私的蓄積の主要な手段であり続けている[40]。

民主化後のフィリピンにおける文民優位のあり方を検討する際、エリート民

主主義と国家の特徴がどのように政軍関係に反映し、どのような特徴を生み出しているかといった視点を加えた分析が必要となろう。

3 本書の構成

　本書の課題は、民主化後のフィリピンにおいて、どのような文民優位が存在するのか、国軍の影響力がどのように存在するのか、文民優位のあり方が国軍の政治関与とどのように関連しているのか、文民優位のあり方が何に影響を受けているのか、などを明らかにすることである。本書ではこうした問いに関連する問題を取り上げ、以下のような構成で検討する。

　第1章では、先行研究に依拠しながら、マルコス政権期を中心にフィリピンにおける政軍関係を振り返り、マルコス政権が崩壊し民主化する1986年以前にどのような文民優位が存在してきたのかという観点から、国軍の政治関与の様態や政治化という現象をもたらした要素を明らかにする。

　1986年2月の民主化直後から、アキノ大統領は度重なるクーデタによって政権転覆の危機に直面し続けた。第2章では、アキノ大統領による文民優位回復の試みとクーデタ事件への対応がどのように関連し、回復されつつある文民優位の内実にどのような影響を与えたかを検討する。アキノ大統領は政権存続のために国軍へ依存せざるを得ず、国軍への譲歩を重ねた。政権の維持・安定化のために文民優位の多くの部分を犠牲にしたのである。民主化直後の政軍関係の再編期に、国軍への依存と譲歩が行われたことは、後の文民優位のあり方に影響を与える様々な前例を作ることになった。

　民主化後のフィリピンでは、幾多のクーデタ未遂事件に脅かされながらも、選挙や議会政治という民主主義の手続きや制度が存続している。第3章では、1987年7月の議会召集が、政軍関係と文民優位に与えた影響を検討する。議会招集後から1990年代半ばまでの国内安全保障政策に関わる政治過程を中心に取り上げ、議会政治の再開が、国軍の組織的利益に関わる政治過程にどのような影響を与えたのか、国軍の影響力はどのように変遷したのか、そして文民優位にどのような傾向が現れたのかを明らかにする。議会の再生後、国内安全保障

政策において国軍は議会政治の場で影響力を行使したが、1990年代に入り国内脅威が後退して以降、影響力は低下した。領域により程度の差はあるが、議会が担う文民優位の機能は一定の回復をみせている。

　1992年7月に大統領に就任したラモスの重要な課題のひとつは、停滞するフィリピン経済を建て直し、持続的な経済成長を達成することであった。第4章では、政治的安定の達成と開発の推進というラモス政権の課題との関連で、大統領がいかにして政治的安定化に努めたか、国軍の役割をどのように考えたか、そしてラモス大統領が課題に取り組んだ手法が政軍関係をどのように形作ったかを検討する。そして、退役軍人の文民ポストへの任命、国軍の開発参加の拡大・制度化、反乱派将兵の恩赦など、民主化後の政軍関係の再編という観点からすれば避けることが望ましかった措置が、ラモス政権の施策や思惑との関連で実施され定着していく過程を明らかにする。

　国軍の政治への接近を生む要因の一端は、政治家と将校の間でそれぞれの動機から個別的になされる相互関係の形成に関連している。国軍人事における文民優位のなかに、政治家と国軍将校の相互依存が生み出され慣行化する構造があり、それが国軍の政治化の一要因となっているのである。第5章では、国軍人事を中心的に取り上げ、政治家一般と国軍将校が接近し、両者の相互依存関係が生じ、再生産される状況を生み出す、いくつかの慣習的・制度的要因を検討する。国軍人事には、様々な局面で様々な人物の意図の下に、政治的意思やパトロネージが介入する余地や制度的誘因がある。そうしたなか、上位階級の国軍将校の間では現状への順応が図られ、また、政治家の側に制度改革や行動の抑制が進みそうな気配はない。

　2001年1月に、エストラダ政権を崩壊させた「エドサ2」は、国軍がエストラダ大統領への支持を撤回したことが決定打となった政権交代劇であった。第6章では、エストラダ政権と国軍の関係、および「エドサ2」へ至る過程における国軍の動向を検討する。そして「エドサ2」が、民主化後の国軍と政治の関係について何を白日の下に晒したのか、そしてどのようなインパクトを与えたのかを明らかにする。具体的には、政治家と国軍将校の関係、将校の政治意識の発露、国軍のさらなる政治化という点を検討する。こうした突発的な政治

イベントは、平時には水面下に潜んでいるものが頭をもたげ姿を現す契機となる。また、そのインパクトは政治イベントが帰結するものにとどまらない影響を後世に残すのである。

　民主的に選出された政治家が人事権を行使するということは、任命や昇進のような国軍人事を民主的な文民優位の下に置くものとして捉えることができ、民主化という観点からは歓迎されるものである。しかし、本来は政治的に中立であるべき国軍に政治的・党派的な意思の浸透を許す可能性があることは否定できない。第7章では、アロヨ政権期における大統領の国軍人事を取り上げ、国軍への政治の介入の実態を描き出す。具体的には、大統領がどのような人事手法で国軍との関係構築に取り組んだのか、また、大統領の人事に影響を与えた要素は何かを検討する。このように人事による文民側から国軍への政治的介入を検討することで、民主化後のフィリピンにおける政治と国軍の関係の一端を明らかにする。アロヨ大統領は、個人的に近い関係にある、あるいは忠誠的とみられる将校で国軍上層部を固めるという、極めて政治的な人事手法により国軍との関係構築に取り組んだ。こうした手法は、手続き的には文民優位の様相を呈するが、同時に、国軍への政治の浸透を不可避的に生み出すものとなる。

　第8章では、民主化後、国軍が安全保障においてどのような役割を担っているのか、安全保障政策と非戦闘任務および開発における役割にはどのような関係があるのか、非戦闘任務の内実はどのようなものかといった点を検討し、国軍の役割と政治志向との関連についての示唆を得たい。フィリピンでは、マルコス政権下でマルコスの開発計画に組み込まれ進められた国軍の開発参加が、様々な領域での国軍の役割拡大を帰結し、国軍将校の性質に変化をもたらしたと認識されている。民主化後、行政や開発分野における国軍の役割は減少する一方、国軍は国内安全保障任務を主要任務とし、それに付随する非戦闘任務の一環として開発任務を担い続けている。

　第9章では、2000年代のアロヨ政権下で発生したクーデタ事件について検討する。権威主義体制下で政治化した国軍の象徴である若手将校グループRAMやYOUによる1980年代の権力奪取の試みは成功せず、1990年代以降、彼らの

活動は次第に民主主義の枠内に組み込まれていった。しかし2000年代のアロヨ政権期に、RAMやYOUのメンバーたちよりも若い世代の将校たちがクーデタ計画で中心的役割を担うこととなった。国軍将校を政治化したと言われるマルコス政権期や民主化直後の時代を国軍で過ごすことのなかった若者たちが、なぜ政治的に覚醒しクーデタを企てたのか、アロヨ政権期のクーデタ事件は民主化後のフィリピンにおける国軍と政治の関係のどのような特徴を映し出しているのかなどを検討する。

そして終章では、本書の課題と検討についてのまとめを行ったうえで、文民優位のあり方に変容をもたらし得る現アキノ3世政権下の治安部門改革への市民社会の参画について検討する。

註
1) Carolina G. Hernandez, "The Extent of Civilian Control of the Military in the Philippines 1946-1976," Ph. D. dissertation, State University of New York at Buffalo, 1979.
2) Felipe B. Miranda and Rubin F. Ciron, "Development and the Military in the Philippines: Military Perceptions in a Time of Continuing Crisis," Soedjati Djiwanjono and Yong Mun Cheong, eds., *Soldiers and Stability in Southeast Asia*, Singapore: Institute of Southeast Asian Studies, 1988, p. 201, Viberto Selochan, Could the Military Govern the Philippines?, Quezon City: New Day Publishers, 1989, p. 8, Gretchen Casper, *Fragile Democracies: The Legacies of Authoritarian Rule*, Pittsburgh: University of Pittsburgh Press, 1995, pp. 170-171.
3) *Independent Commission to Address Media and Activist Killings, Created under Administrative Order No. 157*, 2006, p. 6.
4) Amnesty International, *Philippines: Political Killing, Human Rights and the Peace Process*, 2006, p. 17.
5) 「政軍関係」とは、"civil-military relations" の訳語であり、文字通り解釈すれば軍部と文民政府との二項対立的な関係を暗示するが、それは正しい理解ではない。軍部内で利害や立場等の統一がなされていることはほとんどないし、たとえ軍部に統一性があっても、文民側に同様の統一性は期待できないからである。また、政軍関係の「政（civil）」という言葉は、単に「軍以外のもの（nonmilitary）」を意味するだけである。つまり、政軍関係は、様々で時に対立する、軍人個人・軍部組織・軍部の利害と、文民個人・文民組織・文民の利害との重層的で多様な関係を意味するのである。Samuel P. Huntington, "Civil-Military Relations," David L. Sills ed., *International Encyclopedia of the Social Sciences Vol. 2*, New York: Macmillan, 1968, p. 487.

序　章　フィリピンにおける権威主義体制の負の遺産と文民優位

6) よく言及される代表的な研究として、Hernandez, op. cit., 1979, Donald L. Berlin, "Prelude to Martial Law: An Examination of Pre-1972 Philippine Civil-Military Relations", Ph. D. dissertation, University of South Carolina, 1982 などを挙げることができる。
7) 例えば、Felipe B. Miranda, *The Philippine Military at the Crossroads of Democratization*, SWS Occasional Paper, Quezon City: Social Weather Station, 1996, Carolina G. Hernandez, "The Military and Constitutional Change: Problems and Prospects in a Redemocratized Philippines," *Public Policy* Vol. 1, No. 1, 1997, pp. 42-61, Rosalie B. Arcala, "Democratization and the Philippine Military: A Comparison of the Approaches Used by the Aquino and Ramos Administrations in Re-imposing Civilian Supremacy," PhD dissertation, Northeastern University, 2002, 伊藤述史『民主化と軍部：タイとフィリピン』慶應義塾大学出版会、1999年、Alfred W. McCoy, *Closer than Brothers: Manhood at the Philippine Military Academy*, Pasig City: Anvil Publishing Inc., 1999.
8) Felipe Aguero, *Soldiers, Civilians, and Democracy: Post-Franco Spain in Comparative Perspective*, Baltimore: Johns Hopkins University Press, 1995, p. 15.
9) J. Samuel Fitch, *The Armed Forces and Democracy in Latin America*, Baltimore: The Johns Hopkins University Press, 1998, p. 37.
10) 例えば、Miranda, *op. cit.*, 1996, Hernandez, op. cit., 1997, Alcara op. cit., 2002, 伊藤、前掲書、1999年。そして、1990年代の政軍関係の安定化を背景として、次第に研究は減少していった。
11) 近年は、文民側の要素にも注意を払う研究が若干ではあるが出されている。例えば、Aries A. Arugay, "The Military in Philippine Politics: Still Politicized and Increasingly Autonomous," Marcus Mietzner, ed., *The Political Resurgence of the Military in Southeast Asia: Conflict and Leadership*, London: Routledge, 2011, pp. 85-106 など。ただし、アロヨ政権期が主な対象となり1990年代の文民優位の再検討が取り組まれているわけではない。
12) Aurel Croissant, David Kuehn, Paul Chambers and Siegfried O. Wolf, "Beyond the fallacy of coup-ism: conceptualizing civilian control of the military in emerging democracies," *Democratization*, Vol. 17, No. 5, 2010, pp. 956-960.
13) Samuel E. Finer, *The Man on Horseback: The Role of the Military in Politics*, New Brunswick: Transaction Publishers, 2002, p. 23.
14) *Ibid.*, pp. 32-70.
15) Felipe B. Miranda, *The Politicization of the Military*, UP Center for Integrative and Development Studies, Quezon City: University of the Philippines Press, 1992, p. 2.
16) Muthiah Alagappa, ed., *Coercion and Governance: The Declining Political Role of the Military in Asia*, Stanford, California: Stanford University Press, 2001, p. 46.

Alfred C. Stepan, *Rethinking Military Politics: Brazil and the Southern Cone*, Princeton: Princeton University Press, 1988（堀坂浩太郎訳『ポスト権威主義：ラテンアメリカ・スペインの民主化と軍部』同文舘、1989年）.

17) 例えば、Lucian W. Pye, "Armies in the process of political modernization," John J. Johnson, ed., *The Role of the Military in Underdeveloped Countries*, Princeton: Princeton University Press, 1962, pp. 69-89.

18) Louis W. Goodman, "Military Roles Past and Present," Larry Diamond and Marc F. Plattner, eds., *Civil-Military Relations and Democracy*, Baltimore: The Johns Hopkins University Press, 1996, p. 38.

19) Alfred Stepan, "The New Professionalism of Internal Warfare and Military Role Expansion," Alfred Stepan, ed., *Authoritarian Brazil: Origins, Policies, and Future*, New Haven: Yale University Press, 1973, pp. 47-65. ステパンはこれを軍部の「新専門職業主義」と呼んだ。

20) 政軍関係研究で頻繁に参照される文献では、軍部の集団的利益の保護や増進、自律性の保持に対する懸念が、軍部の政治介入の動機となってきたことが指摘されている。Eric Nordlinger, *Soldiers in Politics: Military Coups and Governments*, Englewood Cliffs: Prentice-Hall, 1977, pp. 65-78, Finer, *op. cit.*, 2002, p. 47, Stepan, *op. cit.*, 1988.

21) Stepan, *op. cit.*, 1988.

22) Gregory Weeks, *The Military and Politics in Postauthoritarian Chile*, Tuscaloosa: The University of Alabama Press, 2003, pp. 15-16.

23) Finer, *op. cit.*, 2002, p. 71.

24) *Ibid.*, 2002, pp. 72-83. 第3の点に関連して、ウェルチとスミスは次のように指摘する。文民機関への民衆の支持が強ければ、軍部の政治への介入が政権転覆や完全な政権奪取にまでは及ばないが、支持が弱ければ、軍部の政治的役割の拡大が予想される。そのような状況では、軍部の政治介入は、軍部の制度的、道徳的、個人的要請の副産物ではなく、もはや政治システムが持つ特徴であり、そうした文民の政治制度の強化なしに軍部の改革を進めても失敗に終わる。Claude E. Welch and Arthur K. Smith, *Military Role and Rule*, North Scituate: Duxbury Press, 1974, p. 249. こうした、政権の正統性が軍部の政治的役割に影響するとの見方はある程度共有されている。他には、Nordlinger, *op. cit.*, 1977, pp. 93-94.

25) Wendy Hunter, *Eroding Military Influence in Brazil: Politicians Against Soldiers*, Chapel Hill: The University of North Carolina Press, 1997.

26) そしてパイオン＝バーリンは、合理的選択制度論アプローチによる考察を展開し、軍部の影響力抑制の成否の要因を民主制を構成する諸制度の様態、関係にもとめた。David Pion-Berlin, *Through Corridors of Power: Institutions and Civil-Military Relations in Argentina*, University Park: The Pennsylvania State University Press, 1997.

27) 例えば、Benedict Anderson, "Cacique Democracy in the Philippines: Origins and Dreams," *New Left Review*, No. 169, May/June 1988, pp. 3-31, David Wurfel, *Filipino Politics: Development and Decay*, Ithaca: Cornell University Press, 1988（大野拓司訳『現代フィリピンの政治と社会：マルコス戒厳令体制を超えて』明石書店、1997年）、Walden Bello and John Gershman, "Democratization and Stabilization in the Philippines," *Critical Sociology*, 17, Spring 1990, pp. 35-56, Michael Pinches, "Elite Democracy, Development and People Power: Contending Ideologies and Changing Practices in Philippine Politics," *Asian Studies Review*, Vol. 21, No. 2-3, 1997, pp. 104-120.
28) 川中豪「フィリピン：『寡頭支配の民主主義』その形成と変容」岩崎育夫編『アジアと民主主義：政治権力者の思想と行動』アジア経済研究所、1997年、117ページ。
29) 同上論文、107-109ページ。パトロン・クライアント関係とは、「社会的・経済的優位に立つ個人（パトロン）が、より低い地位にある個人（クライアント）に保護と便宜を与え、今度は後者がパトロンに対する一般的な支持や個人的サービスを含めて助力を提供することによってそれに報いる、自分自身の影響力や資源を利用するすぐれて構造的な親愛関係を意味する対関係的（二人関係的）結びつきのひとつの特殊な場合」と定義され、パトロンとクライアントによる交換関係をその中心的な要素としている。James C. Scott, "Patron-Client Politics and Political Change in Southeast Asia," *American Political Science Review*, Vol. 66, 1972, p. 92.
30) 例えば、Anderson, op. cit., 1988, pp. 3-31, Wurfel, op. cit., 1988.
31) John T. Sidel, *Capital, Coercion, and Crime: Bossism in the Philippines*, Stanford: Stanford University Press, 1999, p. 6.
32) Anderson, op. cit., 1988, pp. 28-29.
33) 地方の政治や経済を支配する一族の一員は1987年から2004年までの下院において常に60％以上の議席を占め続けてきた。Olivia C. Caoili, *The Philippine Congress: Executive-Legislative Relations and the Restoration of Democracy*, UP Center for Integrative and Development Studies, 1993, p. 14, Eric Gutierrez, *The Ties that Bind: A Guide to Family, Business and Other Interests in the Ninth House of Representatives*, Pasig City: Philippine Center for Investigative Journalism, Institute for Popular Democracy, 1994, p. 4.
34) G. Sidney Silliman and Lela Garner Noble, eds., *Organizing for Democracy: NGO's, Civil Society and the Philippine State*, Honolulu: University of Hawaii Press, 1998、川中豪「フィリピン：代理人から政治主体へ」重冨真一編『アジアの国家とNGO：15カ国の比較研究』明石書店、2001年、136-155ページ、木村昌孝「フィリピンの中間層生成と政治変容」服部民夫、船津鶴代、鳥居高編『アジア中間層の生成と特質』アジア経済研究所、2002年、169-200ページ、木村昌孝「1998年フィリピン下院議員選挙と政党名簿制の導入」『茨城大学地域総合研究所年報』32号、1999年、

1-20ページなど。
35) Sidel, *op. cit.*, 1999, pp. 16-19. アメリカ統治期に導入された国家の制度的構造の特徴についてはアンダーソンもサイデルと同様の指摘をしている。Anderson, op. cit., 1988, pp. 10-11. また、こうした国家とエリートとの関係のいわば国家中心的理解の他に次のような視点がある。それは社会勢力の自律性を強調するものであり、国家とエリートとの関係で言えば、国家から自律した権力基盤を有するエリートの存在を認めるものである。そこでは、大土地所有などによる寡頭エリートの国家から自律した強固な権力基盤が存在する一方、国家は寡頭エリートからの自律性を確立できない。このような状態は上述したエリート民主主義と同様に、マルコス政権後のフィリピンにも存在し続けている。Gary Hawes, *The Philippine State and the Marcos Regime: The Politics of Export*, Ithaca: Cornell University Press, 1987, Temario C. Rivera, "Class, the State and Foreign Capital: The Politics of Philippine Industrialization 1950-1986," Ph. D. dissertation, University of Wisconsin at Madison, 1991. 国家から自律した社会勢力から成る社会を「強い社会」とする一方で、そのような社会勢力からの自律性が低く自らの政策を貫徹できない国家を「弱い国家」とする議論もある。代表的なものに、Joel S. Migdal, *Strong Societies and Weak States: State-Society Relations and State Capabilities in the Third World*, Princeton: Princeton University Press, 1988.

36) 家産制の概念はウェーバーによって、例えば、「純粋に人格的な服従関係にもとづく官職には、没主観的官職義務の思想が、全く一般的に欠けている。（中略）官僚制的な没主観性と、同一の客観的法の抽象的妥当に基礎をおく『人物のいかんを問わぬ』行政の理想との代わりに、正反対の原理がおこなわれる。すなわち、およそ一切が、全く歴然と『人のいかん』に、換言すれば、具体的な提訴者と彼の具体的な願望とを考慮した態度決定に、また、純個人的な関係、寵愛の表示、約束、特権に、依存している」、などと述べられている。マックス・ウェーバー著、世良晃志郎訳『支配の社会学Ⅰ』創文社、1960年、224ページ。

37) Eric Budd, "Whither the Patrimonial State in the Age of Globalization?" *Kasarinlan*, Vol. 20, No. 2, 2005, pp. 37-38.

38) Paul Hutchcroft, *Booty Capitalism: The Politics of Banking in the Philippines*, Ithaca: Cornell University Press, 1998, p. 14-15, Budd, Ibid. ハッチクロフトは、支配的な社会勢力である寡頭支配一族がその経済的基盤を国家から自律した領域に持つ一方、彼らの経済的蓄積に国家が中心的役割を担うフィリピンの国家を「家産制的寡頭制国家（patrimonial oligarchic state）」と呼んだ。Hutchcroft, *op. cit.*, 1998, p. 52.

39) Paul D. Hutchcroft, "Oligarchs and Cronies in the Philippine State: The Politics of Patrimonial Plunder," *World Politics*, 43, April, 1991.

40) Paul Hutchcroft, "After the Fall: Prospects for Political and Institutional Reform in Post-Crisis Thailand and the Philippines," *Government and Opposition*, Vol. 34, No. 4, 1999, pp. 482-485, Hutchcroft, op. cit., 1991, Sheila S. Coronel, ed., *Pork and Other*

Perks: Corruption & Governance in the Philippines, Pasig City: Philippine Center for Investigative Journalism, 1998.

第1章

文民優位の伝統とマルコス政権期の政軍関係
—— エリート民主主義と独裁政権のなかの国軍と政治 ——

　本章では、先行研究に依拠しながら、マルコス政権期を中心にフィリピンにおける政軍関係を振り返り、どのような文民優位が形成されてきたのか、国軍がどのような役割を担ってきたのか、という観点から、国軍の政治関与の様態や政治化という現象をもたらした要素を検討したい。

1 文民優位の伝統——エリート民主主義と国軍

1-1　植民地経験と国軍の起源／文民主導の独立・文民統治の歴史

　途上国における政軍関係の特徴には、宗主国による植民地統治とその終焉の様態、軍部の形成過程、そして冷戦状況が深く関わっている。それらは軍部の性質に加え、その国の政治、経済、社会において軍部がどのような役割を担うか、そして文民優位のあり方にも大きな影響を及ぼしている。

　例えば、東南アジア諸国の軍部は、宗主国による植民地統治の形態に起源を持つものと、植民地からの独立過程に起源を持つものとに大きく分類できる[1]。独立の際に宗主国との間で激しい戦闘が行われたインドネシアやビルマなどでは、独立闘争の過程で形成され独立の達成に大きな役割を果たした組織が核となって軍部が形成された。そうした場合、軍部が「独立の英雄」、「ナショナリズムの担い手」として位置付けられ、あるいは軍部自らそのように規定し、独立後の政治、経済、社会における軍部の役割拡大、さらには権力奪取を正当化する根拠となった。こうした国々では文民優位が弱い傾向にある。他方、宗主

第1章　文民優位の伝統とマルコス政権期の政軍関係

国との交渉により独立が比較的平和裏に達成されたマレーシア、シンガポール、フィリピンなどでは、植民地統治を担う官僚機構の一部として宗主国が設立した治安機構、あるいは宗主国の軍部を補助する役割を担っていた組織が独立後の軍部の基礎となった。こうした国においては、独立交渉の主役を担った政党政治家や官僚たちが、独立後の国家運営においても中心となったため、独立後の軍部の役割は限定されたものとなった。これらの国々では初期段階から文民優位が比較的強い傾向にある。フィリピンはその典型的な例である。

　16世紀半ばからスペインの植民地となっていたフィリピンは、1898年の米西戦争の後にアメリカの植民地となる。その後およそ40年に及ぶアメリカ植民地期に、現在のフィリピン国軍の基礎となるふたつの組織が形成された。フィリピン偵察隊（Philippine Scouts）とフィリピン警察軍（Philippine Constabulary）である。フィリピン偵察隊はアメリカ植民地軍のなかのフィリピン人部隊で、米比戦争最中の1899年頃に組織された[2]。そして米比戦争後に、国内の法秩序・治安維持を任務とする警察軍が設立された[3]。その後、1935年に独立準備政府としてのフィリピン・コモンウェルスが発足し、翌1936年にフィリピン軍（Philippine Army）が設立される。当時最も訓練された部隊であった警察軍がフィリピン軍の中心となった[4]。1942年、フィリピンが日本の占領下に入り、その下で警察軍は日本の傀儡政府を支える役割を担う。傀儡政府の下、警察軍は治安任務を遂行することとなるが、ここでの治安任務とは、抗日ゲリラ活動の鎮圧であった。中部ルソンでは地主が警察軍と協力して農民運動や労働者組織を破壊するなどし、こうしたことが抗日人民軍（Hukubo ng Bayan Laban sa Hapon：フクバラハップ。以下、フク団）の勢力伸張をもたらした[5]。

　1946年7月4日、フィリピン共和国が誕生するが、フィリピン独立の過程では政治エリートが主役を担った。フィリピンの独立は1934年にアメリカから与えられたスケジュールに沿って行われたものであり、日本占領期を挟むもののアメリカの管理の下、段階的かつ平和的に行われた[6]。アメリカによる民主制度の導入や段階的な自治の獲得から独立の過程のなかで、フィリピン人エリートは自らの手で統治する機会を与えられ、経験を積んできた。そのため、1946年までには政治機構やそれを担う人員が整っていた。

独立後のフィリピンでは、他のいくつかの途上国とは異なり軍部による国家権力奪取は起こらず、軍部が政治や経済、社会において中心を占めることはなかった。比較的確立された文民優位が存在したと考えられる。その要因は、植民地期から続く政治エリートによる統治の伝統と、それらエリートが主導した独立の経緯に帰されることが多い[7]。

　一方で、フィリピンの民衆にとって「軍」とは、外国の支配やフィリピン社会における少数の大土地所有エリートの権益を、大多数の農民や労働者などの要求から暴力的に擁護する道具であった。いずれの場合も、民衆は抑圧の対象であった[8]。

1-2　伝統的な国軍の任務：国内の反乱鎮圧

　1946年の独立後、警察軍やフィリピン軍などを主体としてフィリピン国軍（Armed Forces of the Philippines、以下、国軍）が設立された。そして、植民地期からのフィリピンとアメリカの関係が独立の過程で断絶せず継続したことが、国軍の役割を規定するものとなった。

　第二次世界大戦後、冷戦の開始にともない、フィリピンはアメリカの防衛戦略に組み込まれ、国内にアメリカ軍の基地を抱えることとなる。また、国軍の戦力構成を定め、装備の多くを提供したのはアメリカであり、多くの将校がアメリカで高等訓練を受けていた[9]。植民地以来の「特別な関係」にあるアメリカは、フィリピンに対外的脅威がないことや国内の共産主義勢力による武装闘争の激化などから、国軍には反乱鎮圧や治安維持といった国内的機能を期待していた。そして、フィリピンが対外的な侵略に直面した場合は、アメリカ軍がフィリピンを防衛することになっていた[10]。当時のアメリカにとっての最大の脅威は共産主義の拡張にあった。このため、フィリピンをアメリカの反共政策の拠点とすべく、国軍に徹底した反共教育が施されたのであった[11]。こうした関係のなかで共産主義勢力の拡張を阻止するべく国軍が担ってきた役割は、アメリカの冷戦戦略の一部であった。そしてそれは同時に、国軍がフィリピンにおける支配構造の維持、すなわちエリート支配維持の一翼を担うということと同義であった。こうした状況下、国内の反乱鎮圧任務とその延長上にある社会経済

開発への参加が、伝統的に国軍の主要な任務となった。

このように、伝統的に国内の共産主義勢力や農民運動に対して軍事的に対応する国内安全保障を主要任務としてきた国軍は、1950年代からその一環として、インフラ整備や公共サービスの提供などといった開発分野の非戦闘任務に携わっていた。1950年代、第二次世界大戦中は抗日人民軍として活動し、戦後、政府や地主から「共産主義勢力」とみなされたフク団の反乱が深刻化したことを受け、当時エルピディオ・キリノ政権の国防長官であったラモン・マグサイサイが国軍を開発分野に投入した。フク団は社会経済的な不平等に不満を持つ民衆を支持基盤とし、不満層の増大とともにその基盤は拡大の一途を辿っていた。フク団を共産主義勢力とみなしその拡大に危機感を覚えたアメリカは、反乱の要因は社会経済的な問題にあると考えた。そして国防長官のマグサイサイに、社会経済状況を改善しフク団の民衆基盤を掘り崩すため、地域共同体に基礎を置いた社会経済開発に国軍を従事させる取り組みを開始させた。国軍はキリノ大統領とマグサイサイ国防長官の下、民生活動（civic action）として知られる社会経済的任務を担うようになったのである。民生活動のねらいは、政府に社会経済問題を解決する意志がないと考えるフク団の構成員に、問題への政府による取り組みを示すことであった。1951年、国軍に経済開発部隊（Economic Development Corps：EDCOR）が設置され、国軍による開発参加が進められた。「土地なき者に土地を」というスローガンの下に進められた開発計画では、ミンダナオ島やルソン島の公有地への貧農の移住政策が展開され、国軍は入植地の開拓や家屋、道路、橋梁等の建設を担った。[12] こうして国軍の役割は開発プロジェクトへの参加などの社会経済的部門へと拡大し、政府機関への将校の進出という現象を生み出した。1955年の時点で、122名の国軍将校が政府の文民ポストで任務にあたっていた。[13]

1-3　エリート間政治と国軍

国軍将校は、伝統的大地主層以外の広範な社会層の出身者で概ね構成されていた。[14] 1936年に将校養成学校として、アメリカのウエスト・ポイントをモデルとしたフィリピン士官学校が設立されたが、フィリピンの政治、経済エリート

はキャリアとしての軍にほとんど興味を示さず、彼らの子息を士官学校に入れることは稀であった。一方で、士官学校が非エリート層にとっての社会的上昇の手段となった[15]。その結果、将校の多くが中下層出身者によって占められ、そのことがエリート層と国軍の一枚岩的関係の出現を妨げていると指摘されている[16]。

　しかし、社会階層間の摩擦を孕みながらも、国軍が支配エリートに対抗する勢力となることはなかった。その要因として、前述したような歴史的背景に加え、国軍が、エリート層が占める文民政権に対して効果的で統合された抵抗ができるほどの一体性を持ち合わせていなかったことを指摘できる。

　制度化の度合いが低く個別的関係が重要視されるクライエンテリズム的、あるいは個別主義的なフィリピンの政治文化は、あらゆる組織の凝集性を弱くする傾向があるが、国軍組織もそうした傾向とは無縁ではない。このような政治文化の影響により、国軍将兵の忠誠は国軍組織に対してではなく、より下位レベルの集団や個人に対して向けられる傾向が強まる[17]。将校たちは制度的な忠誠よりも家族的な絆を重視する傾向を有し、国軍内部に存在する地域的な出自の相異が、国軍による大規模な政治的行動を抑制したとの指摘がある[18]。また、出身地域間に存在する亀裂に加え、国軍内にはフィリピン士官学校出身将校と予備役訓練課程出身将校との間、陸海空警察軍といった所属別、そして世代間などに亀裂があり、それらが組織的一体性の弱さを生み出していたのであった[19]。

　マルコス政権期に国軍が政治化する以前は、国軍はプロフェッショナルな軍であったと指摘されることが多いが[20]、後述するように、国軍は独立直後から政治に関与していた。ただし、国軍が一体となって影響力増大や利益増進のために政治関与していたというわけではないし、クーデタを実行したこともない。この時期の国軍の政治関与の様態は、植民地期以来、国軍とその前身組織がエリート間政治において担ってきた役割に関係している。

　アメリカ植民地統治下では、選挙職である市長が警察軍を含む治安機構の人事権を一手に握ったが、独立後も警察軍は将兵の給料や装備を市の予算に依存するとともに、警察軍の監督権は市長が握り続けた。エリート一族出身の政治家に従属した警察軍が植民地期のフィリピン軍や独立後に設立された国軍の中

心となったことは、政治家から自律し組織的一体性を有する国軍の出現を妨げた。同様に、地方政治家が持つ治安機構に対する様々な権限は、彼らが国家装置である治安機構を、選挙活動や非合法活動といった私的な目的に利用することを可能にした。[21]

　政治家と国軍将校の個別的な関係と政治家による国軍の私的利用は、中央の政治においても存在した。独立直後の1946年の大統領選挙で野党候補のマヌエル・ロハスが現職のセルヒオ・オスメーニャを敗り大統領に当選するが、国軍の望む政治的方針を打ち出したロハスを、選挙中、国軍は積極的に支持した。国軍はロハスに投票するにとどまらず、なかには公の場でロハス支持を表明する将校や、ロハス支持の政治連合を組織する将校もいた。[22]

　1949年の選挙では、現職のキリノが国軍を動員し対立候補の支持者に危害を加えるなどの選挙干渉を行っていた。[23] また、国防長官のマグサイサイも、自らの政治的影響力の拡大に国軍の掌握が不可欠であると考え、彼をパトロンとみなす忠誠的な将校を国軍幹部に据えていくことで国軍との関係構築に成功した。[24] しかし、マグサイサイが1953年の大統領選に出馬するため国防長官を辞職した後、キリノはマグサイサイの後任に自らに近い人物を任命し、国軍の重要ポストに就いているマグサイサイ派の将校を左遷するなどして巻き返しを図った。[25] それでもマグサイサイは国軍とアメリカの協力で大統領に当選し、その後、国軍の幹部ポストに自らに近い将校を再配置するなどして国軍を掌握した。[26] これらの例にみられるように、政治基盤を欲する政治家による国軍の政治利用は独立後間もない頃から常態化していたといえる。

　このようにフィリピンには、政治家が国軍を権力の安定化や権力奪取の道具としてきたという歴史がある。政治家にとって国軍は重要な政治資源であり、そこに政治家が国軍に接近する誘引が存在した。

　他方、国軍の側にも政治家に接近する誘引が存在した。それは、次に見るような動機から将校と政治家との個別的関係の構築を目論んだ接近となる。

　1935年憲法下では、国軍将校の大佐以上の階級への昇進については、上下両院の議員によって構成される議会任命委員会の承認を得たうえで大統領の任命が必要であった。昇級指名は年功序列などを踏まえた国軍幹部の判断に基づい

ていたが、任命の確定は委員会メンバーの政治的判断に左右されることが多かった。そのため、大佐や将官への昇進のためには、パトロンとして、任命委員会の委員を務める影響力のある政治家の後ろ盾が必要だった。こうした状況下、少なからぬ数の将校たちは、人事システムにおいては能力よりも政治的コネが重視されるとの認識を持っていた[27]。下位の階級の将校についても同様であり、大佐より下位の昇進であっても、実際には間接的ながら政治の力が作用していた。また、国軍参謀総長の任命をめぐっては、候補者のパトロンである政治家による猟官行為がかなりあり、その下位のポストについても影響力のある政治家の後ろ盾がある将校は好ましいポストに就けたし、望まないポストを避けることができた[28]。さらに、将校が退役後も働き続けるための文民官職ポストを特定の政治家に請うという行為もあった[29]。まさに、将校の浮き沈みは、政治家や政治家に影響力を持つ人物といかにうまくやっていくかに懸かっていたのである[30]。

　国軍の高位階級への昇進に議会の承認が必要であったことは、将校が政治家に取り入る動機となる。同時に、政党の凝集性が弱く地方の有力者が集票組織として十分な役割を果たすとは限らない状況は、政治家が国軍の現地幹部を集票の鍵とみなし利用する誘因となる。ケスラーが指摘するように、こうした政治家と将校の相互依存関係は両者のさらなる接近を生み、国軍の政治化につながるのである[31]。

1-4　国軍将校と政治家のイデオロギー・利害の同質性

　社会的出自を異にしながらも、国軍が支配エリートに対抗する勢力となることはなかったのは、イデオロギー的および利害的同質性を有するようになっていたことがひとつの要因である。植民地期からのアメリカとの関係が独立の過程で断絶せず独立後も継続したことは、国軍の役割に影響を与えたが、それは国軍のイデオロギー形成をも規定するものとなった。前述したように、国軍は共産主義勢力対策に長く携わってきたことや、反共国家であるアメリカから様々な援助や人的交流により影響を受けていることから概して反共である[32]。フィリピンの共産主義勢力が打倒を目指す現体制を構成するエリート層は、当

然のことながら反共イデオロギー、すなわち現体制維持のイデオロギーを有しており、将校たちと政治家との間に大きなイデオロギー的差異は存在しない。

　また、将校が退役後に政治家に転身したり企業の幹部としてビジネス界に参入したりすることが少なくなかったが、既存の政治・経済体制の枠組みのなかで政治家になることやビジネス活動へ参入することに対する期待を将校が抱くことは、政治エリートと将校の間に深いイデオロギー的亀裂がなく、両者が価値体系を共有し、現存する政治・経済体制を維持するというコンセンサスを共有する傾向を促すことを意味している[33]。

　国軍将校は、現役時には社会的上昇に寄与する技術、管理技能習得の訓練を享受し、退役後はその地位と技術を活かした豊かな第二の人生の受益者となる。彼らは高い社会的地位の獲得を現存する社会経済構造に負っているのであり、その社会経済構造が生み出す抑圧感とは無縁なのである。このように、国軍将校は政治エリート層に社会的、イデオロギー的に統合されており、政治エリートによって作られる現存秩序を受容してきた[34]。

　政軍関係研究では、軍部が特定の社会階級の道具であるのか否かというテーマがあるが[35]、フィリピンの政軍関係をそのような視点からみることは適切ではない。階級間の摩擦を孕む社会でありながら、政治的な関係は社会階級に基づいた水平的なものよりも、パトロンとクライアントの間の個別的、垂直的な関係を基礎として結ばれることが圧倒的に多い。クライエンテリズム的、個別主義的な関係が重視される政治文化が政軍関係にも浸透し、国軍が組織として特定の社会階級の道具になるのではなく、上述してきたように、個別的にエリート間の権力闘争の道具となるのである。

　しかし、こうした政軍関係は、マルコスが1972年に戒厳令を公布し、国軍を「パートナー」とした独裁体制の確立を進めたことにより外観を大きく変えた。

2 マルコス戒厳令体制への布石：国軍の権力基盤化

2-1 国軍との関係強化と政治利用

　マルコスは、1965年12月の大統領就任直後から政権の長期化を準備していたとも言われるが、その一環として、国軍人事の権限や裁量を駆使することで、国軍との関係を強固にするとともに、国軍を彼の個人的統制下に置くことに腐心した。

　マルコスは、大統領就任後1年あまりの間、国防長官を兼任し、その間に将校の任命や昇進といった人事によって国軍上層部に梃入れを行った。なかでも、就任直後の1966年1月の人事は国軍史上で最も大規模なものとなった。国軍参謀総長、副参謀総長、陸軍司令官、警察軍司令官、4人いるすべての警察軍管区司令官を含む25人の将官のうち、14人を退役させるとともに、3分の1以上の警察軍州司令官を交替させた。代わって任命されたのは、マルコスの旧友や大学の同窓生、上院議員時代の補佐官、大統領選を支援した若い将校など、多くがマルコスに忠誠的な将校であった。とりわけマルコスと同じイロカノ族や同郷の将校の任命が顕著であった。国軍参謀総長、警察軍司令官、大統領警護隊司令官、4管区のうち3つの警察軍管区司令官にイロカノ族の将校が任命されると同時に、イロカノ族の退役将官が文民ポストである国防次官と国家情報調整庁長官に任命された。さらに1967年1月の人事でも、参謀総長、副参謀総長、警察軍管区司令官、国防長官などが、同様の将校たちで占められた。このようにして国軍上層部はマルコスに近い人物で固められた。そして、マルコスが再選をかけた1969年の大統領選挙では、マルコス陣営に大きく肩入れする形で国軍部隊が選挙に干渉したのである。

　先述したように、国軍と関係を築き政治的な支援を得ることはマルコスが最初ではなく、独立後間もない頃から行われてきたことである。しかし、そうした慣行を極限まで推し進め民主政治を葬り去る道具とし、国軍をパートナーとする権威主義体制を築いたのはマルコスが初めてであった。

　マルコス大統領2期目終盤の1972年1月に実施された国軍人事は、戒厳令布

第 1 章　文民優位の伝統とマルコス政権期の政軍関係

告の最終準備と言えるものであった。マルコスは 4 名の将官の定年を延長し昇進させ、参謀総長、陸海空軍それぞれの司令官に任命したが、それらを含むこの時の人事で国軍重要ポストに任命された 7 名の将校のうち、4 名がイロカノ族であった。マルコスは戒厳令布告に先立ち、10名の国軍将官と国防長官、および 1 名の下院議員の計12名で構成される「12使徒」と協議を持っていたが、そのうちの 7 名がこの人事で重要ポストに任命された人物であった。[40]

　戒厳令布告による政権永続化については国軍の掌握が条件のひとつであると指摘されるが[41]、マルコスは人事を駆使して彼と個人的に関係が近く忠誠的な将校で国軍上層部を固めることによって、国軍に対する彼個人の統制強化を図り掌握に努めたのであった。

2-2　国軍の役割拡大

　加えてマルコスは、大統領就任直後から、国軍を政権の経済開発計画を担う主要アクターと位置付けていった。上述したように、1950年代初頭、国軍はマグサイサイ大統領の下で社会経済開発における役割を担っていた。1950年代半ばにフク団の反乱が終焉して以降はそうした任務は縮小したが、マルコスは開発における国軍の役割を再び拡大し制度化したのである。政権の「4 ヵ年経済計画」では、国軍の土木技術、輸送、通信、訓練、計画における 5 つの能力が開発に活用され得ると指摘し、道路・橋梁建設、学校建設、灌漑設備修復、治水・移住計画の実施、産業用地計画、農工業プロジェクトに関わる人員の訓練などに国軍部隊を投入した。さらに、そうした任務を遂行するため、10個大隊から成る工兵旅団を設立、増設を進めた[42]。

　国軍部隊を含めたあらゆる資源を動員して経済発展を進めることは、政権の正当性や国民の支持獲得に不可欠であるが、それに加え国軍の開発への投入には 3 つの狙いがあった。第 1 に、柔軟に支出できるアメリカの軍事援助へのアクセスを確保すること、第 2 に、役割拡大にともなって生じる権限を国軍に享受させ、マルコスに対する国軍のさらなる支持を獲得すること、第 3 に、国軍を通して地方に利益誘導を行い、彼の政治基盤を強化すること、である[43]。

　マルコスはこのような手法によって国軍と密接な関係を築き、国軍を自らの

政治的支持基盤に仕立て上げた。戒厳令布告の数ヵ月前に国軍幹部将校に対して秘密裡に実施された調査で、圧倒的多数が戒厳令布告を支持していたことからも明らかなように、マルコスは国軍の掌握に成功していたと言える。手法自体は独自のものではなかったが、政権長期化という目的の下、他の政治家に比して圧倒的に徹底していた。

また、こうしたことがあくまで民主制の枠内で行われたことに留意しておく必要があろう。1935年憲法では、大統領に大佐以上の国軍将校の任命権が付与されているように、国軍人事において大きな権限、裁量が認められている。加えて、国防長官が国軍に対する行政上の権限や監督権を有していたが、国防長官の任命権は大統領に付与されている。マルコスはこうした権限を用い、戒厳令布告の下準備となる国軍掌握を進めたのである。

3 マルコス戒厳令体制と国軍：歪む文民優位

3-1 戒厳令とマルコス体制

1972年9月21日、マルコス大統領は戒厳令を布告し、彼に敵対的な政治家やジャーナリスト、急進派とみられる人物などを大量に逮捕するとともに議会を廃止した。翌年1月には新憲法を制定、大統領兼首相の権限をあわせ持つ権力を手中に収め、国軍とテクノクラートを権力基盤とする体制を築いた。政党活動は禁止され「新社会運動」が唯一の「政党」とされた。

リンスとステパンは現代の体制の主な理念型を、「民主主義体制」、「権威主義体制」、「全体主義体制」、「ポスト全体主義体制」、「スルタン主義体制」の5つに分類している。そして、フィリピンのマルコス体制を以下のような特徴を有する「スルタン主義体制」に分類している。すなわちスルタン主義体制は、支配者による公私混同がみられ、法の支配が存在せず、制度化の程度が低く、政治的権力が極めて直接的に支配者個人と結び付いており、すべての個人、集団、制度が絶えずスルタンの予測不可能で専制的な介入に服している、などの特徴を有する体制である。

一方、武田は、限定された多元主義を構成する政治勢力による統治権力への

アクセス規制を行う権力中枢の特性という観点から、権威主義体制の下位類型を、「軍事支配体制」、「個人支配体制」、「一党統治体制」に分類している。そこでフィリピンのマルコス体制が分類されている「個人支配体制」は、第1に、体制への支持が支配者への個人的忠誠に対する報酬と不服従に対する報復の恐怖に基づいている、第2に、国家と体制の境界線が曖昧で公的領域と私的領域とが融合している、というふたつの特徴を有するとしている。「個人支配体制」は、支配者の自由裁量が合法的な制度や規範と共存しているという点で、リンスとステパンの「スルタン主義体制」とは異なる。

また、ワーフェルは、支配者によって国家が私物化されるという「家産制」的特徴に注目しながらも、「家産制」と呼ぶには複雑で近代性を帯び、制度化の度合いが進んでいるとして、マルコス政権を「家産制的権威主義」ないし「新家産制」と呼んでいる。

マルコス政権、とりわけ1972年9月の戒厳令布告以降をどのように分類するかには若干の相違はあるが、マルコス個人に権力が集中する側面を特徴とみなす点で一致している。こうした体制下の政軍関係について想定できるのは、軍部が、支配者に対する個人的忠誠とそれに対する見返りに基づき支配者個人の権力基盤あるいは権力維持装置へと変容し、権力ブロックの一角を形成する状況であろう。

1935年憲法下でも政軍関係における大統領の権限は大きかったが、大佐以上の昇進の確定には議会の任命委員会での承認が必要であったし、他にも、国防予算が議会の審議対象であるなど、議会のチェック機能、すなわち議会による文民優位が存在した。しかし、戒厳令布告により議会が廃止された後は、国軍人事や国防予算の審議、国防に関連する立法権、政策に対するチェック機能など、議会が有する文民優位は失われた。

同憲法では「いかなる時も文民の権威が国軍より優位にある」との規定があるが、議会の廃止により、国軍の行動を規制・監督する実質的権限を有する文民機関は大統領のみになった。そのため、国軍より優位にある権威を有する「文民」とは、事実上マルコス個人であった。マルコスは大統領令などを発し国軍に戒厳令の執行を命じるなど、国軍に対するすべての権限が彼の下へと集

中した。こうして国軍の統制は、戒厳令下でマルコスの裁量に一手に委ねられた。国軍に対する制度的、民主的な文民優位は、マルコスによる個人的・独裁的な文民優位へと変貌したのである。そしてマルコスは、民主制の枠内で実施してきた国軍の政治基盤化や役割拡大を、さらに推し進めていく。

3-2 統治と政治における国軍の役割拡大／忠誠と報奨の関係

マルコスによる戒厳令布告後、国軍はその執行者となった。戒厳令を布告して以降、治安、司法、行政、法執行、開発などの分野に、かつてない規模で国軍の役割が拡大された。

治安の領域では、国軍の抑圧機構としての役割が重要性を増した。都市部で反マルコス運動を展開していた政治家、ジャーナリスト、学生、労働者等に対する強権的弾圧、犯罪の防止、構造的に輩出される不満層の弾圧、反政府武装勢力の鎮圧、開発プロジェクトの強権的実施が国軍の重要な役割となった。[54]

文民管轄領域の行政分野においても国軍の役割が拡大した。国家経済開発庁の南部フィリピン開発局、ラグナ湖開発局、総務経済開発研究部や、民間航空局、大蔵省密輸取締局、国家住宅庁、回教徒省、郵政局などの長官や副長官といった行政職、在外公館大使のポストが、国軍将校あるいは退役軍人によって占められた。また、マニラ電力会社、国家上下水道局、国鉄、フィリピン航空、マニラ航空といった公営企業の管理運営ポストや、政府が接取したハシント財閥傘下の企業の管理運営ポストに国軍将校が任命された。[55] 1985年当時で、国軍将校約1万5000人中、およそ2500から2600名が、現役のまま各省庁、公社などのポストに就いており、公社総裁ポストの8割が国軍関係者で占められていた。[56]

また、地方で開発プロジェクトを実施する大統領地域開発官が12の地域に置かれ、開発計画を実施するための広範な権限が付与されたが、そのうち6地域の開発官に国軍将校が任命された。地域開発官に国軍将校が任命された地域では、現地の市長や知事の権限が弱体化し、国軍の立場を強化する傾向にあった。[57] このように国軍が地方での開発に携わることにより、地方の政治家を飛び越えてマルコスが村落レベルへ直接影響力を及ぼすことが可能となった。[58]

第1章　文民優位の伝統とマルコス政権期の政軍関係

　マルコスは1975年に、全国の警察組織を統合国家警察として一体化し、警察軍の統制下に置いた。警察軍が国軍の一部であることから、統合国家警察が国防省の直接の統制下に置かれたことになり、もともと地方政府首長が保持していた警察組織の統制権を取り上げ、警察をマルコスの下に集権化したに等しい。これには、近代的でプロフェッショナルな警察を組織するという目的の他に、マルコスを支持しない地方の首長たちの政治権力や政治マシーンを弱体化するという目的があった。[59]

　国軍の役割拡大は、国軍の規模・予算面における肥大化をともなった。1972年から1984年までの間に、国軍の兵力は5万5000人からおよそ20万人に増加した。また、1971年から1980年の間に、国民総生産が75％増加したのに対して、軍事支出は279％増加した。[60] こうした国軍の役割拡大には、国軍の忠誠を引き続き得るという目的があった。国軍のマルコスへの支持、忠誠を確かなものにするために様々な特典を与えるという関係が、行政関連分野における国軍の役割拡張を基本的に規定した。[61]

　マルコスは、戒厳令への国軍による協力の報いとして、経済的にも国軍将校に様々な優遇措置を実施した。例えば、現役、退役軍人の生活安定のための投資開発公社や軍人企業を政府が一定の出資をして設立した。[62] こうした合法的ビジネスに加え、国軍将兵は様々な非合法ビジネスからも利益を得ており、マルコスは幹部将校によって行われる汚職を黙認し続けた。[63] また、国軍将校の基本給が引き上げられた。1972年から4年間で3回の昇給が行われ、国軍将兵の基本給は2倍ないし2.5倍になった。加えて、幹部将校の昇進、国軍内の幹部ポスト増設、退職金や奨学金、戦死者遺族への補償金など諸制度の整備を実施した。[64]

3-3　国軍の近衛兵化

　マルコスは国軍の忠誠を得るために様々な優遇措置を実施したが、その一環として幹部将校の定年延長を繰り返した。定年後に職を得られる保証のない国軍将校にとって、定年延長は重要な報奨となる。1983年の時点で、国軍に在籍する将官99名のうち、およそ50名が定年延長措置を受けていた。[65] こうしたな

か、重要ポスト人事の流動性も停滞した。マグサイサイ政権期、マカパガル政権期、戒厳令布告前のマルコス政権期には、国軍参謀総長、警察軍司令官、陸軍司令官の平均在職期間が20ヵ月前後であったが、戒厳令期にはそれが100ヵ月を超えた。[66]先述した戒厳令前のマルコスと国軍の関係にもみられたように、マルコスに対する個人的忠誠が、任命や任期延長といった報奨供与の判断基準となっていた。

　そして、そうした関係には、不忠に対する処罰が付随する。例えば、マルコスの戒厳令布告を支持した将校たちは、定年を大幅に延長されたり退役後も政府機関や公営企業のポストに任命されたりするなど、報奨に与かった。しかし他方で、戒厳令布告に反対した国軍幹部は、在外公館の大使職に追いやられた。[67]また、マルコスの政敵であるベニグノ・アキノに近いと目された将校たちが、ミンダナオ島などの戦闘の激しい地域に送られた。[68]

　このようにマルコスは、国軍をパートナーとする体制を築いてきたが、将校たちを信用していたわけではなかった。[69]また、国軍に過度に依存する危険性も認識していた。国軍がマルコスに牙をむくことのないよう将校たちをいかに掌握するかは、彼にとって死活的課題であった。そして、そうした課題に対するマルコスの回答は、国軍を個人的紐帯を通して掌握するというものであった。

　マルコスは、自身と家族の護衛、首都圏防衛、諜報活動など、政権やマルコス一家の安全に欠かせない国軍部隊の司令官に、彼に忠誠的な人物を任命し、そうした将校らとの個別的関係を通して国軍の統制を図った。例えば、大統領警護隊、国家情報公安局、マニラ首都圏警察軍部隊、マニラやその近郊に駐屯するレンジャー部隊、陸軍第1および第2歩兵師団などの司令官ポストに、マルコスと同郷であるイロカノ族の将校、親戚関係にある将校、大統領警護隊に所属経験がありマルコスへの忠誠を見込める将校を多数登用した。[70]政権と国軍との間に形成された関係は、マルコス個人（あるいは一家）と国軍将校の個人的な紐帯に基づいたものであった。

　こうした関係は、側近の代表格であるファビアン・ベールを中心として構築された。ベールはイロカノ族出身でありマルコスの従兄弟でもあった。ベールはフィリピン大学の予備役訓練課程を修了して国軍に入隊し、直後に当時下院

議員であったマルコスの警護官となる。そしてマルコスの出世とともに国軍内で順調に昇進し、マルコスの大統領就任と同時に大統領警護隊の司令官に抜擢される。その後、従来は文民ポストであった国家情報公安局の長官を兼任することになる。当初は2000名規模だった大統領警護隊が、ベールの下で陸海空警察軍とマニラ首都圏警察の各大隊で構成される１万5000名を擁する規模の司令部に拡大された。この司令部の諸ポストも、マルコスが最も信頼するイロカノ族の将校で固められ、国軍内外でマルコスの敵対者と目される人物を監視する役割を担っていた。

そして1981年、マルコスはベールを国軍参謀総長に任命する。これは参謀総長就任を確実視されていたフィデル・ラモス警察軍司令官を飛び越えての人事であった。そしてマルコスとベールは、1983年、地域統合司令部を設置して中隊規模の国軍部隊と参謀本部を直接つなぎ、国軍の指揮命令系統をベールの下に一元化するという改変を実施した。事実上、国軍の指揮命令系統から警察軍司令官のラモスや国防長官のフアン・ポンセ・エンリレを外す措置であった。

戒厳令期の国軍では、能力や専門職業主義、年功序列ではなく、贔屓、個人的忠誠、縁故などの原始的な紐帯によって昇進や重要ポストへの任命が決定されたり、定年が延長されたりする傾向が強くなった。また、ミンダナオ島をはじめとするフィリピン各地での反政府武装勢力の鎮圧に国軍部隊が投入されるなか、精鋭部隊や新鋭装備は、マルコス一家の安全保障のため首都圏に集中して配置されていた。

戒厳令期に国軍は、マルコス個人による歪な文民優位の下、まさにマルコスの近衛兵（praetorian guard）へと変貌したのである。

4 国軍の亀裂と改革派の登場：歪んだ文民優位の帰結

4-1 国軍の亀裂・不満

一部将校の個人的忠誠を通して国軍を掌握し政治的支持基盤とすることは、当初はそれなりに有効なものであった。しかし、次第に政軍関係に混乱の火種を生み出していく。

国軍将校は、フィリピン士官学校か大学付属の予備役訓練課程のいずれかで養成され任務に就くが、国軍参謀総長ベールは自身と同じ同課程出身の将校を昇進や重要ポストへの任命において優遇し、実戦経験のない同課程出身の将校が士官学校出身の将校を差し置いて昇進し上層部を占めるという現象を生んだ。これらに加えて、高級将校の定年が恣意的に延長され若手将校の昇進が遅れたこと、マルコスやベールの地縁・血縁によって国軍の中枢が固められたことが、国軍内に不満や士気低下を招いた[78]。定年延長に関して言えば、1985年時点で、全将官73名中、ベールとベール派の三軍司令官を含む27名が定年延長組であった。幹部将校の定年延長は、若手将校の昇進の停滞を生む。また、少将以上の将官7名のうち、士官学校出身者は3名と少数派であった[79]。

　加えて、非イロカノ族の将校やマルコスへの忠誠が怪しまれる将校、フィリピン士官学校出身の将校、マルコスの信頼を勝ち得ていない若手将校などが、新人民軍やモロ民族解放戦線との戦闘の前線に送り込まれた。彼らが厳しい状況下で命を懸け任務にあたっている一方で、マルコス一家の護衛にあたる大統領警護隊や国家情報公安局、マニラ首都圏警察軍部隊の将校が国軍内の「エリート」としてマニラやその近郊で比較的恵まれた待遇を受けていた[80]。こうした差別的待遇とともに、国軍部隊の配備が、国家の安全保障よりもマルコス体制やマルコス一家の安全に主眼を置いて実施されていたことが、若手将校の間に不満を生み出した。このように極端に政治化した人事により、国軍内部に亀裂・不満が蔓延していった。

4-2　国軍改革派の登場と政治家の接近

　1980年代、国軍内には、将兵の待遇改善やプロフェッショナル化を訴えるいくつかのグループが形成され始めていた[81]。そうしたなか、1982年7月、国軍士官学校の1971年卒業組の若手佐官クラス将校を中心として、国軍改革運動（Reform the Armed Forces Movement：RAM）と名乗るグループが結成された。RAM結成の背景には、マルコス政権下での国軍の規律低下や汚職、縁故主義の蔓延などによって国軍の栄誉に傷がつくだけでなく、国軍が崩壊するとの危惧を抱いた若手将校の国軍上層部への反発があった。こうした背景があって結

第1章　文民優位の伝統とマルコス政権期の政軍関係

成された RAM が目的としていたのは、国軍の改革であった。

　RAM は国軍士官学校71年組であるグレゴリオ・ホナサンを中心として構成されていたが、若手将校の昇進の遅れや縁故主義による様々な不公平、国軍幹部による汚職、1983年のベニグノ・アキノ暗殺事件への関与による国軍の威信失墜などを批判して改革を目指す理想主義的な主張は、尉官、佐官クラスの将校の間で広く支持を集めた。[82]

　そうしたなか、国防長官を務めるエンリレが、RAM に急接近した。エンリレはマルコスに次ぐ実力者といわれた人物であったが、大統領への野心を抱いていたことから、1980年前後からイメルダ・マルコスやベールと対立するようになり、以来、政権内での影響力を低下させていた。そして1983年には、上述した国軍の指揮系統再編にともない、事実上、実権を剥奪された。政権内で疎外されていくエンリレと、マルコスへ忠誠を誓う将校たちによる実権掌握に不満を抱いていた RAM は、反マルコスという点で共通の利害を持っており、エンリレが RAM を支援する形で両者の結びつきが強まった。[83]

　ホナサンに代表される RAM のリーダーたちは、国防省詰めの将校であったため、国防長官であるエンリレと密接な関係を持っていた。特にホナサンはエンリレに可愛がられ、エンリレの後押しにより同期の中でもいち早く大佐に昇進することができた。ホナサンらがエンリレを支持、護衛する役割を果たし、一方でエンリレが、彼らの庇護者としての役割を果たすといった共存共栄の関係が存在した。[84] 制度や組織よりも個人への忠誠が重視されるフィリピンにおいては、大統領や参謀総長に幻滅した将校は、他の政治家に庇護や昇進の後押しを求め、容易にそれらを得ることができるのである。[85] エンリレと RAM との関係には、エンリレの保身と権力奪取という目的のため RAM が彼の政治資源となっている側面がある。国軍の政治利用という政治家の伝統的手法は、マルコスによって独占されたわけではなかった。

　その後、マルコスに国軍改革の意志も能力もないと悟った RAM は、目標をマルコス政権打倒、軍事政権樹立へと変容させた。マルコス政権打倒を目的としたクーデタはエンリレやラモスを含めて計画された。国軍参謀副総長のラモスは、参謀総長ポスト争いでベールに敗れた頃からマルコス政権に対する不満

43

を募らせていた。その後もマルコスに国軍の指揮命令系統から外されたり、彼が進めようとした国軍改革を潰されたりしており、マルコスやベールに対する個人的不満や失望の蓄積がクーデタ計画への参加へとつながった[86]。計画では、彼らに加え、テクノクラートや実業界、宗教界の代表からなる「軍民評議会」を設置し、これを補佐する名目の「軍事委員会」にRAMの中心メンバーが就任することになっていた。この計画では、エンリレが事実上のトップに座り、彼とRAMをはじめとする国軍が実質的な発言力を有することとなる[87]。

4-3 マルコス体制の崩壊

　民衆の間に鬱積していたマルコス政権への不満は、1980年代初めの経済危機などによって頂点に達していた。そして1983年に反マルコスの代表的政治家として国民的人気を集めていたベニグノ・アキノが暗殺されたことを契機として、フィリピン各地でマルコス政権への抗議行動が活発化し、中間層、学生、ビジネスグループ、教会などを中心とした様々なグループがマルコスの退陣を訴えるようになっていった。

　そのような状況下、エンリレやRAMを中心とする国軍内部の反マルコスの将兵たちがラモスとともにクーデタによるマルコス政権打倒を画策するが、計画が実行直前にマルコス側に発覚する。それにより身柄拘束の危機に直面することとなったラモスやエンリレ、RAMのメンバーらが、1986年2月、緊急避難的に国軍のクラメ基地に立て篭もったことがマルコス政権崩壊劇、いわゆる「二月政変」の始まりであった[88]。

　直後から、カトリック教会のシン枢機卿が、基地に立て篭もる決起軍を守るようラジオを通じて民衆に呼びかけを始め、その呼びかけに応じた民衆が基地の前のエドサ通りに続々と集まり人間のバリケードを築いた。マルコス政権打倒を叫ぶ民衆が増え続けるなか、決起軍の鎮圧に向かった政府軍は民衆の壁に阻まれた。その間にマルコス側から国軍将兵の離反が進み、政変の終盤では、国軍の中間派が勝ち馬に乗り換えたことにより大量離反が発生した[89]。政権の支柱であった国軍の離反に直面したマルコスは、家族や側近らとともにアメリカへ亡命した。国軍の一部による決起とこれに応じた民衆の力によって、マルコ

第1章　文民優位の伝統とマルコス政権期の政軍関係

ス政権は崩壊した。

5　国軍の政治化

　マルコス政権下で国軍が政治化したことは定説であると言ってもいいが、民主化後に問題とされる国軍の政治化には大きく分けて3つの要因（形態）が複合的に関連していることを念頭に置く必要がある。

　第1に、国軍将校と政治家との相互関係を契機とする政治化である。本章で言及したように、フィリピンでは政治家が国軍を権力闘争の政治資源とする営みが伝統的にみられる。マルコスもそうした伝統に則ったひとりであった。他方で国軍将校は、出世といった個人的利益・野心を追求する過程で政治家の後押しが必要であるため、政治家との接点を求める。国軍将校と政治家のこのような相互関係が、将校を政治に巻き込み政治化するのである。こうした意味での政治化は、程度の差はあるが文民優位の下で政治家に従属した形で生じるマイナーなものとして捉えられ、マルコス戒厳令期以前から存在した。

　しかし、マルコス政権下では、やはり文民優位の下に、こうした個別的関係がかつてない規模で政軍関係に導入され、大統領と将校との個人的紐帯に基づいた統制を特徴とする政軍関係が形成された。こうした政軍関係は、国軍内に亀裂を生じさせ、RAMのような若手将校たちの不満を招き、彼らが野心的政治家のエンリレと相互関係を形成するという現象を生んだ。

　こうした政治化は、政治的に大きな意味を持つような国軍の政治関与に必ずしも発展するわけではないが、マルコス政権末期が示すように、取り巻く政治的状況やきっかけによっては、政軍関係のみならずマクロな政治変動に大きなインパクトを与え得る。

　第2に、自己の能力や政治的役割に対する認識から生じる政治化である。マルコスは1965年の大統領就任直後から、国軍の役割を拡大し国軍をパートナーとする体制を築いていたが、1972年の戒厳令布告にともなう様々な民主的政治制度の破壊は、国軍の役割拡大とともに、自己の能力や政治的役割に対する国軍の認識に影響を与え、国軍将校の政治化を帰結する環境を創り出した。

いくつかの研究で示されてきたように、国軍幹部の多くは、マルコス政権下における文民専管領域への役割の拡大により、自らに文民官僚と同程度かそれ以上の能力があると確信するようになっていた。1974年には何人かの将官が「戒厳令は国軍に政権を担える自信を与えた」と指摘している[90]。そのような考えは権威主義体制から民主主義体制へと移行したところで消滅するものではなくマルコス政権後にも引き継がれた。民主化後の1987年4月と5月に国軍将校を対象として実施され452名から回答を得たアンケートでは、61％の回答者が、マルコス政権下における文民専管領域への役割拡大により自らに文民官僚と同程度の能力があると確信する、と回答している[91]。
　そもそも、1970年代、80年代の戒厳令期に国軍に入隊した将校たちは、制度的な文民優位のツールとなる民主的政治制度が存在する政治システムを経験していない。そうした状況下、将校たちは、国家建設や開発における国軍の役割を重要であると考え、政治家や官僚よりも国軍将校の方が能力がある、状況によっては政治的に介入する能力を有している、国軍は文民に従属しているのではなく独自の権力を持つ、などといった考えを持つようになっていた[92]。
　ただし、「二月政変」のきっかけとなる RAM の反乱が起こる以前、曲がりなりにもマルコスは、彼流の文民優位を維持することができていた。マルコス政権下で自己の役割に対する認識を変化させ、また、権力の味を知った国軍であったが、マルコスの権力に正面から挑戦することはなく、歪な形ではあれ文民優位を受容していた。権力奪取を意図した政治関与は政権末期におけるRAM のクーデタが初めてであった。
　第3に、国軍が「二月政変」で担った役割がさらに国軍を政治化した。マルコス政権の崩壊に主導的な役割を果たしたとの自負から、国軍将校の間には、政策介入などの政治関与を当然であると考えるだけでなく、ある状況下においては責務でさえあるとみなす者が少なからず現れていた。そして、国軍はもはや文民政治家に従属してはおらず、政府が無能であれば政治関与は正当化されるといった雰囲気が存在し、一部は、「統治する権利」、あるいは「誰がいつ統治するかを決定する権利」を国軍が持つと主張するようになっていた。大統領という国家の指導者の交代を決定した「二月政変」の過程で重要な役割を担っ

た国軍が再びそうした役割を担うことは当然だとの考えを、国軍将校たちは抱いていた[93]。RAM のメンバーのひとりは「我々はひとつの政権を倒したのだから、改革がなされなければもうひとつの政権を倒すことができる。事実、我々が大統領に職を与えたのだ」と述べている[94]。

　第2と第3の形態の政治化は、究極的にはクーデタなどによる政権転覆・権力奪取を企図する形、つまり文民優位に挑戦するという形で政軍関係にインパクトを与える。

　独立以来、国軍は政治的に文民エリートに完全に優越することはなかった。歴史的にマイナーな役割に甘んじてきた国軍はマルコス政権下でマルコスのパートナーとして役割を拡大させたが、実際の政策決定にはほとんど関与していなかった。マルコス政権期における国軍の任務は反政府勢力の掃討作戦から、思想統制、国営企業の経営など多岐にわたったが、国軍で政策決定に影響力を持ったのはベールのみであり、それもあくまでマルコスの顧問にすぎなかったのである[95]。マルコスと国軍との関係においてはマルコスが文民大統領であることから文民優位が存在したと言えるが、マルコス政権における文民優位のあり方は理念からかけ離れたものであり、軍部が支配者の私兵となる非民主主義的な個人支配体制のそれであると指摘できる。

　また、歴史的に国軍は、エリート間の政治闘争の私的な政治資源となっていた。国家機構が私物化され公私の領域が曖昧なものとなるなどの国家の家産的特徴が、クライエンテリズムという政治文化や政党の脆弱性、暴力が頻繁に用いられる選挙のあり方などとともに政軍関係の形成に影響してきた。そこには文民優位の下、国軍将校と政治家が各々の動機から個別的関係を築き相互依存するという現象が伝統的に存在した。マルコスもその伝統に則ったひとりであり、それを極端な形で展開したにすぎなかった。

　マルコス政権期、とりわけ戒厳令期においては、国軍を権力基盤としたいマルコスが、従来は複数の政治家によってなされる国軍の私的利用を独占的に推し進め、国軍幹部個人との緊密な関係を国軍掌握の軸とした。しかし結局は個別的関係に基づく掌握手法が国軍の不満や亀裂を生み、マルコス政権崩壊のひ

とつのきっかけとなった。将校と政治家の個別的関係によって国軍内に生み出された歪が、政軍関係へのインパクトとなって顕在化した実例といえる。

註
1) Robin Luckham, "Introduction: The Military, the Developmental State and Social Forces in Asia and Pacific: Issues for Comparative Analysis," Viberto Selochan, ed., *The Military, the State, and Development in Asia and the Pacific*, Boulder: Westview Press, 1991, pp. 3-4.
2) 戦争中、偵察や通訳などアメリカ軍の補助的な役割りに加え、アメリカに抵抗するフィリピン人の拘束、拷問なども行った。Carolina G. Hernandez, "The Extent of Civilian Control of the Military in the Philippines: 1946-1976," PhD Dissertation, New York: State University of New York, 1979, pp. 107-109, Ricardo Trota Jose, *The Philippine Army 1935-1942*, Quezon City: Ateneo De Manila University Press, 1992, pp. 14-15.
3) 警察軍は、アメリカ統治に抵抗するフィリピン人勢力の弾圧や、ゲリラ掃討作戦、農民運動の弾圧、労働者のストライキ崩しをも担った。そのため、民衆の警察軍に対する認識は好意的なものではなかった。Hernandez, Ibid., pp. 113-116, Jose, *Ibid.*, pp. 16-19.
4) 人員の3分の2が警察軍出身であった。Hernandez, Ibid., p. 116.
5) 占領期において日本に協力した警察軍は、多くのフィリピン人により裏切り者とみなされ憎悪の対象となった。Hernandez, Ibid., pp. 117-118.
6) 文民政治家主導による独立の経緯については、池端雪浦、生田滋『東南アジア現代史Ⅱ』山川出版社、1977年、谷川榮彦、木村宏恒『現代フィリピンの政治構造』アジア経済研究所、1977年、萩野芳夫『フィリピンの社会・歴史・政治制度』明石書店、2002年、を参照。
7) 例えば、C. H. Lande, "The Philippine Military in Government and Politics," Morris Janowitz and Jacques van Doon, eds., *On Military Intervention*, Rotterdam: Rotterdam University Press, 1971, Sherwood D. Goldberg, "The Bases of Civilian Control of the Military in the Philippines," Claude E. Welch Jr., ed., *Civilian Control of the Military: Theory and Cases from Developing Countries*, New York: State University of New York Press, 1976.
8) Richard J. Kessler, *Rebellion and Repression in the Philippines*, New Haven: Yale University Press, 1989, p. 110. カークフリートは、警察軍が実質的に大土地所有エリートのための軍であったと指摘する。例えば、地主の農地を小作農から守るために、あるいは農民の集会に干渉するために警察軍の手助けが必要な時は、地主が地元の警察軍司令官に頼みさえすれば警察軍は部隊を派遣した。ある小作農は警察軍について「彼らは金持ちに奉仕しているだけだ。地主のやれと言ったことなら何でもやる」と語っている。Benedict J. Kerkvliet, *The Huk Rebellion: A Study of Peasant*

Revolt in the Philippines, Berkeley: University of California Press, 1977, p. 54.
 9) Alfred W. McCoy, *Closer than Brothers: Manhood at the Philippine Military Academy*, Pasig City: Anvil Publishing Inc., 1999, pp. 26-27.
10) Hernandez, op. cit., 1979, pp. 188-189.
11) 田巻松雄『フィリピンの権威主義体制と民主化』国際書院、1993年、90-91ページ。
12) Hernandez, op. cit., 1979, pp. 194-196.
13) Donald L. Berlin, *Before Gringo: History of the Philippine Military 1830 to 1972*, Pasig City: Anvil Publishing, 2008, p. 74.
14) Lande, op. cit., 1971, p. 389.
15) 1960年代後半に行われた調査によると、国軍に入隊した動機の第1位が、「教育の機会として」(40.7%)であるように、無償の教育や当面の仕事といったような経済的な点が、職業として国軍を選択する際の重要な動機となっている。Quintin R. De Borja, "Some Career Attributes and Professional Views of the Philippine Military Elite," *Philippine Journal of Public Administration*, Vol. 13, No. 4, 1969, p. 409.
16) Rigoberto D. Tiglao, "Rebellion from the Barracks: The Military as Political Force," *Kudeta: The Challenge to Philippine Democracy*, Manila: Philippine Center for Investigative Journalism, 1990, p. 4, McCoy, *op. cit.*, 1999, p. 25.
17) Benjamin N. Muego, "Fraternal Organization and Factionalism within the Armed Forces of the Philippines," *Asian Affairs: An American Review*, Vol. 14, No. 3, Fall 1987, p. 154.
18) Sherwood D. Goldberg, "The Bases of Civilian Control of the Military in the Philippines," Claude E. Welch Jr., ed., *Civilian Control of the Military: Theory and Cases from Developing Countries*, New York: State University of New York Press, 1976, p. 110.
19) Carolina G. Hernandez, "The Philippines," Zakaria Haji and Harold Crouch, eds., *Military-Civilian Relations in South-East Asia*, Singapore: Oxford University Press, 1985, pp. 179-181.
20) 例えば、McCoy, *op. cit.*, 1999.
21) John T. Sidel, *Capital, Coercion, and Crime: Bossism in the Philippines*, Stanford: Stanford University Press, 1999, p. 26. Eva-Lotta E. Hedman and John T. Sidel, *Philippine Politics and Society in the Twentieth Century: Colonial Legacies, Post-Colonial Trajectories*, London: Routledge, 2000, pp. 39-40. 例えば、選挙活動における暴力行為を排除するため、選挙管理委員会の勧告により地域によっては警察軍の統制下で選挙が行われる場合があったが、地元政治家の私兵と化した警察軍部隊の幹部は、自らのパトロン政治家に有利な行動をとることが多かった。Ma Aurora Carbonell-Catilo, Josie H. De Leon and Eleanor E. Nicolas, *Manipulated Elections*, 1985, p. 17.
22) Donald L. Berlin, "Prelude to Martial Law: An Examination of Pre-1972

Philippine Civil-Military Relations," Ph. D. dissertation, University of South Carolina, 1982, pp. 44-50.
23) Kerkvliet, *op. cit.*, 1977, p. 205.
24) Berlin, op. cit., 1982, pp. 87-93.
25) Carbonell-Catilo, De Leon and Nicolas, *op. cit.*, 1985, p. 32, Berlin, op. cit., 1982, pp. 97-103.
26) Berlin, op. cit., 1982, pp. 87-93.
27) McCoy, *op. cit.*, 1999, p. 25, Goldberg, op. cit., 1976, p. 110.
28) Lande, op. cit., 1971, p. 394, Goldberg, op. cit., 1976, p. 110, ワーフェル、前掲書、123ページ。
29) Goldberg, op. cit., 1976, p. 113.
30) De Borja, op. cit., 1969, p. 413-414.
31) Kessler, *op. cit.*, 1989, p. 107.
32) 中には少数ながら共産主義にシンパシーを抱く将校もいた。
33) Lande, op. cit., 1971, p. 391. また、フィリピン社会に存在する名付け親の慣習（compadre）などが、軍人と政治家の間にも浸透していることにより、政治エリートと軍人との間に広範なコミュニケーションが存在することになり、国軍が社会からあまり孤立せず、文民の影響力が軍人に届きやすくなると指摘される。Goldberg, op. cit., 1976, p. 112.
34) De Borja, op. cit., 1969, p. 413-414.
35) 例えば、ラテンアメリカ諸国の軍部が中産階級の利益に奉仕する役割を担ったとの主張がある。Jose Nun "The middle-class military coup," Claudio Veliz, ed., *The Politics of Conformity in Latin America*, London: Oxford University Press, 1967, pp. 66-118. ヌンはラテンアメリカの中産階級が基本的に寡頭支配層のヘゲモニーの中にあり、軍部がその支配体制への参加を望む中産階級の道具として機能すると主張した。
36) Primitivo Mijares, *The Conjugal Dictatorship of Ferdinand and Imelda Marcos I*, 2nd ed., San Francisco: Union Square, 1986, p. 140.
37) Viberto Selochan, *Could the Military Govern the Philippines?*, Quezon City: New Day Publishers, 1989, p. 6.
38) Berlin, *op. cit.*, 2008, pp. 118-119, Mark R. Thompson, "The Marcos Regime in the Philippines," H. E. Chehabi and Juan J. Linz, eds., *Sultanistic Regimes*, Baltimore: The Johns Hopkins University Press, 1998, p. 216. この時期、国軍との関係を重視していたのはマルコスだけではない。彼の政敵のベニグノ・アキノ上院議員もマルコスを真似て若手将校の中に人脈を築こうとしていた。Mijares, *op. cit.*, 1986, p. 141.
39) Berlin, *op. cit.*, 2008, pp. 126-127, Carbonell-Catilo, De Leon and Nicolas, *op. cit.*, 1985, p. 40-47.
40) Berlin, *op. cit.*, 2008, pp. 123-126.
41) 浅野幸穂『フィリピン：マルコスからアキノへ』アジア経済研究所、1992年、

106ページ。
42) Hernandez, op. cit., 1979, pp. 206-207.
43) Kessler, *op. cit.*, 1989, p. 122, Thompson, op. cit., 1998, p. 216.
44) Reuben R. Canoy, *The Counterfeit Revolution: Martial Law in the Philippines*, 2nd ed., Manila, Philippines, 1981, p. 23.
45) The Constitution of the Republic of the Philippines, Article VII, Section 10 (3), 1935.
46) 戒厳令布告後に制定された1973年憲法は、「現職大統領によって公布されたすべての宣言、命令、布告、通達および法令は、国内法の一部とされ、さらに戒厳令解除後または新憲法の承認後も引き続き効力をもつ」と規定する。1973 Constitution of the Republic of the Philippines, article XVII, section 3 (2).
47) 詳しくは、Juan Linz and Alfred Stepan, *Problems of Democratic Transition and Consolidation: Southern Europe, South America, and Post-Communist Europe*, Baltimore: The Johns Hopkins University Press, 1996（荒井祐介、五十嵐誠一、上田太郎訳『民主化の理論：民主主義への移行と定着の課題』一藝社、2005年）、邦訳書、93-125ページを参照。
48) 同上邦訳書、113-119ページ。
49) 武田康裕『民主化の比較政治：東アジア諸国の体制変動過程』ミネルヴァ書房、2001年、24ページ。
50) 武田、同上書、29-30ページ。
51) David Wurfel, *Filipino Politics: Development and Decay*, Cornell University Press, 1988（大野拓司訳『現代フィリピンの政治と社会：マルコス戒厳令体制を超えて』明石書店、1997年）、邦訳書、217ページを参照。ワーフェルは家産制について厳密な定義は行っていない。また、「近代的家産制」と呼ぶものもある。吉川洋子「マルコス戒厳令体制の成立と崩壊—近代的家産制国家の出現—」河野健二編『近代革命とアジア』名古屋大学出版会、1987年、53-118ページ。
52) Hernandez, op. cit., 1979, pp. 87-89.
53) 1973 Constitution of the Republic of the Philippines, article II, section 8.
54) Cesar P. Pobre, *History of the Armed Forces of the Filipino People*, Quezon City: New Day Publisher, 2000, p. 492. 田巻、前掲書、1993年、145-151ページ。
55) Hernandez, op. cit., 1979, pp. 222-224. 吉川、前掲論文、1987年、99ページ。
56) 西田令一『新フィリピン事情：崩壊と誕生』日中出版、1989年、45ページ。
57) Hernandez, op. cit., 1979, pp. 226-227.
58) Robert B. Stauffer, "Philippine Authoritarianism: Framework for Peripheral Development," *Pacific Affairs*, Vol. 50, No. 3, p. 369. また、一連の国軍の役割拡大のなかで、これまでは政治家が担っていたパトロネージ供与の役割が軍人の役割となっていった。Felipe B. Miranda, "The Military," R. J. May and Francisco Nemenzo, eds., *The Philippines after Marcos*, Croom Helm, 1985, p. 92.

59) W. Scott Thompsom, *The Philippines in Crisis: Development and Security in the Aquino Era 1986-92*, St. Martin's Press, 1992, p. 84, Kessler, *op. cit.*, 1989, pp. 121-122.
60) この国民総生産と軍事支出の増加率の開きは、同時期のインドネシアやマレーシア、シンガポール、タイを上回るものであったとされる。Carolina G. Hernandez, "The Philippine military and civilian control: under Marcos and beyond," *Third World Quarterly*, Vol. 7, No. 4, 1985, p. 910.
61) 田巻、前掲書、1993年、153ページ。
62) Harold W. Maynard, "A Comparison of Military Elite Role Perceptions in Indonesia and the Philippines," Ph. D. dissertation, The American University, 1976, pp. 407-408.
63) Kessler, *op. cit.*, 1989, p. 125, Thompson, op. cit., 1998, p. 216.
64) Hernandez, op. cit., 1979, p. 223, 246, 吉川、前掲論文、99ページ。
65) Viberto Selochan, "The Armed Forces of the Philippines and Political Instability," Viberto Selochan, ed., *The Military, the State, and Development in Asia and the Pacific*, Boulder: Westview Press, 1991, p. 88.
66) Berlin, op. cit., 1982, p. 163.
67) Hernandez, op. cit., 1979, p. 218.
68) Mijares, *op. cit.*, 1986, p. 141.
69) *Ibid.*, p. 455.
70) Kessler, *op. cit.*, 1989, p. 119, Carl H. Lande, "The Political Crisis," John Bresnan, ed., *Crisis in the Philippines: The Marcos Era and Beyond*, Princeton: Princeton University Press, 1986, pp. 136-138.
71) 西田、前掲書、42ページ。
72) Hernandez, op. cit., 1985, p. 186, Hedman and Sidel, *op. cit.*, 2000, p. 47.
73) Thompson, op. cit., 1998, p. 217.
74) 参謀総長に就任後もベールは、彼の息子たちを大統領警護司令部に残すことで、同司令部に対する事実上の統制権を保持した。Hedman and Sidel, *op. cit.*, 2000, p. 47.
75) Selochan, op. cit., 1991, p. 87.
76) Mijares, *op. cit.*, 1986, p. 141.
77) Hedman and Sidel, *op. cit.*, 2000, p. 47.
78) 藤原帰一「民主化過程における軍部：A・ステパンの枠組みとフィリピン国軍」日本政治学会編『近代化過程における政軍関係』岩波書店、1989年、147-148ページ、田巻、前掲書、1993年、182ページ、Kessler, *op. cit.*, 1989, p. 128.
79) 西田、前掲書、45ページ。
80) Lande, op. cit., 1986, pp. 136-138.
81) Selochan, op. cit., 1991, p. 90.
82) 浅野、前掲書、198-199ページ。若手将校のみならず一部の幹部将校もRAMを

第 1 章　文民優位の伝統とマルコス政権期の政軍関係

支持していた。Carolina G. Hernandez, "The Philippine military and civilian control: under Marcos and beyond," *Third World Quarterly*, Vol. 7, No. 4, 1985, p. 913.
83)　Alfred W. McCoy, "RAM Boys: Reformist officers and the romance of violence," *Midweek*, September 21, 1988, pp. 30-31.
84)　国防長官であるエンリレの存在があったため、マルコスはRAMに手を出せなかったとも言われる。西田、前掲書、1989年、53-55ページ。
85)　Selochan, op. cit., 1991, p. 87.
86)　Ibid., pp. 98-99.
87)　Francisco Nemenzo, "A Season of Coups: Reflections on the Military in Politics," *Kasarinlan*, Vol. 2, No. 4, 1987, pp. 7-9.
88)　ベニグノ・アキノ暗殺から「二月政変」の経緯については、Lewis M. Simons, *Worth Dying For*, New York: William Morrow, 1987（鈴木康雄訳『アキノ大統領誕生：フィリピン革命はこうして成功した』筑摩書房、1989年）を参照。
89)　武田、前掲書、167ページ。
90)　Maynard, op. cit., 1976, p. 535.
91)　Felipe B. Miranda and Rubin F. Ciron, "Development and the Military in the Philippines: Military Perceptions in a Time of Continuing Crisis," Soedjati Djiwanjono and Yong Mun Cheong, eds., *Soldiers and Stability in Southeast Asia*, Singapore: Institute of Southeast Asian Studies, 1988, p. 201.
92)　David G. Timberman, *A Changeless Land: Continuity and Change in Philippine Politics*, Singapore: Institute of Southeast Asian Studies, 1991, pp. 247-248, Gretchen Casper, *Fragile Democracies: The Legacies of Authoritarian Rule*, Pittsburgh: University of Pittsburgh Press, 1995, p. 97.
93)　Selochan, *op. cit.*, 1989, p. 8, Casper, *op. cit.*, 1995, pp. 170-171, Benjamin N. Muego, "Civilian Rule in the Philippines," Constantine P. Danopoulos, ed., *Civilian Rule in the Developing World: Democracy on the March?*, Boulder: Westview Press, 1992, pp. 218-219, Kessler, *op. cit.*, 1989, pp. 130-131, Selochan, op. cit., 1991, p. 114.
94)　Francisco Nemenzo, "From Autocracy to Elite Democracy," Aurora Javate-De Dios, Petronilo Bn. Daroy and Lorna Kalaw-Tirol, eds., *Dictatorship and Revolution: Roots of People's Power*, Metro Manila, Conspectus, 1988, p. 232.
95)　藤原、前掲論文、1989年、147ページ。

第2章

文民優位回復への苦闘
―― アキノ政権期の国軍の反発 ――

　マルコスによる独裁に終止符が打たれ民主化したフィリピンであったが、国軍の一部と政権奪取・旧体制の復活を目論む勢力が起こすクーデタ事件により、政情の混乱が続いた。いずれも失敗あるいは未遂に終わったが、アキノ政権転覆を狙ったクーデタは、1986年7月から1990年10月までに、計画段階で発覚したものを含め8件を数えた。そうした状況下、政権崩壊を回避するため、アキノ大統領は国軍への対応に追われた。

　本章では、アキノ大統領による文民優位回復の試みとクーデタ事件への対応がどのように関連し、回復されつつある文民優位の内実にどのような影響を与えたかを検討したい。

　民主主義体制下では、文民優位に基づき、軍部の影響力行使が合法的になされる必要があるとともに、場合によっては軍部の利益をその意に反して抑制する、あるいは軍部の利益にそぐわない政策への服従を軍部に要求するという行為が付随する。すなわち、軍部の利益に影響する施策に対して軍部がどのように反応するか、それに新政権がどう対応するかなどが文民優位の重要なメルクマールとなり、それを考察することで文民優位の実態を明らかにすることができる。例えば、軍部の影響力が非合法的に行使されている状況や、軍部が文民の政策に強く反発し服従を拒否するという現象が、文民優位、ひいては民主主義定着の揺らぎを現わしているといえよう。

第2章　文民優位回復への苦闘

1　クーデタとアキノ政権の危機

1-1　脱マルコスと国軍内派閥

　アキノ政権成立後、国軍の脱マルコス化が実施された。まず、ベール国軍参謀総長や陸海空軍司令官らの解任を含め、マルコス政権下で定年が延長されていた24名の将軍を即刻退役させた。そして、ラモスが国軍参謀総長に就任した。また、マルコス政権下で重要ポストに就いていた14名の将軍が配置換え、あるいは降格となり、ラモスやアキノ大統領に忠誠的な将校や「プロフェッショナル」な将校が取って代わった。[1] さらに、マルコスに忠誠的とみなされた将校たちに対して「再教育」が施された。こうした人事に加え、大規模な組織改編も実施された。ベールが反マルコス派の監視に用いていた国家情報公安局（NISA）が縮小、再編され、戒厳令以前の国家情報調整局に戻された。また、マルコス政権下で1万5000名の将兵を擁する大部隊へと拡大された大統領警護司令部が、600名から成る1個大隊規模の大統領警護隊へと縮小された。さらにマニラ首都圏に駐屯する部隊を地方へと配置換えし、マルコスに忠誠的な将校が指揮していた地域統合司令部の廃止を発表、統合軍管区へと改編した。[2]

　このように国軍の脱マルコス化が進められたが、下級将校や兵士のなかにはマルコス派が依然として存在した。加えて、ラモスに忠誠的な将校、RAMなどエンリレに忠誠的な将校、中立的な将校が存在し、国軍内は一枚岩ではなかった。[3]

　RAMのメンバーの多くは、マルコス政権を打倒して自らが中心となる軍事政権を樹立する目論見が外れたものの、彼らのパトロンであるエンリレが国防長官に、そしてラモスが国軍参謀総長に就いていたため、左派を含む寄り合い所帯であるアキノ政権に不満を持ちながらもそれを支持する姿勢を見せていた。[4] しかし、政権の政策が彼らの目からはますます左派的なものとなり、それに反発するエンリレがアキノとの間の溝を深めるにつれ（後に国防長官を解任）、RAMのメンバーは政権への不満をクーデタという形で露にしていく。失脚したマルコス派将兵やRAMの分派である青年将校連盟（Young Officers Union：

55

表 2-1　アキノ政権期に発生したクーデタ事件（未遂も含む）

呼　称	発生日	参加グループ	主な首謀者・関係政治家
マニラ・ホテル占拠事件	1986年7月6～8日	マルコス派（RAMの支援）	トレンティーノ元外相
大統領官邸襲撃未遂及び旧国民議会占拠未遂	1986年11月11、23日	RAM、マルコス派	エンリレ国防長官
民間テレビ局占拠事件	1987年1月27～29日	マルコス派（RAMの支援）	アバディーリャ大佐
ボニファシオ陸軍基地占拠事件	1987年4月18日	マルコス派	カバワタン少佐
マニラ国際空港占拠計画	1987年7月	マルコス派	ディビナ少佐
8・28反乱事件	1987年8月28日	RAM	ホナサン大佐（後に中佐に降格）
12・1反乱事件	1989年12月1～7日	RAM、YOU、マルコス派	ホナサン元中佐
ミンダナオ反乱事件	1990年10月4～6日	RAM	ノブレ元大佐

出典：浅野幸穂『フィリピン：マルコスからアキノへ』アジア経済研究所、1992年、259-261ページ、Mark Thompson, *The Anti-Marcos Struggle: Personalistic Rule and Democratic Transition in the Philippines*, Quezon City: New Day Publishers, 1996, p. 169 より筆者作成。

YOU）なども、独自にあるいは共同でクーデタ事件を起こした（表2-1）。

　相次ぐクーデタで中心を担ったのはRAMやマルコス派の将兵であり、国軍内では少数派であった。しかしアキノ政権に対して不満を抱く将兵は国軍内に多く、クーデタに参加せずとも同調する姿勢や同情を示す者は少なくなかった。将兵たちは国軍全体の利害に及ぶ要求については派閥を超えた一致を見せ、国軍の独自性を主張することで政治に干渉した。[5]

　しかし、ラモスをはじめとする国軍主流派は、クーデタでの政権奪取や無制限な政治介入の意図を持たず、民主制へ適応する意思を持っていた。RAMなどの国軍将兵がクーデタでの権力奪取を企てるなか、国軍の主流派はその鎮圧にあたった。そして政権存続の危機に乗じてアキノ大統領に圧力を加えるという手法で政治介入した。主流派の幹部たちは、反乱派若手将校による政権奪取が社会的分裂や不安定を生むと認識しており、形式的であれ文民優位を保ったうえで国軍利益を保持、増進する選択をしたのであった。[6]

1-2　アキノ政権に対する国軍の不満

　アキノ政権は様々な形で文民優位の確立を図ったが、それが国軍の不満を招いた。クーデタを実行したRAMなどに限らず、国軍将兵が共通して持つアキ

ノ政権に対する不満は次のようなものであった。RAM などはこうした国軍内の共通の不満を掲げてクーデタを画策した。

　第1に、新政権の共産主義勢力に対する融和的アプローチである。アキノ政権は発足に際して「国民和解」をスローガンのひとつに掲げており、その象徴的なものが、共産主義勢力を含め、マルコス政権下で拘留されていたすべての政治犯の釈放であった。アキノ政権成立から1986年3月5日までに517人が釈放されたが、その中には国軍が釈放を反対した共産主義勢力の最高幹部も含まれていた。

　第2に、政権上層部へのいわゆる人権派弁護士の登用に対する不満である。アキノ政権は寄り合い所帯であったが、主要メンバーでアキノの信望が厚く、政権内で強い影響力を行使した弁護士たちは、国軍をはじめとする右派から、「反国軍的」、「容共派」などの批判を浴び、度々解任要求が出された。

　第3に、大統領人権委員会の設置に対する不満である。政府が推進する共産主義勢力との和解政策では、共産主義勢力には恩赦を与える一方で、マルコス政権下での国軍による犯罪や人権侵害に対する追及が行われた。国軍からすれば、共産主義勢力側にも数々の犯罪行為があったにもかかわらず彼らが恩赦を受け、他方で国軍だけが反乱鎮圧作戦での行為を人権侵害として追及された状況となった。こうしたことが不公平であると国軍将兵に受け止められた。

　第4に、アキノ政権が実施した地方行政担当官の入れ替えに対する不満である。アキノは地方に政権に忠実な人物を配置したかったことから、新たに地方行政担当官を任命し配属したが、国軍はそうした担当官の多くが左派寄りの思想を持ち無能であるとみなしていた。

　第5に、新憲法に対する不満である。1987年2月に発効した新憲法には、国軍がマルコス体制下で享受していた利益や自律性を損ねかねない項目が多数盛り込まれた。例えば、大佐以上の将校の昇進についての議会任命委員会の承認要件（7条16節）、国軍の政治派閥への関与禁止と軍人の政治活動禁止（16条5節(3)）、現役軍人の政府機関文民職への配属禁止（16条5節(4)）、将校の定年延長禁止（16条5節(5)）、警察力を一元化し国家警察委員会の監督下に置く措置（16条5節(6)）、私兵団と準軍組織民間郷土防衛隊（Civilian Home Defense Forces：

CHDF）の解体ないし正規軍への編入（18条24節）、などである。こうした内容の項目に対する国軍の不満は強かった。そのため、新憲法承認の国民投票では将兵の多くが反対票を投じた[11]。

第6に、憲法規定と関連するが、マルコス政権下で得た既得権を失うことに対する不満である。戒厳令下では、中央省庁、政府系企業をはじめ政府関係機関のポストに、現役あるいは退役軍人が任命されてきた。しかし新憲法ではこれが禁止された。

第7に、これも憲法規定と関連するが、準軍組織の解体に対する不満である。フィリピンでは反政府武装勢力に対抗するため伝統的に準軍組織が利用されてきたが、マルコスによってCHDFが組織されたことにより本格的に用いられるようになった[12]。しかし、規律の低下や構成員による人権侵害、殺人、拷問などが深刻な問題となっていたため、アキノ政権は新憲法に基づき解体を宣言した。しかし、国軍はCHDFが対共産主義勢力軍事作戦において不可欠であると考え存続に固執した[13]。

以上のような国軍の不満は、国内安全保障、および人権侵害追及を含む国軍改革に関する政権の政策が、著しく国軍の利益を損なっているとの認識に基づいていた。

1-3 脅威認識と対共産主義勢力政策への不満

上述した不満のなかでも、国軍にとって最も重大だったのが、アキノ政権の融和的な共産主義勢力対策であった。民主制へ移行して間もないフィリピンは、マルコス政権期に勢力を増大した国内の反政府勢力に悩まされていた。なかでも当時、国軍が最も強く脅威として認識していたのが、フィリピン共産党とその軍事部門の新人民軍、およびフロント組織である民族民主戦線からなる共産主義勢力の活動であった。

歴代政権の悩みの種でもあった共産主義勢力は、マルコス独裁が反体制運動の高まりと経済不安の深刻化を招いたことを背景として1980年代に急速に勢力を拡大していた。国軍の見積もりによると、新人民軍の常備兵力は1986年半ばまでに2万3000人程度に達し、支援者数はおよそ100万人から200万人と推定さ

第 2 章　文民優位回復への苦闘

れていた。共産主義勢力の影響下にあるバランガイの数は、1982年の2638から1985年には7019に増加し、全国4万1615のバランガイのうちの17％を占めた。同様に、影響を受けている市は62州の373市にのぼった[15]。こうした共産主義勢力の拡大は国軍幹部に強く脅威として認識された。ラモス国軍参謀総長をはじめとする国軍幹部と多くの将校が、軍事的にも政治的にも共産主義勢力は最も深刻な脅威であるとし、その勢力の拡大を警戒していた[16]。1987年の4月と5月に国軍将校に対して実施されたアンケートでは、共産主義勢力の脅威が「かなり大きい」、あるいは「大きい」と回答した兵士は93％に及んだ[17]。

このように、共産主義勢力に対する国軍の脅威認識が高い状況下で、アキノ政権の対策は、政治犯の釈放、停戦、共産主義勢力の承認などの妥協を含み、そればかりか交渉から国軍を排除するものであった。国軍はこうしたアキノ政権の政策・姿勢に強く反発したのである。

フィリピン共産党・新人民軍の最高幹部の釈放については、国軍の士気を低下させ鎮圧作戦に影響を与えるとして、停戦については、停戦中に同勢力が国民の支持や戦闘能力・勢力を拡大する恐れがあるとして国軍は反対した[18]。また、停戦協定によってアキノ政権が共産主義者を承認し、国政への参加を認めたことは国軍の懸念となった。来る国政選挙に左派組織との連携でフィリピン共産党が参加することは、彼らに合法的な政治的地位を与え、その大義を正当化し、国際的支持獲得を促進することになると国軍は考えたのであった[19]。

また、アキノが共産主義勢力対策について国防省や国軍にあまり助言を求めないこと、さらには、停戦交渉からの国軍の排除を決めたことは、国軍を苛立たせることとなった[20]。国軍は「二月政変」で主導的役割を果たしたと自負しており、アキノ政権下での政策介入は当然であると考えていた。そもそも国軍は、反共、自由主義の守り手であることが自身の最大の役割であると考えていた[21]。国軍が長年にわたり国家の敵とみなしてきた共産主義勢力と和解し、正当性を付与することは、まさに国軍の存在意義に疑義を呈する極めて重要な問題であった。国内安全保障政策において主導権を握り、自らの暴力装置としての存在意義を維持することこそが、国軍にとっての不可侵の核心的利益なのである。

2 国軍への依存と政策転換——安定化のために

2-1 アキノ大統領の政策転換

　上記のように、国軍はアキノ政権による共産主義勢力との停戦交渉に危機感を抱いた。政府側・共産主義勢力側双方の停戦案が、国軍による共産党最高幹部の拘束や左派系組織幹部の暗殺で流れるなど、交渉は国軍による事実上の妨害を度々受けた。[22]

　1986年11月15日、国軍参謀総長のラモスは、10項目の要求が書かれた彼と国軍幹部の署名入りの覚え書により、アキノに政策の変更をせまった。内容は、より効果的な共産主義勢力対策、左派的な閣僚の更迭、腐敗した官僚の解雇、地方行政担当官の入れ替え、共産主義勢力による人権侵害の調査、などを要求するものであった。[23] 特に国軍が望んだのは、共産主義勢力に対する対話路線の放棄、武力鎮圧への転換という強硬路線の採用である。しかし、当初、アキノはラモスの要求を退けた。アキノや側近らは、共産主義勢力を武力制圧するという国軍の提案を採用することは、和平合意へ向けた取り組みを損なうと考えたのであった。[24]

　しかし、度重なるクーデタ事件に直面し、アキノは国軍への譲歩、つまり政策転換を余儀なくされていく。アキノがRAMなどによるクーデタをしのぎ政権を維持するためには、RAMと袂を分かち国軍内の統制を担っていたラモス国軍参謀総長に依存しなければならなかった。その過程でラモスの要求を呑み、譲歩することは避けられなかったのである。

　アキノは1986年11月のクーデタ未遂の後、国軍の意向を受け、左派寄りとみられた閣僚を更迭した。[25] さらに、1987年1月のメンディオラ橋事件が転機となった。これは、農地改革の完全実施を要求する農民のデモ隊に、国軍と警察が発砲し100人以上の死傷者を出したという事件である。和平交渉の共産主義勢力側の代表であった民族民主戦線は、この事件に抗議し政府との交渉を打ち切り、新人民軍は国軍との戦闘を再開した。これを期に政府は、共産主義勢力に対する強硬姿勢を明確にしていく。アキノ大統領は大統領人権委員会に対

し、共産主義勢力による人権侵害を調査対象に含めるよう指示し、加えて、フィリピン士官学校での演説で共産主義勢力に対する強硬路線採用を宣言した。[26]

1987年8月28日のクーデタ事件の後には、軍人給与の平均60％引き上げ、「容共派」とみなされていた閣僚の更迭がなされた。[27]加えて、財政赤字増加により政府の予算規模が抑制されるなか、軍事予算のみ増額が実施された。また、1988年1月には、アキノ大統領が共産主義勢力対策におけるフリーハンドを国軍に与えることを約束し、同勢力に対する「全面戦争」が宣言された。[28]

また、準軍組織についてであるが、1988年にアキノは、国軍が組織・訓練する市民軍地域部隊（Citizen Armed Forces Geographical Unit：CAFGU）の設立に合意した。[29]CAFGUは共産主義勢力対策として国軍が設立を望んでいたものであり、その設立は実質的にCHDFの存続、すなわち事実上のCHDF解体宣言の撤回であった。

閣僚の入れ替え、準軍組織の容認、共産主義勢力との全面戦争宣言などの相次ぐ政策転換は、国軍の意向を受け入れたものであり、軍人の給与増と合わせて国軍将兵を喜ばせるものとなった。[30]これらの措置は、国民和解を推進するという当初のアキノ政権の方針の挫折と安全保障政策における文民優位の喪失を意味する。他方、国軍からすれば、安全保障政策の統制という国軍にとって最も重要な利益を事実上手に入れたことを意味した。

2-2 ラモス派の台頭

ラモスは国軍参謀総長に就任して以降、副参謀総長や陸海空警察軍の司令官のポストに自らに近い人物を任命することで主流派を形成し国軍の掌握を進めていた。国軍参謀副総長にはサルバドール・ミソン少将とエドゥアルド・エルミタ少将、陸軍司令官にロドルフォ・カニエソ少将、警察軍司令官にレナト・デビーリャ少将、海軍司令官にタグムパイ・ハルディニアーノ准将、空軍司令官にアントニオ・ソテロ准将が任命されたが、これらすべての任命にラモスの意向が反映していた。[31]そして1988年1月にラモスが国防長官に就任し、腹心のデビーリャが国軍参謀総長に任命されたことにより、クーデタによる政権奪取

を否定する主流派の影響力が一層強まった。

アキノ大統領がラモスを国防長官に任命したのは、政権誕生直後の相次ぐクーデタ事件で、彼が一貫してアキノ大統領側につき政権防衛に不可欠な役割を担ったことに対する報奨の意味合いもあった。また、警察軍司令官と国軍参謀総長を長年務めたラモスであれば、国軍とのパイプ役として国軍掌握に寄与することが期待できる。

また、1988年6月時点で、ラモスとの関係が深い退役軍人が17の政府高官ポストを占めていた。例えば、外務大臣（マニュエル・ヤン）、税関局長（サルバドール・ミソン）、国防長官（レナト・デヴィーリャ）、国防次官（エドゥアルド・エルミタ、フォルトゥナト・アバット）、国家情報調整局長（ロドルフォ・カニエソ）、内務自治大臣（フアニト・フェレール）、マニラ国際空港長（セサール・タピア）、郵政局長（タグムパイ・ハルディニアノ）、大統領アドバイザー（ホセ・マグノ）、経済情報捜査局長（ホセ・アルモンテ）などである。[32]任命したのはアキノ大統領であるが、政権維持のためラモスへの依存と国軍幹部の懐柔に迫られた大統領に多くの選択肢はなかった。こうしたことから明らかなように、アキノ政権期の国軍掌握とは、すなわちラモスと国軍幹部の紐帯に基づくものであり、文民優位は形骸化していた。

政府の文民ポストへの退役軍人の登用にはふたつの国軍懐柔効果があると指摘できる。ひとつは、国軍幹部に再就職の機会を提供し懐柔する効果である。国軍将校は56歳で定年退役となるが、インドネシアやタイと異なりフィリピンには国軍関連の企業が少ないため再就職先は限られている。また、マルコスは国軍幹部の定年延長により彼らの忠誠獲得に努めたが、それは若手将校の間に不満を生み出す手法であった（第1章）。さらに、新憲法では定年延長は禁じられており強行することによる各方面からの反発は大きい。そのため、大統領権限で任命できる政府機関のポストが忠誠獲得の道具として活用されるのである。もうひとつは、民主的政治過程における国軍の利益媒体の確立という効果である。政府機関の上層部に配置された退役軍人は、国軍利益に関わる意思決定に関与でき、国軍の利益媒体となり得る。このような大統領権限の活用により国軍に利益媒体を提供することで、政権と国軍との関係を強化できるのであ

る。民主化以降、現役軍人が政府機関のポストに任命されることはほとんどなくなったが、他方で退役軍人の任命は慣行的に行われている。特に国防長官を含めた国防省内の幹部ポストには、退役軍人が任命される場合が多い。これはアキノ政権期以降も一般的な傾向となっている（第3章）。

　クーデタによる政権転覆の危機に直面して、アキノは政権存続のためにラモス国軍参謀総長を中心とする国軍へ依存せざるを得なかった。そしてラモスなどからの異議申し立てを受け入れる形で国軍への譲歩を重ねた。また、国軍人事ではラモスの意向を受け入れラモス派を重用した。そればかりか文民が占めるべき政府機関のポストに退役軍人を任命していった。換言すれば、政権の維持・安定化のために文民優位の多くの部分を犠牲にしたのである。これがアキノ政権期の文民優位の実態であった。国軍の側からすれば、大統領が国軍に政権維持を依存する状況が、国軍の影響力行使・利益増進に有利となった。

3　クーデタと国民世論——介入の機会・意志の不在

3-1　介入の機会の不在

　1987年2月2日、国民投票によって新憲法が承認された。先述したように、新憲法に盛り込まれた国軍改革の項目のいくつかは、国軍がマルコス体制下で享受していた特権を失うことを意味しており、国軍は反発した。

　しかし、新憲法承認の国民投票では、投票率87％のなか、賛成76.4％、反対22.7％と圧倒的多数の国民が新憲法を支持した[33]。国軍将兵の多くは反対したが、他方で8割近くの国民が賛成したのである。

　加えて、国軍のクーデタは社会的にも受容されるものではなかった。1987年8月に発生したクーデタ事件の後に実施された世論調査では、政権側に付いた国軍主流派幹部に対する国民の評価が高かったのに対して、クーデタに参加した将兵への評価はかなり低かった[34]。そして、政権のパフォーマンスが低かった場合にクーデタを容認するかどうかという質問では、容認するとの回答が29％であったのに対し容認しないとの回答が45％であった[35]。国民世論はクーデタを支持しないことが明らかになった。さらに、1989年12月に発生したクーデタ後

の世論調査においては、クーデタに参加した将兵への評価が1987年8月のクーデタの時よりも低下したばかりか、軍事政権が樹立された場合にそれに協力するとの回答が18％であったのに対し、積極的に反対運動を展開するとの回答が37％にのぼった。[36]

国軍反乱派がクーデタを正当化するために掲げた、国軍兵士の待遇改善要求、政治家の汚職への不満、国民生活の困窮、国民の基本的ニーズに対する政府の無関心といった主張については、70％前後が理解を示していたが、同時に、こうした不満がクーデタという非合法手段での政権転覆を正当化することはないとの回答も70％近くに及んだ。このように、総じてクーデタに対する国民の支持は低かった。クーデタの成功には国軍の反乱派だけではなく、他の国軍将兵の参加や支持が欠かせないが、こうした国民世論に反してクーデタに加わる将兵は少ないだろう。また、国軍以外の政治・社会諸勢力や一般大衆の支持もクーデタの成功には不可欠であるが、世論調査はそれが期待できないことを示していた。

3-2　介入の意志の不在

上述したような、アキノ政権による国軍への譲歩や国軍の利益媒体の制度化などは文民優位の溶解と国軍の政治的影響力のあらわれであったが、他方で、国軍将校がクーデタに参加したり支持したりする動機を減じるという意味で、政軍関係の安定化に寄与したと考えることができる。

一般的に、軍部の利益は多種多様であり、問題となっているイシューに関係するのが軍部のどのような利益であるのか、あるいは、抑制される利益が軍部にとってどれほど重要であるのかによって、服従や反発といった軍部の対応とその度合いは異なる。

共産主義勢力対策を主とした国内安全保障政策のコントロール、国軍が侵した人権侵害問題の処遇、準軍組織廃止の撤回、予算増、待遇改善など、国軍が重要であるとみなしたものを含め、すでに多くの利益がアキノ大統領への圧力によって実現していた。とりわけ国軍が最も固執した利益である国内安全保障政策において国軍の選好が多分に考慮されたことにより、大部分の将兵にとっ

て政権に反発し続ける動機は減少していたのである。アキノの譲歩によって国軍の重要な利益が確保されるなか、政権への反抗の大儀は薄れていったということである。

　また、上述したような国内世論のなか民主主義を否定するような行動に出れば、国内だけでなく国外からも反発を招くだけである。パイオン＝バーリンの言葉を借りれば、国軍にとって、民主政治への「反抗のコストが協調のコストを上回った」[37]のである。第3章で言及するように、国軍の民主制への適応はクーデタが相次いだ時期にも進んでいたが、国民が国軍の権力奪取を望んでいないという事実によってそれは定着するのである。クーデタを望まないという国民の意思は、上述した新憲法承認の国民投票と、世論調査の結果から明らかであった。

　ただし、国軍の民主制への適応やクーデタの不在をもって、政治化した国軍が脱政治化したことを意味するのではない。民主制への適応すなわち行動における脱政治化と、意識における脱政治化は別の次元の問題である。

4　RAM と YOU の模索──政治社会での居場所を求めて

4-1　活動の行き詰まり

　RAM の中心メンバー、なかでも士官学校71年組は、戒厳令期の1970年代後半あたりからエンリレ国防長官の警護担当として国防省に勤務していたため、エンリレの取り計らいにより大学院教育や海外での訓練を受けること、さらには実入りのよいポストを得ることなどの特権を享受していた。国軍の腐敗や規律低下を批判し国軍改革を叫ぶ一方で、エンリレとの関係により自らは甘い汁を吸っていたのである[38]。多くの国軍将校は、RAM の中心メンバーがマルコス体制の受益者であることや、国防省で特権を享受していたことを知っており、彼らが国軍改革を実行できるとは考えていなかったとの指摘がある[39]。

　また、彼らは、政治には距離を置くプロフェッショナリズムの必要性を主張しながらも、行動は正反対であった。戒厳令期に権力の味を知った彼らは、クーデタによって軍事政権を樹立することでフィリピン政治における国軍のプ

レゼンスを高めることを望んでいたのである[40]。RAM を国軍改革を求める若手将校の理想主義の発露という観点からだけで理解するのは不十分であり、権力志向を有しているという側面を見落としてはならない。

アキノ政権成立以降に続発したクーデタ事件で、RAM は、マルコス派将兵などが起こした事件に参加したのに加え、1987年8月の8・28反乱事件と1989年12月の12・1反乱事件という最も大規模なクーデタ事件で中心的な役割を果たした[41]。1989年の事件では、RAM よりも若い世代の将校で構成される YOU が重要な役割を担った。1989年12月のクーデタ失敗後、RAM・YOU の中心メンバーは逃走し地下に潜ったが、声明などで次のクーデタの脅威を煽り政府に揺さぶりをかけ続けた[42]。しかし、政府の追跡に追い詰められたメンバーの多くが出頭するか拘束されていった。1990年後半から1991年はじめにかけて主要メンバーが拘束されたことにより、活動は明らかに行き詰っていく[43]。

また、彼らのパトロンであるエンリレとの関係も変化し始める。1987年8月のクーデタの際に RAM はエンリレの支援を期待していたが、実質的な支援はなかった。RAM のメンバーたちは可能なはずの資金的援助を渋ったエンリレに失望し、もはや彼が頼れるパトロンではないことを悟ったのである。その後、RAM はマルコスのクローニーとして知られるエドゥアルド・ダンディン・コファンコに接近し、彼から資金的援助を獲得するだけでなく、彼の人的ネットワークを活用することで勢力を維持した[44]。1990年に公表されたクーデタの要因を分析した政府報告書には、1989年12月のクーデタなどの背後に、政治家、財界人がスポンサーとして存在していた可能性が示されている[45]。

4-2　政治社会への参入の試み

RAM が主導したものをはじめとして、アキノ政権期に発生したクーデタはすべて失敗に終わった。相次ぐクーデタの失敗は、RAM に戦略の見直しを迫った。メンバーの間では、クーデタが成就しなかった要因として、民衆の支持や社会改革計画の公表を欠いていたことが共通認識となった[46]。

1987年8月のクーデタまでの RAM の主張は、対共産主義勢力政策、国軍の人権侵害問題の処遇、国軍将兵の待遇改善、国軍の改革など、国軍の利益に関

わるものによって占められていたが、クーデタの失敗以降、RAMは主張に若干の修正を加える。国軍内の問題は国軍を取り巻く環境、すなわち、エリート一族支配、クローニズム、腐敗・汚職等がはびこるアキノ政権の問題の反映であって国軍の改革には「良き政府」が必要であるとの論理を前面に打ち出した。そしてRAMの主要メンバーは、将兵の待遇改善などは周縁的なイシューで、問題となるのは良き政府をいかに実現するかであると述べている。さらに、政治的、社会的改革に取り組まず、政治ポストやポークバレル配分をめぐる争いなどの政策不在の政治に耽る政治家への批判を展開した[47]。このように、主張する改革の対象を拡大したわけであるが、後の1989年12月のクーデタ失敗以降は主張をさらに広範なものへと変容させていった[48]。

　1991年頃から活動が行き詰まるなか、1989年12月のクーデタ以降潜伏しているホナサンと政府・国軍との間で非公式の「対話」がもたれていた。その対話はRAM・YOU側からリサンドロ・アバディア国軍参謀総長へ打診されアキノ大統領の了承により行われた、RAM・YOUと政府との「和解」の第一歩であった。以降、RAMとYOUは協同で政府との対話、交渉に臨んでいる[49]。

　交渉のなかでRAM・YOUは、和解の条件と要求を「議題」という形で提示した。その中身は、①選挙改革、②左右問わずすべての政治勢力を含んだ国家の統合・生存のための対話を行う、③国家の刷新のための善良で誠実、かつ効率的な政府の達成、④外国軍の撤退、⑤敬意ある埋葬を行うためマルコスの遺体の即時、無条件での帰還、⑥民族主義的経済開発計画の実施、⑦貧困、失業、犯罪に対する社会正義計画の実施、⑧国防や安全保障問題への関心の喚起、およびそれらと民衆の基本的な要求との調和、である[50]。その後、1993年1月に政府との和平交渉が開始された際に、①選挙改革、②汚職対策、③市場志向の経済改革、④社会正義計画、⑤国軍改革の5項目に整理された。

　ホナサンが認めているように、これらは若手将校や反政府活動家などへの諮問を経て作成されたものであった[51]。RAM・YOUは合法的政治路線に転換するにあたり、「議題」によって政治社会における自らの一応の位置付けを示したのである。ホナサンは、「議題」は「我々のアイデンティティの反映である。我々は単なる権力志向の集団でも極右でも軍国主義者でもない」[52]、「我々の『議

題』の中でも外国軍の撤退という項目に驚かされる人が多いだろう。我々が今やろうとしていることは、我々のナショナリズムの銘柄（brand）を発見することである」、「我々は若干主張を穏やかにすることによって、我々の考えることが大多数の民衆の考えであることを発見したのである」と述べている。そしてRAMは自らを「若干の社会主義的および自由市場志向を備えたリベラル派」であると称した。

　当初のRAMの主張では、国家、社会、国民などに関する問題にはさほど触れられていなかった。それが、クーデタの失敗を重ねるなかで、合法路線を模索し始め、政治社会に足場を築くためには民衆の支持が欠かせないということを学び、主張の範囲を国軍関連の事から社会的なことへ徐々に拡大させたのである。また、上述したようにクーデタに対する社会的支持がなく、いかに自らが政治的に孤立しているかを悟ったRAMは、左派勢力や市民社会グループとの対話を持ったり、政府の政策に対する穏健的な抗議活動に参加したりして、他の反政府勢力との関係構築を模索し始めた。ここには、活動に行き詰ったRAMの、組織維持と民衆の支持獲得という戦略的な目的があった。

　政府と進められている和平交渉の焦点のひとつは、クーデタに参加した将兵にどのように恩赦を与えるかという点であった。アキノ大統領の考えは、反乱派将兵に恩赦を与える前に、彼らは法の裁きを受けなければならないというものであり、正義なき和解などあり得ないとして国軍反乱派幹部に対する無条件恩赦に難色を示していた。そのため交渉の進展は遅々としたものであった。また、政府や議会内にも、恩赦を与えるとしても選択的な恩赦か無条件の恩赦かという点で意見の相違があり、議論は平行線を辿っていた。一方、ホナサンは無条件の恩赦を要求しており、選択的恩赦は受け入れないというスタンスを堅持していた。

4-3　YOU：反エリート民主主義

　1988年8月頃に、RAMのメンバーのうちフィリピン士官学校78年組から81年組を中心としてYOUが結成された。いわばRAMの分派である。1989年12月のクーデタ事件の際はRAMに組み込まれ行動したが、それ以降は意識的に

相違を明確にしていく。

　YOUは、曖昧さを残していたRAMとは異なり、左派的、ナショナリスト的主張を前面に展開した。例えば、農地改革の実施、経済の外国支配からの脱却、フィリピン国内からの米軍基地の撤退を明確に要求していた[61]。RAMの模糊とした理想主義とは異なり、反エリート、反帝国主義、ナショナリズムといった明確なイデオロギーを採用したのである[62]。こうしたイデオロギーは若手将校に受け入れられやすいものであった。多くが中下層出身のうえ農村部を舞台とした対共産主義勢力作戦に従事するなかで貧困を目の当たりにしてきた若手将校たちが、圧倒的多数の国民が貧困に喘ぐなか、一握りの支配エリートが限られた資源を自らのために争っているとの社会認識を持ち、国軍を変えるには既存の社会構造、権力構造を変えなければならないとの結論に達するのは容易であった[63]。

　政軍関係における文民優位について、YOUは、国軍がエリートによる搾取を永続化するための道具と化している状態での文民優位を否定している。文民優位は民衆の真の代表によって制定された法が支配するところでのみ成り立つ、というのが彼らの主張であった[64]。

　YOUの政治的目標は、現在の社会経済政治システムを、真の国民的、社会的解放をもたらすものへと改良することであり、その媒体となるのは、大多数の民衆に支持された国軍の決起であって、それが民衆蜂起を呼ぶ触媒となるのである[65]。そのためYOUは、国軍内のネットワークに加えて、民衆組織との連携の必要性を認識し、都市部貧困層や農民、専門職、労働者、若者といった一般市民を、自ら組織した政治組織にリクルートしていた[66]。

　歴史的に支配エリートの道具として奉仕し、保守的性格を有しているとみなされてきた国軍内において、YOUのような左派的言説を備えた組織が登場したことはそれなりに注目を集めた[67]。しかし国防長官のラモスは、YOUはRAMがプロパガンダのために創り出した組織であると切り捨てている。数々のクーデタでRAMのイメージは傷ついており、支持拡大のために新しい看板が必要であったという見解である[68]。

　YOUの中心メンバーが後に認めているが、YOUは民衆の支持獲得や理想

主義的な若手将校のリクルートを目的としたプロパガンダの道具として組織されたものであった。すなわち、YOU は RAM の組織の維持、支持の拡大を目的として左派的言説を採用していたのである。エリート民主主義の下、貧しい農民や労働者たちが政治的に代表されない政治・社会状況下では、左派的言説によって一定の存在を示すことができる。

このような機会主義的動機を背景としながらも、RAM は国軍改革という従来の主張に加え、YOU という新たな看板を掲げ、反エリート、反帝国主義という主張を打ち出すことで社会改革を目指すオルタナティヴな政治勢力を自認するようになっていった。以降、彼らは反エリート言説をちりばめた主張を手に、政治社会への参入を試みていく。

度重なるクーデタによる政権転覆の危機に直面して、アキノは政権存続のために国軍へ依存せざるを得ず、安全保障政策などで国軍へ譲歩を重ねた。また、国軍の意向を受け入れた人事を行ったり、政府機関への退役軍人の進出を認めたりした。民主化直後の政軍関係の再編期に、こうしたことが実施されたことは、後の文民優位のあり方に影響を与える前例を作ることになった。

RAM などの国軍反乱派については、不安定要素としては残るが、彼らはクーデタ成功の見込みがないことや世論がクーデタを容認しないことを悟り、民主制の枠内での活動を模索し始めた。彼らの活動は場合によっては文民優位のあり方を左右するものであるため、第4章と第9章で取り上げる。

註
1) Viberto Selochan, "The Armed Forces of the Philippines and Political Instability," Viberto Selochan, ed., *The Military, the State, and Development in Asia and the Pacific*, Boulder: Westview Press, 1991, p. 101.
2) Gareth Porter, *The Politics of Counterinsurgency in the Philippines: Military and Political Options*, Philippine Studies Occasional Paper No. 9, Honolulu: Center for Philippine Studies Center for Asian and Pacific Studies University of Hawaii, 1987, p. 83, Selochan, op. cit., 1991, pp. 100-101, 浅野幸穂『フィリピン:マルコスからアキノへ』アジア経済研究所、1992年、240ページ。
3) Porter, *op. cit.*, 1987, p. 71. 国軍の反乱派は大きく分けて、国軍改革運動 (Reform the Armed Forces Movement : RAM)、青年将校連盟 (Young Officers Union :

第2章　文民優位回復への苦闘

YOU)、マルコス忠誠派の三派が存在する。本章で「反乱派」と表記する場合、上記3つの組織を総称している。
4) Patricio N. Abinales, "The August 28 Coup: The Possibilities and Limits of the Military Imagination," *Kasarinlan*, Vol. 3, No. 2, 1987, p. 13.
5) 浅野幸穂、福島光丘編『アキノのフィリピン：混乱から再生へ』アジア経済研究所、1988年、114ページ。
6) Patricio N. Abinales, "Life after the Coup: The Military and Politics in Post-Authoritarian Philippines," *Philippine Political Science Journal*, Vol. 26, No. 49, 2005, p. 30.
7) David G. Timberman, *A Changeless Land: Continuity and Change in Philippine Politics*, Singapore: Institute of Southeast Asian Studies, 1991, p. 252、浅野、前掲書、265ページ、浅野・福島、前掲書、115-116ページ、Fe B. Zamora, "Ramos & RAM: On a Collision Course," *Sunday Inquirer Magazine*, Sep. 6, 1987, p. 8, Cesar P. Pobre, *History of the Armed Forces of the Filipino People*, Quezon City: New Day Publisher, 2000, p. 606.
8) ホセ・マリア・シソンやベルナベ・ブスカイノなど。
9) ジョーカー・アロヨ（官房長官）、レネ・サギサグ（政府スポークスマン、後に大統領法律顧問）、アウグスト・サンチェス（労働相）、アキリノ・ピメンテル（内務自治相）など。
10) Timberman, *op. cit.*, 1991, p. 171.
11) 新憲法は国民投票で78％の支持を得たものの、国軍（家族を含む）の賛成票は、アギナルド基地で33％、ビリャモール基地で42％と低かった。浅野・福島、前掲書、115ページ。
12) CHDFは安価な治安維持組織として制度上、国軍の指揮命令下に置かれ、新人民軍やモロ民族解放戦線との戦闘に投入されていた。その規模は1976年時点で7万3000人に達した。Richard J. Kesseler, *Rebellion and Repression in the Philippines*, New Haven: Yale University Press, 1989, p. 120.
13) Porter, *op. cit.*, 1987, p. 92.
14) David G. Timberman, "The Philippines in 1986," *Southeast Asian Affairs*, 1987, p. 253.
15) Fidel V. Ramos, "The NAFP: Its First Hundred Days," *Fookien Times Philippines Yearbook 1985-86*, 1986, p. 76.
16) Ibid., p. 76, Rafael M. Ileto, "At the Crossroads," *Fookien Times Philippines Yearbook 1986-87*, 1987, p. 58.
17) Felipe B. Miranda and Rubin F. Ciron, "Development and the Military in the Philippines: Military Perceptions in a Time of Continuing Crisis," Soedjati Djiwanjono and Yong Mun Cheong, eds., *Soldiers and Stability in Southeast Asia*, Singapore: Institute of Southeast Asian Studies, 1988, pp. 193-197.
18) Gretchen Casper, *Fragile Democracies: The Legacies of Authoritarian Rule*,

Pittsburgh: University of Pittsburgh Press, 1995, p. 140.
19) Porter, *op. cit.*, 1987, pp. 56-68, Viberto Selochan, *Could the Military Govern the Philippines?*, Quezon City: New Day Publishers, 1989, pp. 16-17, Zamora, op. cit., p. 8.
20) Porter, *op. cit.*, p. 60.
21) Carolina G. Hernandez, "Towards Understanding Coups and Civilian-Military Relations," *Kasarinlan*, Vol. 3, No. 2, 1987, p. 20、浅野・福島、前掲書、116ページ。そもそも国軍は軍事的には共産主義勢力に勝っており、あえて譲歩して停戦などする必要はないと考えていた。Porter, *op. cit.*, 1987, p. 67.
22) 野沢勝美「1986年のフィリピン：アキノ政権安定化への苦闘」『アジア動向年報』アジア経済研究所、1987年、292ページ。
23) Rodney Tasker, "A Delicate Balance," *Far Eastern Economic Review*, Dec. 11, 1986, p. 50, Timberman, *op. cit.*, 1991, p. 254.
24) Porter, *op. cit.*, 1987, pp. 59-60.
25) ピメンテル内務自治相とサンチェス労働相。浅野、前掲書、268ページ。
26) Timberman, *op. cit.*, 1991, pp. 183-184, p. 256.
27) アロヨ官房長官、ロクシン司法顧問。
28) 浅野・福島、前掲書、126ページ、Timberman, *op. cit.*, 1991, p. 257, Aurora Javate-De Dios, Petronilo Bn. Daroy and Lorna Kalaw-Tirol, eds., *Dictatorship and Revolution: Roots of People's Power*, Metro Manila: Conspectus, 1988, p. 314, Martin Wright, ed., *Revolution in the Philippines?: Keesing's Special Reports*, Harlow: Longman, 1988, p. 64. 国軍将兵のなかには、彼らの給与増は政府ではなくクーデタを企てた国軍反乱派のおかげであると考えるものがいた。W. Scott Thompson, *The Philippines in Crisis: Development and Security in the Aquino Era 1986-92*, New York: St. Martin's Press, 1992, p. 81
29) CAFGUの設立に対しては、CHDFが名前を変えただけの同じ組織であり、人権侵害の懸念は拭いきれないとの批判があった。
30) James Clad and John Peterman, "Forces for Change," *Far Eastern Economic Review*, 26, November, 1987, p. 36.
31) Benjamin N. Muego, "Fraternal Organization and Factionalism within the Armed Forces of the Philippines," Asian Affairs: An American Review, Vol. 14, No. 3, Fall 1987, p. 151, 161.
32) *Manila Chronicle*（以下、*MC*）, Sep. 20, 1987, James Clad, "Strings and brass," *Far Eastern Economic Review*, June 16, 1988, pp. 36-37.
33) 浅野、前掲書、238ページ。
34) Social Weather Stations, *Public Reactions to the August 28, 1987 Coup Attempt*, A Social Weather Report, Quezon City: Social Weather Stations, 1988, p. 36.
35) *Ibid.*, p. 13.
36) Social Weather Stations, *Survey of Public Opinion on the December 1, 1989*

第 2 章　文民優位回復への苦闘

Coup Attempt, SWS Occasional Paper, December, Quezon City: Social Weather Stations, 1989.
37) David Pion-Berlin, *Through Corridors of Power: Institutions and Civil-Military Relations in Argentina*, University Park: The Pennsylvania State University Press, 1997, p. 18.
38) Alfred W. McCoy, "RAM Boys: Reformist officers and the romance of violence," *Midweek*, Sep. 21, 1988, p. 32.
39) Selochan, op. cit., 1991, p. 95.
40) McCoy, op. cit., 1988, p. 32.
41) 浅野、前掲書、259-263ページ。1987年8月の8・28反乱事件ではRAM将兵2160名が参加。政府軍兵士12名、反乱軍兵士19名、民間人22名の計53名が死亡。1989年12月の12・1反乱事件ではRAM将兵、マルコス派将兵計2911名が参加。政府軍31名、反乱軍17名、民間人51名の計99名が死亡。負傷者は数百名にのぼった。
42) *Philippine Daily Inquirer*（以下、*PDI*）, Aug. 8, 1991.
43) John McBeth, "Lost Leaders," *Far Eastern Economic Review*, Feb. 21, 1991, p. 10.
44) Rigoberto D. Tiglao, "Rebellion from the Barracks: The Military as Political Force," *Kudeta: The Challenge to Philippine Democracy*, Manila: Philippine Center for Investigative Journalism, 1990, p. 19.
45) 1989年12月の反乱事件には、エンリレ上院議員やダンディン・コファンコといった政治家や財界人の関与の可能性が示唆されている。Republic of Philippine, *The Final Report of the Fact-Finding Commission*, 1990, pp. 500-507.
46) Sheila S. Coronel, "RAM: From Reform to Revolution," *Kudeta: The Challenge to Philippine Democracy*, Manila: Philippine Center for Investigative Journalism Coronel, 1990, p. 53.
47) *PDI*, Dec. 11, 1987.
48) Coronel, op. cit., 1990, p. 52.
49) 1990年にRAMは組織の名称を「国軍改革運動（Reform the Armed Forces Movement）」から「愛国革命同盟（Rebolusyonaryong Alyansang Makabansa）に変更した。ただし略称は「RAM」のままである。
50) Cecilio T. Arillo, "Giving Peace a Chance," *Philippine Graphic*, Oct. 28, 1991, p. 7.
51) *PDI*, Oct. 28, 1991.
52) Gregorio Honasan, "Excerpts from Gringo Interview: 'Our Armed Base in still within the AFP'," *Philippine Free Press*, Vol. 83, No. 45, 1991, p. 15.
53) Ibid., p. 15.
54) Waldy Carbonell, "Executive Interview with Gringo Honasan: 'We Reserve the Option to again Impose the Armed Threat'," *Philippine Graphic*, Dec. 16, 1991, p. 13.
55) *Manila Bulletin*（以下、*MB*）, Mar. 5, 1993. "President Honasan?" *Asiaweek*, Oct. 27, 1993, p. 31.

56) Abinales, op. cit., 2005, p. 33.
57) このような意識がRAMの末端まで浸透しているかどうか、またRAMのリーダーたちがこれらを内面化しているかどうかなどには疑問が呈されている。*PDI*, Feb. 2, 1993.
58) *MC*, Oct. 14, 1991. ただし、反乱派兵士の釈放は小規模ながら実施されていた。
59) *MB*, Oct. 24, 1991.
60) *MC*, June 29, 1992.
61) *MC*, May 16, 1990.
62) 彼らは、フィリピンのエリートが植民地主義に親和的な感情を抱き二枚舌であるというレナト・コンスタンティーノの歴史解釈の信奉者であった。YOUの反エリート感情はコンスタンティーノに影響されていると言われる。Glenda Gloria, "YOU: The Soldier as Nationalist," *Kudeta: The Challenge to Philippine Democracy*, Manila: Philippine Center for Investigative Journalism, 1990, p. 136.
63) John MacBeth, "Who are YOU?" *Far Eastern Economic Review*, June 7, 1990. p. 26.
64) *Manila Times*, Apr. 4, 1990, Center for Investigative Journalism and Asahi Shimbun, "Interview: Capt. Carlos Maglalang," *Midweek*, June 6, 1990, p. 21.
65) Ibid., p. 19.
66) *PDI*, Oct. 28, 1990. また、リーダーのひとりは、フィリピン共産党がマルクス・レーニン主義を放棄するのであれば、協調も可能であると述べている。Gloria, op. cit., 1990, p. 135.
67) 著名なコラムニストのアマンド・ドロニラは、YOUの登場は、国軍におけるナショナリズムの再興や国軍への左派思想の流入を反映したものであるとの理解を示している。*MC*, May 18, 1990.
68) Ramon Isberto, "Are Rebel of the Left and Right Converging?" *Midweek*, June 6, 1990. p. 23. また、国軍幹部のひとりはYOUについて、「救世主到来願望」に苛まれているか、悪く言えば「未熟な将校」「問題児」であるとの評価を下している。*PDI*, June 11, 1990.
69) Glenda M. Gloria, "The Shadow that was YOU," *Newsbreak*, Nov. 21, 2001, p. 19.

第3章

民主制度の再生と文民優位
―― 国軍の利益と議会政治 ――

　1986年2月の政変から1987年7月の議会招集までは、アキノ大統領が暫定憲法の下に行政権に加え立法権も保持、行使していた。そうした状況下、政－軍間の接触は主として大統領や閣僚と国軍幹部の間の、対話、交渉、そして圧力としてあった。この時期においては、国軍が自らの利益に関わる政策について影響力を行使したければ、アキノ大統領へ直接圧力をかければ事足りていた。前章でみたように、クーデタの脅威に直面していた大統領は、国軍からの圧力に脆弱であった。すなわち、国軍の利益に関する政治過程における政軍関係は、大統領（政権）と国軍の二者関係としてあったのである。

　そうしたなか、1987年7月の議会召集は、政軍関係の変容の大きな契機となった。制度上、国軍を監督する機能を備える議会が国軍利益の媒介過程に関与するようになり、大統領と国軍の二者関係だった政軍関係に新たな要素を加えたのである。これに対して、ラモス国軍参謀総長を中心とした国軍主流派は、アキノ大統領が政権維持を国軍に依存する状況を国軍利益の増進に利用する一方で、議会の再生を受けて、民主主義の手続きや制度によって構成される政治過程への適応を進めた。マルコス体制期には事実上存在しなかった議会政治という要素が政軍関係に加わったのである。そして、民主化後のフィリピンでは、幾多のクーデタ未遂事件に脅かされながらも、選挙や議会政治という民主主義の手続きや制度が存続している。こうしたことを考慮すれば、フィリピンにおける政軍関係の様態を考察する際、議会の再生によって文民優位にどのような特徴や傾向が現れたのか、といった視点が必要となる。

本章では、議会招集後から1990年代半ばまでの国内安全保障政策に関わる政治過程を中心に取り上げ、議会政治の再開が、国軍の組織的利益に関わる政治過程にどのような影響を与えたのか、国軍の影響力はどのように変遷したのか、そして文民優位にどのような傾向があるのかを検討する。なお、議会再生による国軍将校の個人的利益への影響については第5章で検討する。

1 政－軍接触の公式の場——議会と国防省

　ウィークスが指摘するように、軍部の利益に関わる決定がなされる政治過程には、文民と軍部との接触が生じる場があるが、それには公式のものと準公式のものが存在する。公式の接触の場とは、政軍関係を調整するという明確な目的を持ち、また、そのようなものとして憲法や法律に成文化されている制度であり、例えば、国防省や議会、司法制度、国家安全保障委員会のような行政府諸機関がそれにあたる[1]。ここでは、民主化にともなう公式な接触の場の再生に対する国軍の初期の対応をみておきたい。

　1987年2月に新憲法が制定され、続く5月に総選挙が実施された。そして、選挙結果に基づき1987年7月に議会が召集された[2]。これにより国軍利益に関係する立法や予算は議会審議を経ることになったため、議会が政－軍の公式な接触の場のひとつとなった。

　大統領と二院制議会によって構成される政体の復活は、立法過程において、大統領、上院、下院という3つのプレーヤーのいずれかが同意しなければ政策を立法化することはできないという制約をもたらした[3]。また、議会はその議席の多くが大土地所有一族出身の政治エリートによって占められていたが（第1章）、とりわけ下院はその傾向が顕著であった。当時の下院議員の大半、200名中169名が伝統的に地方政治を支配してきた一族の一員であった[4]。これら政治エリートらは自らの経済権益や政治的地位の保持を優先する傾向にあり、特にそのようなメンバーが多くを占める下院は、保守主義的、個別主義的性格を有していた[5]。また、地方小選挙区で選出される下院議員は自選挙区への利益誘導が自らの政治キャリアに不可欠となっているのに対して、全国区で選出される

第3章　民主制度の再生と文民優位

上院議員は国民一般に受けの良い政策や行動を好む傾向にあるといった特徴の違いを有している。議会政治では、制度や手続き上の特徴と議会を構成する政治家の行動、個人的選好、態度、伝統的価値観などの諸要素が相互に影響しあい政治過程が形作られる。

　国軍が議会政治に適応するのであれば、もはや、民主化直後のような大統領と国軍の二者関係による政軍関係は期待できない。国軍が自らの要求を通そうと思えば、大統領との関係に加え、議会を構成する政治家の理解と協力が必要となる。そして、国軍利益と議会・政治家との利害が対立する場合は、調整や妥協を強いられ、その結果を受容しなければならないのである。

　国軍を率いるラモス参謀総長はそれをよく理解し対応を進めた。議会召集の直前、ラモスは国軍内に立法事案連絡室（Liaison Office for Legislative Affairs：LOLA）を設置した。LOLAの任務は、国軍利益に関係する法律の立法過程で国軍のロビー活動を円滑かつ有効に行うために調整・準備をすることである。LOLAの設立は、議会という公式な政 - 軍の接触の場において国軍利益を積極的に促進していくというラモスを中心とする国軍主流派の姿勢の現れであった。まさにラモスの下で国軍の民主化への適応が進められていたのである。

　また、国軍の対応は国防省へ及んだ。一般的に、国防省には軍事技術の管理や政策形成などの機能があり、それら機能は国防長官と軍の参謀総長によって分担される。また、国防省は、国防予算、兵器調達、長期的軍事戦略、昇進などを含む広範な軍部の利益についての政 - 軍間の対話、調整、交渉、協議などを行う公式な接触の場であり、国防長官は政府内で大統領と軍部の仲介者としての役割を担う。そして重要なことであるが、国防省における政 - 軍の接触の各局面で、国防長官は軍部に対するチェック機能を果たすことが求められる。すなわち、文民優位の確立という観点からすれば、国防長官や国防省幹部には軍部の利益と切り離された文民を据えることが望ましい。

　しかし、民主化後のフィリピンの国防省は、国軍と関係の深い退役軍人によって幹部ポストが占められることとなる。1988年1月に元国軍参謀総長のラモスが国防長官に任命され、続いて同4月に、退役して間もないエルミタ元国軍参謀副総長が国防次官に任命される。この2人は国軍利益が扱われる政治過

程においてロビー活動を担った。また、国防省のその他の主要ポストも退役軍人によって占められた。1989年の資料によると、3人の国防次官のうちエルミタを含む2人、8人の行政官のうち5人が退役軍人であった[9]。その多くはラモスの推薦に基づいてアキノ大統領が任命した人物である[10]。

　国防省の幹部ポストが退役軍人によって占められたことにより、国防省が本来備えるべき国軍へのチェック機関としての役割が弱まり、それどころか国軍による影響力行使の媒体としての性格が色濃くなるのは否定できない。次節で明らかとなるが、国防省は、議会政治において国軍が公式に政治関与や影響力を行使するためのツールとなった。

　加えて、安全保障政策の形成に関わる国家安全保障会議の議長や国家情報調整局の局長といった文民ポストにも、前者にラファエル・イレト、後者にルイス・ビリャリアル（後にロドルフォ・カニエソ）と、それぞれ退役軍人が任命された。

　このように国軍は、民主化にともなう政－軍接触の公式の場の再生に対して対応を進めた。これは国軍による民主化への適応であると同時に、利益媒体を確保するという作業でもあった。以下では、議会招集後から1990年までの国内安全保障政策に関わる政治過程、1990年から1995年までの国軍近代化法制定過程を取り上げ、これら国軍の組織的利益が議会政治にどのような影響を受けていたのか、国軍利益がどのように媒介されていたのかを検討する。

2　国軍と議会政治（1987-1990）──国内安全保障関連の政策決定と国軍

2-1　主張する議会

　議会召集後およそ1ヵ月経った1987年8月28日、国軍反乱派によるこれまでで最大規模のクーデタ未遂事件が発生しアキノ政権を危機に陥れたが、議会の動揺も大きかった。国軍は以前から待遇改善を要求していたが、クーデタの翌日からその必要性を主張する声が議会でも高まり、上下両院において関係する法案の審議が急速に進められた。10月下旬には下院で出席議員全員の賛成により国軍将兵の給与増を盛り込んだ法案が可決され[11]、その後、国軍に厳しい態度

第3章　民主制度の再生と文民優位

をとることが多い上院においても、さしたる反対はなく法案は可決された。召集直後の議会は、国軍が要求する予算増を認め、国軍の進める安全保障政策に挑戦することもなく、概して国軍に寛容であった。

　しかし、議会は徐々に自己主張するようになり、とりわけ議会の権限に挑戦するとみなされる国軍の要求には強く反発した。

　ラモスが国防長官に任命されてから1ヵ月後の1988年2月、国軍幹部がアキノ大統領に、国内の反政府武装勢力に効果的に対処するため非常事態を宣言するよう要求し、重ねて議会に対しても死刑制度の整備などを含む一層強力な法律を制定するよう要求した。そうした国軍の要求に対してアキノ大統領は立場を明確にしなかったが、ラモスや国防省の立場は、反政府武装勢力に対抗する手段として少なくとも強力な法律が必要であるとの認識の下、死刑制度の復活などを目的とした立法を議会に促し、そうした法律が制定されないのであれば非常事態宣言の布告を要求するというものであった。

　こうしたラモスや国軍に対して、すぐさま市民団体や閣僚、議会などから反発が噴出した。特に議会の反発は激しかった。下院議長は安全保障を含む国家の政策を決定するのは国軍でも国防省でもなく議会であると強調し強い不快感を示した。その後、上下両院で非常事態宣言に反対する決議が全会一致で可決された。このような状況を目の当たりにして、これまで態度を明確にしてこなかったアキノ大統領は、非常事態の宣言を否定した。これにより事実上非常事態の宣言は回避された。

　この事例が示すように、議会の再生によって、政治過程における政軍関係は単純な大統領－国軍の二者関係ではなくなっていた。国軍の要求を実現するには、多くの場合、議会における立法あるいは多数の議員の理解、協力を必要とする。

　しかし、これにより国軍の影響力が直ちに低下したわけではない。1980年代末は、とりわけ国内安全保障政策の形成過程において一定の影響力を保持し続けた。以下では、1988年から1990年の間の国内安全保障政策の形成過程に、国軍がどのように影響力を持ち得たのか、その条件や限界はどのようなものであったかを、準軍組織・市民軍地域部隊（Citizen Armed Forces Geographical

79

Unit：CAFGU）の動員、バランガイ選挙の延期、警察軍の解体の政策決定過程を取り上げ検討したい。

2-2　CAFGU の動員

先述したように、1987年憲法には準軍組織・民間郷土防衛隊（Civilian Home Defense Forces：CHDF）の解体が明記されアキノ大統領が解体を宣言したが、国軍の反発は激しく幹部が大統領に方針転換を迫った。相次ぐクーデタによって政権存続の危機に直面し国軍主流派の後ろ盾が必要であったアキノ大統領は、大統領令264号の公布により妥協的な方針を打ち出すに至る。それは、CHDF を解体したうえで、新たな組織として CAFGU を設立するというものであった（第2章）。

CAFGU の動員に対しては、CHDF が名前を変えただけの同じ組織であり人権侵害の懸念は拭いきれないと反論があったが、国軍は、大統領令264号で十分な法的根拠があるとの立場から[17]、動員の既成事実の積み上げを始めていた[18]。後から判明したことだが、およそ2億6000万ペソが、議会の承認を必要としない大統領の自由裁量で拠出可能な財源から動員のため支出されていた[19]。

国軍や政権によって CAFGU 動員の既成事実が積み上げられていくなか、上下両院では動員について法制化が進められた。CAFGU に対する批判はあったが、対共産主義勢力のツールとして「市民軍」が必要であるという認識は国軍、上下両院で共有されていた。しかし、上院案と下院案では新設の「市民軍」に CHDF の構成員を組み入れるか、あるいは新しく予備役を召集するかで違いがあった。下院案は CHDF のメンバーを新組織に組み込むことが念頭に置かれており、それは国軍の進める CAFGU 動員と何ら変わりのないものであった。すなわち、下院では CAFGU 動員が追認され、上院では異なる組織の設立が目指された。

その後、下院は法案を賛成多数で可決し上院へ送る。下院では何人かの議員から懸念が表明されるも大きな反対はなかった。この法案の提出者となった下院議員は、CAFGU 動員に関しては大統領令264号においてすでに法的根拠があり、もし1989年予算が承認されず CAFGU の動員に支障をきたせば、現存

第3章　民主制度の再生と文民優位

の国軍兵力では反政府武装勢力に対処できないため国軍正規兵力を増員しなければならなくなる、そしてそれはCAFGUの動員よりもコストが高い、と述べ動員を正当化している。この下院議員の論理は、後に下院本会議でラモス国防長官が用いた正当化の論理と全く同じであった。実はこの下院議員はラモスから事前にCAFGUについてのブリーフィングを受けていたのである[20]。これが示唆するのは、議員に安全保障分野についての知識や情報が欠けており自ら政策的判断ができないということと、そうした状況を国軍が利用して影響力を行使しているという構図の存在であろう。

　一方、上院はあくまでCAFGUには反対であった。上院ではアキノ大統領が議会の承認なしに動員と予算支出を決めたことや、動員についての規則が国軍・国防省によって作成され、議会審議を経ずにアキノ大統領に承認されていたことが露骨な議会軽視であると激しく非難された[21]。そして、上院はアキノ大統領にCAFGUの動員延期を求める決議を全会一致で可決した[22]。

2-3　バランガイ選挙の延期

　国軍は安全保障上の懸念から、1988年11月に予定されていた全国のバランガイの長および評議員を選出する選挙（以下、バランガイ選挙）の延期を提案した[23]。選挙を実施すれば、現在行われている対共産主義勢力軍事作戦に支障をきたすことに加え、共産主義勢力が依然として支配する、あるいは影響力を保持する地域において、選挙が同勢力の干渉を受けることを懸念してのことである[24]。退役軍人で国防次官を務めるエルミタは、アキノ大統領と数人の知事との会合で、選挙の延期によってCAFGU動員のための時間的猶予が生まれ、来る選挙では国軍とそれを補佐するCAFGUによって平和、秩序が保障されるとの国軍の見解を説明した[25]。

　このような国軍の提案を受け、アキノ大統領は延期を決断し、国軍の見解と同様の論理を用い議会に延期のための法改正を求めた。しかし、上下両院議長と大統領との事前協議では、上院議長の強硬な反対により合意に至らなかった[26]。

　その後、下院にエルミタ国防次官が呼ばれ国軍の見解を説明したが[27]、それは

下院議員を説得するのに十分だったようで、すぐさま下院では法案が可決された。[28] 延期に賛成する下院議員の多くは国軍の勧告を額面どおりに受け入れていた。[29] 上記のCAFGU動員の件と同様、安全保障分野に関する専門知識や情報の非対称性が国軍と議会の間には存在し、それが議会における国軍の影響力を増加させている。

一方、上院ではほとんどの議員が延期に反対であり、延期のための立法作業には入らないことを示唆した。[30] 反対理由のひとつは、与党が選挙を有利に展開する目的で草の根レベルの政治インフラを構築する時間的猶予を得るためにバランガイ選挙の延期を企てているという主張である。[31] 与党が多数派を占める下院において延期が支持されることの理由のひとつが、このような党派的利益から説明されよう。ちなみに、当時上院では24人の議員のうち、与党に所属するのは5人のみであった。議会政治が再開すれば、安全保障問題への対応が、与野党間の対立の文脈で解釈されることも当然起こりうることである。

しかしその後、アキノ大統領が上院議員の説得に乗り出し、妥協点を見出すことで上院における多数派工作に成功した。[32] 最終的には大統領が国軍利益を媒介した形となった。選挙は民主主義の最も基本的な営みであるが、その日程の決定にさえ国軍が国家安全保障の名の下に影響力を行使したのである。

2-4 警察軍の解体

マルコス政権期の1976年、全国の警察組織が国軍の一部である警察軍に統合され、統合国家警察として国軍の指揮下に置かれた。いわゆる警察の軍事化である。これに対して民主化後、1987年憲法では、国家警察委員会の監督下での単一の文民警察の設立が謳われた。これを実現するためには、警察軍からの統合国家警察の分離と警察軍の解体を必要とする。

政権誕生後、アキノ大統領は国家警察の設立と警察軍解体を検討し始めた。それに対しラモスをはじめとする国軍幹部は、国家警察設立にともなう警察軍の解体と国軍の組織改編が対共産主義勢力作戦へ悪影響を及ぼすとして、性急な警察軍の解体に反対し、議会や大統領に圧力をかけていた。[33] 警察軍は共産主義勢力掃討作戦において重要な役割を担っているためである。エルネスト・マ

第3章　民主制度の再生と文民優位

セダ上院議員は、ラモスの圧力によって国家警察を設立する法案の審議を延期してきたことを認めている[34]。

1989年後半に入りようやく国家警察設立を盛り込んだ法案の審議が本格化したが、審議の対象となる法案のいくつかの条項に国軍は抵抗した。

上院において審議されている法案には、解体されることになる警察軍から新設の国家警察に大佐以上の上級将校が移籍できないという条項があり、該当する将校は事実上、組織改編にともない退役を求められる。ラモス国防長官や国軍参謀総長、警察軍司令官はじめとする国軍幹部は、そうした条項は差別的であり、法案が成立すれば、警察軍内の士気が低下し対共産主義勢力作戦に悪影響を及ぼすとして反対した。加えて、警察軍将校に不満が蔓延すれば彼らが国軍反乱派のクーデタに参加する恐れが生じると、脅しともとれる警告をした[35]。

一方、下院で提出された法案にそのような条項はなく、警察軍の大佐や将官は新設の国家警察に移籍するか国軍に残るかを選択できる。アキノ大統領は下院国防委員会委員長との会談で国軍幹部の懸念を伝えるとともに、自らは下院案の可決に尽力すると警察軍の将校に約束した[36]。

その後、上院案における上述の条項に反対して、いくつかの地方都市で警察軍による抗議行動が起こった[37]。また、ラモスはアキノ大統領に、上院案は「無分別」であるという内容の書簡を送り、両院協議会の場で下院案を採用するよう要請した[38]。その後、マセダ上院議員は国軍の要求を受け入れ条項を修正するとして態度を軟化させた[39]。

こうしたなか、1989年12月1日、アキノ政権を転覆寸前まで追い詰めた国軍反乱派によるクーデタが発生した。その後、両院協議会は、こうした不安定な時期に国軍の改編を伴う警察軍の解体を行うのは適切ではないとして、国家警察法案の審議を無期限に延期することを決定した[40]。その後、1990年に審議が再開され、警察軍解体、新省設置が盛り込まれた法案が可決された[41]。

2-5　国軍利益と民主制度・エリート民主主義

以上のいくつかの事例から、議会政治における国軍の影響力について次のことが言えそうである。第1に、国軍の影響力行使の媒体として国防省の役割が

大きいことである。それはラモスやエルミタのような国軍出身の人物が、国防省の幹部ポストを占め活発に国軍利益を代弁することで影響力行使の媒体となっていたことが示している。文民優位を担保する制度的な要となるべき国防省の幹部ポストに退役軍人が就く傾向は、後述するように、アキノ政権後も一貫して続いていく。

　第2に、大統領が国軍の影響力の媒体となっている。行政府の長として大統領は大きな権限を有しているため、大統領に圧力をかけることで国軍は影響力行使が可能となる。国軍反乱派のクーデタによる政権転覆の危機に直面していたアキノ大統領は、政権維持をラモスを中心とする国軍主流派に依存していたため、国軍の要望を蔑ろにすることは到底できず、圧力に対して脆弱であった。先述の国防省の人員配置にしても、人事の公式権限が大統領にあることを考慮すれば、クーデタの脅威を背景とした大統領と国軍の関係が、この時期の国軍の影響力を担保していたと言えよう。

　第3に、この時期にフィリピンが直面していた安全保障上の脅威は国内の共産主義勢力であり、その対策が最重要課題であった。そして、このことが国軍の影響力を強めていた。民主主義の手続きを経ることが必要であっても、共産主義勢力の脅威を口実にすれば大統領や議会の協力が得られ安全保障における国軍の選好をほぼ実現できた。

　第4に、下院議員と国軍の利益の一致が国軍の影響力行使を円滑にしていた。それには下院議員の出自が関連しているとみられる。前述したように、当時の下院議員の大半が伝統的に地方政治を支配してきた一族の一員であり、概して地方における大土地所有の維持すなわち現状維持から受益する政治エリートである。ピメンテル上院議員によると、CAFGU動員の必要性やバランガイ選挙の延期を声高に求める勢力は、農地改革法を骨抜きにしようと奔走している勢力と同じ下院議員たちであった。[42] すなわち、国軍の共産主義勢力対策は、現状維持に利益を見出す大土地所有一族を出自とする多くの下院議員の利益に直結するものであった。

第3章　民主制度の再生と文民優位

3　国軍と議会政治(1990-2000年代)——国軍近代化法制定過程と実施局面

3-1　共産主義勢力の退潮

　国内の共産主義勢力の脅威は、国内安全保障政策の方針決定に対する国軍の執着を生み（第2章）、また、政治過程における国軍の影響力を強める要素となっていた（本章前項）。しかし、その共産主義勢力の脅威は、1990年代に急速に後退する。

　マルコス政権末期から勢力を拡大していた共産主義勢力は、1980年代末頃からその勢いを後退させた。アメリカからの軍事援助の増強、国軍改革の一定の進展、反共自警団の活動などにより、国軍の対共産主義勢力作戦が成果をあげていた。1986年の共産党最高幹部の逮捕以降、共産主義勢力幹部の逮捕は50人以上にのぼった。加えて、共産主義勢力が国民の十分な支持を得られていないことや民主制度の復活が与えたインパクトも要因として指摘されている[43]。また、1990年代に入ると、共産党や新人民軍の指導部内に停戦や政府との和平交渉をめぐって路線対立が生じていた。路線対立は、強硬戦略をとるか穏健戦略をとるかをめぐるものであり、強硬派は武力闘争の継続を主張する一方、穏健派は暗殺などを含む武装闘争は民衆の支持を失うとして、選挙参加を含む合法路線への転換による影響力拡大を主張した[44]。

　1992年7月に誕生したラモス政権は国民和解政策を打ち出し、共産主義勢力を含むあらゆる反政府勢力との和平交渉を進めたが、こうしたラモス政権の和解政策は、共産主義勢力内部の路線対立を助長する効果を有したのである。加えて、ラモス政権下である程度実現した政治的安定やそれに続く経済成長・インフレ抑制などは、民衆に対する共産主義勢力のアピール力を低下させ勢力の弱体化に寄与することとなった。表3-1が示すように、共産主義勢力の戦闘員、保有武器、影響下にあるバランガイのいずれにおいても、1980年代末から大きく減少している。

表3-1 共産主義勢力の推移

	兵　力	保有武器	影響下にあるバランガイ
1988	25800	15500	7800
1989	18440	N/A	N/A
1990	17070	N/A	N/A
1991	14800	10510	3623
1992	13480	9290	1712
1993	8350	7600	984
1994	7670	6920	773
1995	6020	N/A	445

出典：Cesar P. Pobre, *History of the Armed Forces of the Filipino People*, New Day Publisher, 2000, p. 600, Department of National Defense, *Annual Report 1993*, Department of National Defense, 1994, Renato de Villa, "Securing Economic Growth" *Fookien Times Philippines Yearbook 1996*, 1997, p. 98, Renato de Villa, "Bridges of Reconciliation" *Fookien Times Philippines Yearbook 1997*, 1998, p. 75, から筆者作成。

3-2　選挙職への退役軍人の進出：1992年選挙

　政治過程における国軍利益の媒介という点で、1992年5月に実施された大統領および議会選挙は重要であった。

　選挙では、アキノ政権下で国軍参謀総長と国防長官を歴任したラモスが大統領に選出された。大統領の役割や権限が非常に大きいことを考慮すると、ラモスの選出は国軍にとって悪くはない結果であったといえる。期待どおり、ラモスは大統領就任直後、矢継ぎ早に、将兵の衣料品や住宅手当の増額、奨学金・保険制度の整備の検討を命じた。[45] また、相変わらず国防省の幹部ポストを退役軍人が占め続けたことに加え、ラモスは在任期間中に100名以上の退役軍人・現役軍人を政府・官僚機構の文民ポストへ任命した（第4章）。

　退役軍人は議会にも進出した。1992年5月の議会選挙には数名の退役軍人が立候補し、上院では元国軍参謀総長のロドルフォ・ビアソンが、下院では前出のエドゥアルド・エルミタ、そしてロイロ・ゴレスが当選した。国軍の利益を代弁するという意味で、彼らの存在は決して小さくなかった。特にビアソンは先頭に立って国軍将兵の福利向上に取り組むことが期待され、その期待どおり[46]の働きをした。例えば、1992年から1995年に上院に提出された国軍将校の待遇改善や国軍装備の近代化といった国軍利益と関係する法案36本のうち、10法案

がビアソンによって提出されたものであった[47]。彼を含む退役軍人議員は、法案提出のみならず議会審議においても積極的な国軍の代弁者となった。

議会や官僚機構への退役軍人の進出によって、一見すると国軍の利益媒体が制度化されたように思えるが、しかし、常にそれが国軍利益を促進したわけではなかった。とりわけ立法措置や予算が必要なものについては、1980年代に比べて実現がはるかに困難になっていた。例えば、1992年から1995年の間に成立した156の法案のうち、国軍に直接関係するのはわずか1法案、国軍近代化法のみであった[48]。しかも、その国軍近代化法についても国軍の思惑どおりに進んだわけではなかった。

3-3　国軍近代化法制定過程の政軍関係：「近代化」の意味をめぐって

1990年代のフィリピンでは、国内の共産主義勢力後退を受け、国軍の役割転換が検討課題に上がっていた（第8章）。歴史的に国内安全保障を対象としてきた国軍の任務を、対外防衛へと転換するというものである。そのため国軍は、周辺国に見劣りする現在の装備、特に海軍と空軍の装備を、新たな任務に見合った近代的な装備へと転換する必要性を表明し[49]、1991年、国軍装備の近代化計画を打ち出した。

近代化計画が進められた背景には、米軍基地の撤退も影響を与えていた。フィリピン独立の翌1947年、米比軍事基地協定と米比軍事援助協定が結ばれ、以来1992年まで、フィリピンの国土に立地するクラーク空軍基地とスービック海軍基地に米軍が駐留した。在比米軍はフィリピンの対外的防衛を任務のひとつとし、米軍基地の存在は対外侵略に対する実質的な抑止効果を有してきた。米軍は、空や海といったフィリピン国軍が十分に対応できない領域の防衛にその機能を提供してきたのである。

しかし、1990年代に入りそうした関係に変化が訪れる。1991年9月の基地協定失効を前にして、1988年4月に基地協定改訂交渉が開始された。その後、1991年6月のピナツボ火山の噴火で被った被害からの復旧が困難なことを理由に、アメリカはクラーク空軍基地の撤収を決定した。そのため、残るスービック海軍基地を10年間存続させる「米比友好協力安全保障条約」が米比両政府間

で調印されたが、その条約の批准をフィリピン上院が否決した。その後1991年12月に、スービック基地からの1年以内の米軍撤退が決定され、1992年に米軍はフィリピンから撤退した[50]。

国軍幹部が近代化計画を推進する背景には、それにより米軍基地の撤退にともなう軍事援助の大幅削減を補塡する予算の獲得を目指したいという現実があった[51]。国軍装備の近代化は国軍の最も重要な目標となり、それに道筋を付ける国軍近代化法の成立が差し当たっての課題となった。

法案が成立するためには、上下両院の委員会や両院の本会議での審議を経なければならない。こうした多数の制度が構成する政治過程において、国軍が自らの要求を実現させることは容易なことではない。フィリピンには軍事産業がほとんどなく、国軍近代化に利権を見出しその推進のためにロビー活動を展開する勢力・組織がないため、国軍自らがロビー活動を展開しなければならないのである。また、社会サービスを犠牲にした軍事支出や「軍事化」に対する世論の強い反発は、議会における近代化予算の獲得を困難にしている。多くの議員がマルコスの戒厳令を支えた国軍を快く思っていないことも、国軍にとって状況を難しくしている。

国軍予算の承認は議会の姿勢に左右されるため、国軍幹部は年ごとの議会審議を必要としない複数年の支出計画を盛り込んだ法案の成立を目指した。そして、1992年、国軍の意向を受けた国防省が政府に近代化法の成立を働きかけ、同年11月に国軍と国防省は国軍近代化に共感する議員の協力を得て上下両院にそれぞれ法案を提出することに成功した。国軍が目指したのは、近代化計画により、全天候型迎撃機、レーダー設備、水上艦船、水陸両用上陸船、艦砲射撃支援機能などを複数年にわたり獲得して兵器のグレードアップを図り、対外防衛能力の向上を進めることであった[52]。

しかし、議会では多くの議員が国軍の予算使途や汚職体質などを懸念し多額の予算支出に警戒的であった。例えば、上院国防委員会委員長のオーランド・メルカド上院議員は、年間の国防予算のほとんどが人件費に使われていることを指摘するとともに[53]、多額の予算が着服されているのではないかとの疑念を呈している。そのため、国軍が兵器業者と複数年の調達契約を締結することを認

第 3 章　民主制度の再生と文民優位

めず、兵器調達に年ごとの議会承認を求めた。[54]

　また上院は、国軍の対外防衛力強化を志向するという近代化の目的は国の経済成長に寄与しないとして、近代化計画による支出が与える経済成長へのマイナス効果を懸念し、計画に反発した。[55]つまり、近代化計画は経済開発に関連付けられるべきであると主張したのである。こうした上院の主張は、対外防衛機能を重視し、社会経済的波及効果を二次的なものと考えていた国軍上層部の思い描く国軍近代化像とは相容れないものであった。[56]「近代化」の意味をめぐって、国軍と議会の間に溝が存在したのである。このように、国軍近代化の目的に関する国軍と議会の認識に差異があったため、上院国防委員会は立法に向けた審議入りを停滞させた。

　また、次章で言及するが、ラモス大統領の最優先課題は経済開発であったため、国軍近代化の優先順位は高くなかった。ラモスが近代化法成立に無関心であったわけではないが、政権の基本的なスタンスは、国軍近代化計画は経済的課題の進展具合に従属するものであり、国軍の通常兵力のみを発展させる計画に多額の資金配分はしないというものであった。

　こうした状況下、この時期に国軍参謀総長を務めたリサンドロ・アバディアおよびアルトゥーロ・エンリレは、国軍近代化のためにはラモス政権や議会が思い描く路線に従わなければならないという現実を承知し始め、国軍近代化計画を政権や議会の優先課題である開発や環境保護に資するものとすることを厭わないという姿勢を示した。[57]例えばアバディアは、対外防衛のみではない多面的な国軍の役割という文脈のなかで近代化計画は理解され、開発の必要性と国軍の役割を関連付ける必要があると述べている。[58]つまり、「近代化」の意味の解釈において、国軍の対外防衛能力の向上を意図した兵器のグレードアップを優先する路線を修正したのである。議会を納得させるため、国軍は近代化計画の「開発推進力」を強調するとともに、計画が環境保護や経済成長に適うものであると主張した。[59]

　こうした国軍側の歩み寄りを受けて、議会は国軍近代化法の成立に向けた審議を再開し、1994年8月に、委員会から上下両院に国軍近代化法案が提出された。もはや「近代化」の目的は、単に対外的脅威から国土を防衛するだけでは

なく、環境保護、災害救助、工業化推進などの諸目的を満たすことをも含むようになっていた（第4章）。

その後、下院では1994年11月に法案が可決されたが[60]、上院における審議で法案は、その膨大な予算や技術的、法的問題を追及する野党の反発に合い採決を延期する事態になった[61]。

そうしたなか、1995年1月に、フィリピンが領有権を主張するスプラトリー諸島の一部を中国軍が占拠する事件が発生した。この事件により、対外防衛における国軍の役割がにわかに注目され、国軍近代化が必要であるとする世論が形成された。国民世論やそれを背景にした国軍のロビー活動によって議会における法案への反対は後退し、上院で全会一致により可決された。その後、両院協議会での調整を経て、1995年2月23日、大統領が法案に証明し国軍近代化法が成立した。

3-4　国軍近代化予算・国防予算のトレンド

しかし、近代化法の成立によって国軍装備の近代化が直ちに進んだわけではなかった。近代化法では15年間の計画に関わる支出の予算化に議会の承認が必要であるが、議会は国軍に計画についてのプレゼンテーションを要求したり、聴聞会を開催したりすることで予算化や執行を遅らせた[62]。また、議会は1996年6月に予算計画を承認したが、経済状況が悪く財源がないと主張し、計画の全体予算を3310億ペソから1650億ペソへと半減させた[63]。さらに、始動した近代化計画は、1998年のアジア通貨危機に直面したエストラダ大統領により実施の延期が決定された。それを受けて1998年6月、予算管理省は国防省の近代化予算要求を却下した。以降も、議会が近代化計画のための予算計上を渋ったため、計画の資金は旧国軍基地の用地売却によって賄われることになった。これにより2002年にようやく計画実施資金の一部が捻出されることになった[64]。その後も、大統領が国軍の求めに応じて近代化予算の計上を試みるが、議会が抵抗するという光景が度々見られる。例えば、2002年にアロヨ大統領が国軍近代化計画に追加資金を求めたが、上院は提案の額を大幅に減額した[65]。

概して、議会は国軍近代化予算を含む国防費の増額に消極的である。民主化

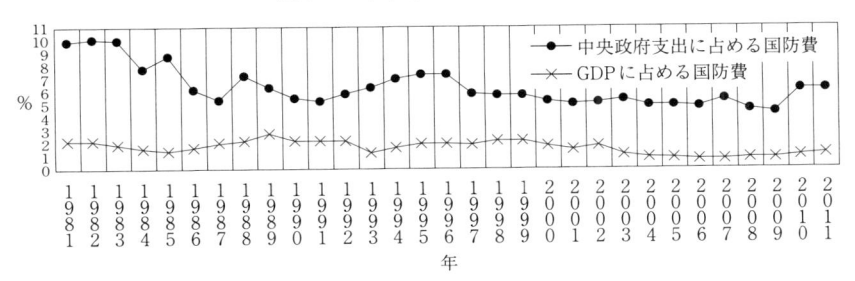

図 3-1　国防費支出割合の推移

出典：Asian Development Bank, Key Indicators for Asia and the Pacific, 各年版（http://www.adb.org/publications/series/key-indicators-for-asia-and-the-pacific　2013年3月18日アクセス）, Institute for Strategic Studies, Military Balance, 各年版から筆者作成。

直後のクーデタが相次いだ時期は、国軍は政権に対する脅威を背景に国防予算の増額を勝ち取ることができたが、1990年代に入り国内脅威が後退したこともあり、1995年前後を除いて、国防予算は概して低く抑えられている（図3-1）。こうしたことは、国家予算を審議・決定する議会にとって、国防予算に与える優先順位が低いことを示している。

　以上のような国軍近代化法の制定過程および実施状況をみると、議会・政治家が国軍近代化には高い優先順位を与えていないこと、および国防予算の大幅増を好まないことが明らかである。そして国軍が、法制定や予算編成過程でこうした議会・政治家の姿勢に抗して自らの目的を貫徹することは困難であった。議会や国防省には複数の退役軍人（国軍幹部経験者）がおり、彼らが国軍利益の媒介役を担うことも考えられる。しかし、国内の共産主義勢力の脅威が切迫していた1980年代後半とは異なり、国軍と議会・政治家の間で安全保障に関する利害の一致は乏しく、国軍が求める多額の予算支出を必要とする計画に対して理解が得られる状況にはなかったのである。さらに、しばしば国軍利益の媒介役を演じてきた大統領も、国内脅威が後退するなか、国軍の要望よりも政権の課題を優先した（これについては第4章で述べる）。これらの結果、国軍近代化法の目的が当初の国軍の思惑から逸脱したことに加え、法案成立後も予算支出など計画の実施が停滞している。この領域においては、文民優位が高いレベルで保たれているのである。また、国軍近代化計画に対する議会の姿勢は、国

表3-2 民主化後の国防長官

名前	属性	期間	月数	政権
フアン・ポンセ・エンリレ	文民	1972年1月〜1986年11月		マルコス／アキノ
ラファエル・イレト	陸軍	1986年11月〜1988年1月	15	アキノ
フィデル・ラモス	警察軍	1988年1月〜1991年7月	42	アキノ
レナト・デヴィーリャ	警察軍	1991年7月〜1997年9月	71	ラモス
フォルトゥナト・アバット	陸軍	1997年9月〜1998年6月	9	ラモス
オーランド・メルカド	文民	1998年7月〜2001年1月	31	エストラダ
アンヘロ・レイエス	陸軍	2001年1月〜2003年10月	33	アロヨ
エドゥアルド・エルミタ	警察軍	2003年10月〜2004年8月	10	アロヨ
アベリノ・クルス	文民	2004年8月〜2006年11月	27	アロヨ
グロリア・アロヨ（大統領と兼任）	文民	2006年11月〜2007年2月	3	アロヨ
ヘルモジェネス・エブダネ	国家警察（軍人）	2007年2月〜2007年7月	5	アロヨ
ノルベルト・ゴンザレス	文民	2007年7月〜2007年8月	1	アロヨ
ギルベルト・テオドロ	文民	2007年8月〜2009年11月	27	アロヨ
ノルベルト・ゴンザレス	文民	2009年11月〜2010年6月	6	アロヨ
ヴォルテル・ガズミン	陸軍	2010年7月〜現在		アキノ

出典：筆者作成。網掛けをした人物が国軍出身の国防長官。

軍の対外防衛機能を向上させることに対する議会の無関心のあらわれであるとも言えよう。

4 国軍と国防省——文民優位の間隙

他方で、安全保障政策の形成については、国軍が大きな影響力を保持している。それを制度的に支えるのが国防省内の国軍関係者である。

安全保障の大まかな方向性や政策は最終的に大統領が決断するが、参考となるガイダンスが国防長官から発せられる。このガイダンスや実際の政策案の作成では、国防次官などの国防省幹部や国軍幹部が補佐をする。また、安全保障政策の方向性を決める脅威環境の評価にも国防省幹部や国軍幹部が関与する。[66]

そして、国防長官や国防次官など、政策決定過程に深く関与する国防省内の高位ポストには常に複数の国軍出身者が存在している。民主化した1986年2月

表3-3　国防省の高位ポストに就く現役・退役軍人の数

政　権	次　官	次官補	行政官	その他
アキノ	3	2	1	1
ラモス	3	3	1	—
エストラダ	3	2	—	1
アロヨ	2	1	3	1

出典：Glenda M. Gloria, *We Were Soldiers: Military Men in Politics and the Bureaucracy*, Quezon City: Friedrich-Ebert-Stiftung, 2003, pp. 37-38 より筆者作成。

表3-4　国防省に出向する国軍将兵の数

	1998	1999	2000	2001	2002	2003	2004	2005	2006	2007	2008	2009	2010	2011
国軍将兵	282	344	266	383	400	437	416	424	380	329	N/A	201	236	247
文民職員	441	422	444	481	493	488	421	418	365	355	334	318	313	300

出典：Republic of the Philippines, *Annual Audit Report*, Commission on Audit, 各年度版より筆者作成。

からアロヨ政権が終わる2010年6月までの間、国防長官の職に国軍出身の人物が就いていた期間が185ヵ月であるのに対して、軍歴のない人物が就いていた期間は104ヵ月であった（表3-2）。2004年以降、国防長官の文民化が図られたが、現アキノ3世政権下では退役軍人が任命された。

また、たとえ国防長官が、軍歴がなく国軍とのつながりのない人物であっても、政策決定や政策提案に関与する国防次官や他の幹部ポストには常に多くの国軍出身者が就いている（表3-3）。表のアロヨ政権期の数字は2003年のものであり、2007年には5人の国防次官のうち4人が退役軍人となっていた。第2節でみた1980年代後半だけではなく、それ以降もこうした人員が、公式な政治過程と国軍をつなぐパイプや影響力の媒体の役割を果たしているのである。

また、表3-4にあるように、多数の国軍将兵が国防省へ出向し様々な業務に従事している。そして、大統領や国防長官が安全保障問題について発する政策表明、演説、プレスリリース、政策関連文書などは、国防省の文民スタッフではなく国軍将校である補佐官によって作成されている。国防省では、政策に関連する業務のほとんどを国軍から出向する将校が担当し、文民職員は日常的な管理業務を行うのみである[67]。

マルコス政権期に官僚機構に国軍将兵が多数送り込まれたため、民主化後、

官僚機構の文民化が進められたが、国防省については遅れていた。1986年時点で国防省に183名の将校と639名の兵士がいたのが、1989年にはそれぞれ80名、330名に減少した[68]。しかし、国防省で働く国軍将兵を、大臣の軍事副官、軍事補佐官、警護部隊に限定し、将兵の総数をさらに減らそうと試みられたが、戒厳令布告以来国軍将校が担ってきた中間管理職クラスの専門的業務に対応できる文民職員が少ないことから、文民化はこれ以上進まなかった。エストラダ政権期には文民の国防長官の下で国防省の文民化が試みられたが（第6章）、文民の人材不足は改善されず、多くの出向将兵が国軍に戻った際、国防省での業務が滞り機能不全に陥ったとされる[69]。国軍将兵なしでは、国防省の専門的業務は成り立たないのである。こうした状況では、必然的に安全保障政策における国軍の影響力が強くなるとともに、軍事の専門知識を備えた文民職員の育成が阻害されることで、国軍の影響力のさらなる強化をもたらすだろう。

　こうした国防省の状況に加え、大統領による国軍への依存、協力的な国会議員および退役軍人議員の存在、安全保障問題に対する国会議員の無関心、国軍と文民職員や政治家との情報の非対称性など、安全保障政策における国軍の影響力を高める要素は多い。

　国軍は、予算に関しては十分な影響力を行使することはできていないが、他方で、国内安全保障政策においては影響力を有し一定の自律性を確保していると言えよう。言い換えれば、前者の領域で文民優位が強まる一方、後者では弱い状況にあるのである。

　　註
　1) Gregory Weeks, *The Military and Politics in Postauthoritarian Chile*, Tuscaloosa: The University of Alabama Press, 2003, pp. 18-19. 他方、準公式の接触の場とは憲法や法律によって是認されていないものであり、例えば、公式の制度の外で生じる軍幹部と政治エリートの間の対話や交渉、マスメディアなどの活用による公への露出などがこれにあたる。
　2) これにより立法権が議会に移された。一方、大統領は予算のみの法案提出権、制定法による委任の下での行政命令等の公布権、議会を通過した法案の拒否権を有することとなった。川中豪「フィリピンの大統領制と利益調整」日本比較政治学会編『比較のなかの中国政治』日本比較政治学会年報第6号、2004年、159ページの表を参照。
　3) 大統領、上院、下院の三者が拒否権プレーヤーとして存在するようになったのであ

る。川中、同上論文、2004年、163ページ。
4) Olivia C. Caoili, *The Philippine Congress: Executive-Legislative Relations and the Restoration of Democracy*, Quezon City: UP Center for Integrative and Development Studies, 1993, p. 14.
5) David G. Timberman, *A Changeless Land: Continuity and Change in Philippine Politics*, Singapore: Institute of Southeast Asian Studies, 1991, p. 266.
6) 川中、前掲論文、161-162ページ。
7) Staff Memorandum Number 05-87, "Mission, Functions and Organization of the Liaison Office for Legislative Affairs, GHQ, AFP", July 16, 1987.
8) 例えば、国防省は次の3つの異なった機能を有している。第1に、「軍事専門的機能」、第2に、「管理・財政的機能」、第3に、「政策・戦略的機能」である。Samuel P. Huntington, *The Soldier and the State: The Theory and Politics of Civil-Military Relations*, Cambridge: Harvard University Press, 1957, pp. 428-429（市川良一訳『軍人と国家　上・下』原書房、1978年)。
9) Republic of the Philippines, Department of National Defense, *Annual Report 1989*, 1989, pp. 34-35.
10) Eric Jude O. Alvia, "An Emerging Military Vote: Myth or Fact?" *Philippine Political Monitor*, March, 1992, p. 7.
11) "Record of the House of Representatives," No. 43, Wednesday, Oct. 7, 1987, first regular session, Vol. II, pp. 541-542.
12) "Record of the Senate," No. 63, Friday, Oct. 23, 1987, first regular session, Vol. 1, p. 1824.
13) *Manila Chronicle*（以下、*MC*）, Feb. 12, 1988. 非常事態の宣言は、反政府勢力と疑われる人物の令状なしの逮捕や拘留を可能とするものである。
14) *MC*, Feb. 13, 1988, *MC*, Feb. 14, 1988, *Philippine Daily Inquirer*（以下、*PDI*）, Feb. 14, 1988.
15) *MC*, Feb. 13, 1988, *PDI*, Feb. 14, 1988, *MC*, Feb. 16, 1988. "Journal of the Senate," No. 107, Monday, Feb. 15, 1988, first regular session 1987-1988, Vol. 3, pp. 1390-1395.
16) *MC*, Feb. 17, 1988.
17) *Ang Tala*, August, 1988, p. 7.
18) ミンダナオ島の一部では動員を前提とした訓練がすでに始まっていた。*Manila Times*（以下、*MT*）, May 10, 1988.
19) *Manila Standard*（以下、*MS*）, Nov. 21, 1988.
20) "Record of House of Representatives," No. 33, Tuesday, Sep. 20, 1988, in Republic of the Philippines, House of Representatives, *Journal and Record of the House of Representatives*, second regular session, 1988-1989, Vol. 3, p. 64. "Record of House of Representatives," No. 39, Thursday, Sep. 29, 1988, p. 312.
21) *MS*, Oct. 6, 1988, "Journal of the Senate," No. 49, Monday, Oct. 17, 1988, p. 601.

22) *MC*, Oct. 18, 1988.
23) フィリピンにおける最小の行政単位。
24) *MC*, Sep. 23, 1988.
25) *MC*, Sep. 27, 1988.
26) *MC*, Sep. 23, 1988.
27) "Record of House of Representatives," No. 37, Tuesday, Sep. 27, 1988, pp. 275-276.
28) *MC*, Sep. 29, 1988.
29) "Record of House of Representatives," No. 37, Tuesday, Sep. 27, 1988, p. 281、*MC*, Sep. 29, 1988.
30) *MC*, Sep. 23, 1988.
31) *MC*, Sep. 24, 1988.
32) *MC*, Oct. 4, 1988, Oct. 5, 1988, *MT*, Oct. 5, 1988.
33) *PDI*, Jan. 6, 1987, *PDI*, Aug. 13, 1987.
34) "Record of the Senate," No. 109, Wednesday, Feb. 17, 1988, first regular session, Vol. 1, pp. 3481-3482.
35) *PDI*, Oct. 23, 1989, *Manila Bulletin*（以下、*MB*）, Oct. 24, 1989.
36) *PDI*, Oct. 23, 1989, *MB*, Oct. 24, 1989.
37) *PDI*, Oct. 28, 1989.
38) *PDI*, Nov. 10, 1989, *MB*, Nov. 10, 1989.
39) *MC*, Nov. 18, 1989.
40) *PDI*, Jan. 9, 1990.
41) *PDI*, May 31, 1990、*PDI*, Nov. 20, 1990
42) Republic of the Philippines, Senate, "Journal of the Senate," No. 51, Wed., Thu. and Fri., Oct. 19-21, 1988, p. 632.
43) 浅野幸穂『フィリピン：マルコスからアキノへ』アジア経済研究所、1992年、274ページ、John Laurence Avila, "A Gathering Crisis in the Philippines," *Southeast Asian Affairs 1990*, 1990, pp. 264-265、Alberto Ilano, "The Philippines in 1988: On a Hard Road to Recovery," *Southeast Asian Affairs 1988*, 1988, p. 253、ワーフェルによると、自由選挙の復活は、階級を超えた垂直的な個人的つながりをもとにしたパトロン＝クライアント関係を甦らせる一方で、水平的な階級意識に基づく共産主義勢力の主張の効力を弱めた。David Wurfel, *Filipino Politics: Development and Decay*, Ithaca: Cornell University Press, 1988（大野拓司訳『現代フィリピンの政治と社会：マルコス戒厳令体制を超えて』明石書店、1997年）、邦訳書、487ページ。
44) 共産党の路線対立と内部分裂については、Patricio N. Abinales, ed., *The Revolution Falters: The Left in the Philippine Politics After 1986*, Ithaca: Cornell Southeast Asia Program Publications, 1996、Kathleen Weekley, *The Communist Party of the Philippines 1968-1993: A Story of Its Theory and Practice*, Quezon

第 3 章　民主制度の再生と文民優位

City: The University of the Philippines Press, 2001.
45) *PDI*, July 11, 1992, *MB*, July 11, 1992.
46) *MB*, June 6, 1992.
47) Congress of the Philippines, Senate, *History of the Bills and Resolutions 1992-1995*, Vol. 3, Ninth Congress 調べ。
48) *Ibid.* 調べ。
49) *MC*, May 21, 1990、John McBeth, "A Fighting Chance," *Far Eastern Economic Review*, July 19, 1990, pp. 19-21.
50) 在比米軍の撤退を決定的にしたフィリピン上院の判断は、実利の判断というよりは、ナショナリズムの表現に自ら縛られた帰結であった。そのため、米軍なきフィリピンに関して、フィリピン側に何の構想もなかった。藤原帰一「冷戦の二日酔い：在比米軍基地とフィリピン・ナショナリズム」『アジア研究』39巻2号、アジア政経学会、1993年、79ページ。米軍の撤退をうけ、フィリピン政府は自らの対外防衛能力の脆弱さをあらためて認識し、その構築を考え始めなければならなくなったのである。
51) 米軍基地撤退以前は年間およそ2億ドルの軍事援助を受け取っていたが、1991年の基地撤退以降、1992年には2760万ドル、1993年には1730万ドル、1994年には770万ドルと減少していった。John McBeth, "Broken Toys," *Far Eastern Economic Review*, Sep. 9, 1993, p. 29.
52) Lisandro Abadia, "The AFP in the Nineties," *Fookien Times Philippines Yearbook 1991*, p. 242.
53) 国軍予算のおよそ80％が人件費である。
54) Renato Cruz De Castro, "Congressional Intervention in Philippine Post-Cold War Defense Policy, 1991-2003," *Philippine Political Science Journal*, 25 (48), 2004, p. 86.
55) "What's the Mission?" *Asiaweek*, May 11, 1994, p. 31, De Castro, op. cit., 2004, pp. 86-87.
56) Lisandro Abadia, "At the Threshold of the 21st Century," *Fookien Times Philippines Yearbook 1992*, 1992, p. 74, p. 256
57) *MC*, Apr. 6, 1994, *MC*, Apr. 20, 1994.
58) Abadia, op. cit., 1992, p. 74, p. 256
59) Renato Cruz de Castro, "Adjusting to the Post-U. S. Bases Era: The Ordeal of the Philippine Military's Modernization Program," *Armed Forces and Society*, Vol. 26, No. 1, Fall, 1999, p. 126.
60) *MC*, Nov. 17, 1994.
61) De Castro, op. cit., 1999, p. 129.
62) *Ibid*, p. 131.
63) Raymund Jose G. Quilop, "The Political Economy of Armed Forces Modernization Program: The Case of the AFP Modernization Program," *OSS*

Digest: A Forum for Security and Defense Issues, January-June, Office of Strategic and Special Studies, Armed Forces of the Philippines, 2003, p. 7.
64) Glenda M. Gloria, Aries Rufo and Gemma Bagayaua-Mendoza, *The Enemy Within: An Inside Story on Military Corruption*, Quezon City: Public Trust Media Group, Inc., 2011, p. 34.
65) De Castro, op. cit., 2004, p. 98.
66) Col. Cristolito P. Balaoing, "Defense Planning: Challenges for the Philippines," *Philippine Military Digest*, Vol. IV, No. 1 (January-March 1999), pp. 42-43.
67) Rommel C. Banlaoi, *Philippine Security in the Age of Terror: National, Regional, and Global Challenges in the Post-9/11 World*, Boca Raton: CRC Press, 2010, p. 106.
68) Fidel V. Ramos "Security, Development and Reconciliation," *Fookien Times Philippines Yearbook 1989*, p. 270.
69) Ma. Anthonette C. Velasco and Angelito M. Villanueva, *Reinventing the Office of the Secretary of National Defense*, Quezon City: National Defense College of the Philippines, 2000, p. 10.

第4章

国軍の開発における役割の制度化
——ラモス政権と国軍——

　1986年2月のマルコス政権崩壊後、国軍反乱派がアキノ政権に対してクーデタを繰り返しフィリピンを混乱に陥れたが、続くラモス政権期（1992〜1998年）においては、特筆すべき国軍の政治干渉や、国軍と政府との軋轢はみられなかった。しかし、この時期の政軍関係を特徴付けたいくつかの出来事が、現在まで影響を残し政軍関係の基調となっていると言える。それらの出来事は、ラモス政権が直面する課題に大統領が対応した結果として生じたものであった。

　本章では、政治的安定の達成と開発の推進というラモス政権の課題との関連で、大統領が国軍反乱派にどのように対応したか、開発における国軍の役割をどのように考えたか、そしてラモス大統領が課題に取り組んだ手法が政軍関係をどのように形作ったかを検討する。

1 ラモスと国軍：国軍の掌握

1-1 ラモス政権の課題

　マルコス政権崩壊の遠因となった1980年代の経済危機は、アキノ政権成立後に若干の落ち着きを取り戻すが、相次ぐクーデタ未遂や、腐敗の蔓延、電力事情の悪化、自然災害などによりフィリピン経済は再び停滞し、1990年代初頭の経済成長率は急激に鈍化した。そのような状況下の1992年7月に大統領に就任したラモスの重要な課題のひとつは、停滞するフィリピン経済を建て直し、持続的な経済成長を達成することであった。

ラモスは経済発展に必要な環境として、経済開放、政治的安定化、汚職や犯罪への対処を挙げている。なかでも、投資や経済成長に適した環境を創り出すために反政府勢力や治安の悪化といった不安定要素を取り除き国内を安定化することが、経済再建の条件であると規定した。[1] 1993年1月には経済発展に向けた戦略的枠組み、「フィリピン2000」を打ち出し、2000年までにアジアNIES入りすることを高らかに謳い上げた。[2] そのようなラモスの構想を体系化したのが「中期フィリピン開発計画（1993-1998年）」の策定であった。これは、構造調整を前提とした、経済自由化および民営化促進、外国投資奨励、産業の独占排除などを内容とする包括的な政策で、ラモス政権の経済・社会開発計画の骨格となるものであった。[3] なかでもラモスが重視したのが外資の導入であり、大統領に就任後、ラモスは頻繁に海外へ渡航し、フィリピンへの投資を訴えた。[4]

　そして、「フィリピン2000」において、経済成長に不可欠の前提として、政治的安定、平和秩序の達成が挙げられているように、[5] 外資を導入し経済発展を進めるというラモスの構想にとって政治的安定は最優先課題となった。その政治的安定化のために取り組まなければならなかったのが、国軍反乱派、共産主義勢力、イスラーム勢力などの反政府武装勢力問題の解決である。

1-2　残存する不安定要素としての国軍：ラモスと国軍

　政権の安定を確かなものとするために、また、あわよくば自らの権力基盤とするために軍部の掌握に取り組むことは、フィリピンに限らず途上国の政治リーダーにとって重要な課題であると言える。アキノ政権期に混乱の要因となった国軍反乱派や、分裂含みの国軍などの諸問題を受け継いだラモスにとっても、その掌握は重要な課題であった。

　1990年10月を最後に、アキノ政権誕生以来続発した国軍反乱派のクーデタは鳴りをひそめた。1991年後半には政府と国軍反乱派との対話が行われ、帰順する反乱派兵士も増加した。さらに、幹部の逮捕も相次ぎ弱体化が進んでいた。

　しかし、依然として反乱派は、「再びクーデタを起こす」、「武力革命を放棄しない」などの声明を発することで、政権の揺さぶりを図っていた。[6] また、1992年の大統領選挙前には、RAMが国軍兵士に選挙時の反乱に参加を呼びか

第4章　国軍の開発における役割の制度化

けていることが発覚した。[7]反乱派に政権を転覆させる力はもはやないという見方が大勢であったが、少なからぬ数の若手将校が反乱派に同情的であったことや、マルコス政権末期に深刻化した国軍内の亀裂が解消されたわけではないことなどを考慮すると、政権に直接的なダメージを与え得る不安定要素のひとつとして、依然として反乱派は無視できない存在であったといえる。

　このような不安定な状況下でラモスは1992年の大統領選挙に立候補し当選した。ラモス大統領が国軍出身で参謀総長や国防長官を歴任してきたからといって、国軍の支持を固めていたわけではなく、当選後、何の苦労もなく国軍を掌握できたわけではない。マルコス政権末期とアキノ政権期に亀裂を深めた国軍にあって、事はそう容易ではなかった。

　ラモスが自身の経歴により国軍からある程度の支持を得ていたことは確かである。実際、大統領選挙の際、ラモス陣営には軍人や退役軍人の協力者が少なからずいた。ホセ・アルモンテ元准将、レネ・クルス元准将、エドゥアルド・エルミタ元准将、オネスト・イスレタ元准将、ホセ・マグノ元少将など、ラモスと現役時代から近い関係にあったメンバーに加え、現役の国軍将兵も参加しラモスの選挙戦を支えた。[8]ただし、国軍の支持を得ていたのはラモスだけではなかった。

　1992年の大統領選に立候補したのは、ラモス、ディフェンソール・サンチャゴ、エドゥアルド・コファンコ、ラモン・ミトラ、イメルダ・マルコス、ホビト・サロンガ、サルバドール・ラウレルの7人であったが、そのなかでもサンチャゴやコファンコはラモスに匹敵する支持を国軍から得ていたとされる。[9]

　また、国軍将兵の支持獲得に様々な政治勢力が乗り出していた。主要な政党連合は国軍内の派閥との関係構築を意識し、退役軍人を自会派から立候補させた。上院議員選だけでも6会派から19人の退役軍人が立候補した。イメルダ・マルコスが率いる「新社会運動（Kilusang Bagong Lipunan：KBL）」からはマルコスに近かった7人、ミトラの「民主フィリピン人の闘い（Laban ng Demokratikong Philipino：LDP）」からは元国軍参謀総長のビアソンを含む2人、ラウレルの「国民党（Nationalista Party：NP）」からは国軍反乱派将校で拘留中の人物を含む3人、コファンコの「民族主義国民連合（Nationalist People's

101

Coalition：NPC）」からは元国軍副参謀総長のアレキサンダー・アギーレを含む3人、サンチャゴの「人民改革党（People's Reform Party：PRP）」からは3人、サロンガの「自由党（Liberal Party：LP）」からは1人が立候補した。[10]

国軍反乱派のRAMやYOUはサンチャゴやコファンコ支持とみられ、「反ラモス」の立場を鮮明にしていた。また、国家警察筋の解説によると「RAMは大統領選に立候補した7人のうち、ラモス以外はだれでも受け入れる余地があった。アキノ政権の6年間で（RAMの：筆者）反乱を鎮圧し続けたラモスだけは許せないと考えている」という状況であった。[11] そればかりか、ラモスは国軍内の異端者であるとか国軍の組織的利益に冷淡であるなどと常々みなされており、反乱派以外でも、ラモスに投票しようと考えていた将兵は少なかったとされる。[12]

1-3　ラモスの国軍掌握手法

分裂した国軍に対する求心力をいかに確保し維持するかということが、新たに大統領に就任したラモスの重要な課題となった。この課題へのラモスの対応は、国軍幹部には退役後のポストをちらつかせ、中堅クラスの将校や一般の兵士には、昇進機会の増加、待遇の改善、反乱兵士には恩赦を与えるといったものであった。

選挙後の人事においてラモスは、閣僚ポストへの退役軍人の任命に対して慎重な姿勢を崩さなかったが、官僚機構の中位・下位ポストへの任命については当選直後から示唆しており、「おいしい」政府ポストを狙う複数の退役軍人と会っていたとされる。[13] ラモスによる退役軍人の文民ポストへの任命については後述する。

国軍掌握のための「改革」の一環として、多数の将校の昇進が行われた。少将5人を中将へ、准将3人を少将へ昇進させ、昇進が停滞している大尉の不満を解消するために、大尉から少佐への昇進人員枠の大幅な拡大が実施された。同時に、国軍内の「ならず者」、「不適格者」を排除するよう命令した。その他にも、国軍将兵の衣料品手当を増額し、さらに住宅手当増額、優秀な将校や兵士に対する奨学金制度、そして保険制度の整備を検討するよう命じた。[14]

第4章　国軍の開発における役割の制度化

　アキノ政権期から、尉官クラスの若手将校は政権や国軍幹部に対して強い不満を持つ傾向にあり、反乱派に同情的な人物が多い。そのため、彼らの不満を和らげるという意味で尉官クラスの昇進は重要であった。また、アキノ政権期に発生した反乱に参加した将兵の多くが、後ろ盾となる「スポンサー」から報酬を受け取り反乱に参加していたことを考えると、金銭目当てで反乱に参加する将兵を減らすためにも待遇の改善は必要であった。[15]
　このようにポスト配分や待遇改善によって国軍の掌握を図ることは珍しいことではない。歴代大統領の中でも国軍と良好な関係を築いていたマグサイサイやマルコスが同様の手法を用いて国軍を掌握した。つまりフィリピンでは、国軍のパトロンとして大統領がどれだけ資源を配分できるかが国軍掌握に重要なのである。前章でみたように、議会が国軍の組織的利益を抑制する傾向にあるなか、大統領が国軍を掌握するには効果的な手法であると言えよう。

2　国軍反乱派の政治社会への統合──政治的安定化に向けて

2-1　国軍反乱派への恩赦

　政治的安定化のカギとなるのは国軍反乱派の処遇であったが、ラモスは反乱派将兵に恩赦を与えるとともに、政界進出を認め民主制の枠内に組み込むという手法で臨んだ。
　大統領に就任後、ラモスは国民和解政策を打ち出し、直ちにあらゆる反政府武装勢力との和平交渉を始めた。政治的不安定ゆえに外国からの投資が滞り経済が停滞しているという認識は広範にフィリピン国民に浸透しており、ラモスの和平政策もこうした認識に基づいていた。[16] ラモスは、国家統一委員会を設置し、国軍反乱派、共産主義勢力、イスラーム勢力に対し本格的な和平交渉を開始した。[17]
　国軍反乱派との和平交渉はアキノ政権下でも行われていたが、アキノ政権が提示した条件付き恩赦が受け入れられず、交渉は遅々として進まなかった。しかし、ラモスが大統領当選後にRAM・YOUに対する無条件恩赦の付与を決断したことにより、交渉が急速に進展し、RAM・YOUメンバーの「社会復

帰」が進んだ。依然として、政権や議会、そして国軍内には恩赦のあり方について意見の相違があったものの、国軍反乱派との停戦交渉自体は続けられた。

ラモス政権発足後の1992年11月、国軍反乱派と下交渉を始めていた政府は、信頼醸成の一環として、勾留しているRAM・YOU将兵の訴追手続きを中断し、勾留中の将校のうち128名を釈放した。そして、彼らに安全通行証を発行したのみならず、銃器の所持も認めるという寛大な措置をとった。1988年以来地下に潜伏していたRAMのホナサンやカラハテ、トゥリンガンは政府の措置を受けて1992年12月に姿を現し、政府側で和平交渉を担当する国民統一委員会委員と会談した。そこで政府との本格的交渉開始に合意し、休戦協定を締結した。一方、政府は拘留中のRAM・YOUの主要メンバーを釈放し、和平交渉に本気で臨む姿勢を示した。

このようなラモス政権の態度を目の当たりにして、ホナサンは、アキノ政権に比べ「格段に良い」ため、「ベストを尽くすチャンスを与えるに値する」とラモス政権を評した。また、他のRAMのメンバーは、「和平交渉が行われている限りはクーデタの可能性はゼロに近い」と述べている。暴力的手段を完全に放棄するわけではないが、和平交渉にチャンスを与えるというのがRAM・YOUのスタンスとなった。しかし、そもそもRAM・YOUは、ラモス政権が誕生する前後にすでに活動に行き詰っていた。将兵の多くが拘束されたのに加え、1989年12月のクーデタ以前にはある程度存在した民衆の支持も霧消し、反アキノの政治家からの資金的支援も政権交代とともにほとんどなくなっていた。彼らはもはや武装闘争は不可能であると考え、合法的な枠組みの中での政治活動を模索し始めており、彼らの側にも交渉を進める誘因があったのである。

その後、両者の間で和平交渉が進展し、1994年5月、RAM・YOUを含む国軍反乱派に対して恩赦を付与する大統領令が公布された。そして1995年10月に、RAM・YOUと政府の間で和平合意が締結された。1994年から1996年にかけて公布された一連の大統領令により、4635名の国軍反乱派将兵に恩赦が与えられた。これにより反乱派のメンバーは、クーデタ計画に参加した罪を問われることがなくなった。また、反乱派将兵の国軍・国家警察への再統合も進めら

れた。1998年6月の時点で、1886名が国軍と国家警察に復帰し、193名が復帰手続き中という状況であった。

2-2　選挙への参加：政治社会への統合

ラモス政権誕生後、政府との和平交渉が曲がりなりにも進展するなか、RAM・YOU は合法的政治活動として議会政治への参加を模索し始める。すでにメンバーの一部は、1992年5月に大統領選挙と同時に実施された議会選に立候補していたが、無条件恩赦の付与が進み政府との和平交渉が最終局面に入るなか、1995年5月の中間選挙にはさらに多くのメンバーの立候補が見込まれるようになっていた。

なかでもホナサンに関しては、その知名度から国会議員当選の可能性は高いとされていたし、彼の知名度を利用したいと考える複数の政党がホナサンの勧誘を始めていたため、議会政治への参加は現実的な選択肢であった。

しかし、RAM・YOU は選挙改革に対して強いこだわりを持っていた。フィリピンの選挙は「3G」と表現される政治資源が必要といわれ、そのような政治資源を用いた選挙活動はエリート政治一族の十八番であった。政治社会の新参者である RAM・YOU は、エリート政治家が用いる金や暴力といった政治資源を持たなくとも、有能で政治家になるに値する人物が選出される公正で真摯な選挙制度への改革を求めてきたのであった。

交渉の末、1994年8月に RAM は選挙改革について政府と協定を結んだ。内容は、①政府と RAM 双方による選挙監視委員会の設立、②異議申し立てを受け係争中の選挙結果の速やかな解決、③州選挙管理人の定期交替、④年間通しての選挙登録制度、⑤選挙登録のコンピューター化、⑥特定一族による政治職独占を禁じる反政治王朝法の制定、⑦比例代表制の導入等であった。⑥については論争的なイシューであり議会の抵抗が予想されるものであったが、RAM・YOU は政治王朝は消滅するべきであり、政治王朝を粉砕することは政府がなすべき選挙制度改革の一環であると考えていた。

議会では、特定の一族が選挙職を寡占するいわゆる政治王朝形成を抑制するための法案が審議されていたが、法案では公職就任が禁止されるのは議員の3

表 4-1　1995年選挙に立候補した RAM のメンバー

名　前	候補職、候補地	政　党	結果
グレゴリオ・ホナサン	上院議員	無所属	当選
エドゥアルド・カプナン	下院議員（カピス、第二区）	Lakas-NUCD（与党）	落選
ビリー・ビビット	下院議員（マカティ、第二区）	Lakas-NUCD（与党）	落選
ジェシス・ソリモ・パレデス	下院議員（バギオ）		落選
アレクサンダー・ノブレ	州知事（アグサン・デル・スール州）	Lakas-NUCD（与党）	落選
フィリップ・レモンタ	市長（カラヤアン市、ラグナ州）		落選
レオビック・ディオネダ	市長（バコン市、ソルソゴン州）		当選
ロヘリオ・ボニファシオ	市議会議員（マカティ市、マニラ首都圏）		落選
ウィルフレッド・ジメネス	市議会議員（ラスピニャス市、マニラ首都圏）		落選

出典：*Philippine Daily Inquirer*, May 11, 1995 より筆者作成。

親等までであるとされていた。しかし、RAM・YOU は、4 親等以内の親族は公職に就くのを禁止されるべきであると主張した。[31] 法案の審議は議会で進められていたが、伝統的政治エリートが多数を占める下院の抵抗で審議は停滞していた。[32] RAM のメンバーは「法案は議会に留まったままだ。それは議会を長年占めてきたエリートたちが彼らの権力を手放したがらないからだ。」[33] として、法案を遅々として通さない議会を非難している。

それでもホナサンの立候補はすでに規定路線となっていたし、選挙の半年前に、RAM のエドゥアルド・カプナン、アレクサンダー・ノブレがそれぞれ下院議員選、知事選に与党から出馬することが決まっていた。カプナンによれば与党に所属するのは実利目的からであった。[34] また、無所属で上院に立候補したホナサンもラモス政権の支援を受けていたとされる。[35] 1995年5月の選挙では9名の RAM のメンバーが立候補した（表4-1）。

しかし結果は、ホナサンが上院議員に、その他の1名が地方の市長に当選したにとどまった（表4-1）。選挙によって政治社会への参入を試みた RAM にとって伝統的政治エリートの壁は厚かった。例えば、ノブレが州知事選に立候補し落選したアグサン・デル・スール州は典型的な政治王朝の牙城であった。現職知事が再選され、その息子が同州にある市の市長に、そして彼の義姉が同州の選挙区から下院議員に選出されていた。[36] RAM・YOU が打倒を掲げる政治

王朝支配は強固であった。

　それでも、全国区で選出される上院議員にRAMのリーダーであるホナサンが当選したことは、過去のRAMによる反乱が世間から事実上許されたことを意味した。また、ホナサンが立候補の際に、改革を追及する手段として暴力を放棄する旨の宣誓書に署名したように、RAM・YOUが、選挙への参加という一連の過程で民主政治の枠内に組込まれたと言えよう。他方、ラモス政権の側からすれば、クーデタを繰り返した国軍反乱派の活動を民主制度の枠内に取り込むことができたことを意味する。これにより、クーデタが発生する可能性が極めて低くなり、政治的安定化が大きく前進したことは確かである。

2-3　国軍反乱派の免責：政治的安定化の代償

　しかし、政治的安定達成のために犠牲にされたものは大きい。クーデタに参加した国軍反乱派将兵に対するアキノ、ラモス両政権の対応は極めて甘いものであった。例えばアキノ政権下で1986年7月のマニラ・ホテル占拠事件に参加した将校10名に対する反乱容疑は、彼らが憲法と大統領に対する忠誠を誓ったという理由で取り下げられた。また、他のクーデタ事件についての軍法会議も遅々として進まなかった。下級兵士に関しては、罰として腕立て伏せが科せられたのみであった。計画段階で発覚した事件や決行が未遂に終わった事件に関しては、首謀者に対する処罰は何ら行われなかった。

　政権に対する不満が国軍内である程度広く共有されていたため、クーデタ事件に参加した将兵の動機が多数の将兵に共感され得るものであったことや、クーデタ事件が国軍全体の利益増進に事実上寄与していたことなどから（第2章）、クーデタ参加者を厳しく処罰することは、さらなる不満と同情を国軍内に生じさせかねない。そのため、こうした甘い対応は、国軍を懐柔して危機をしのいでいたアキノ政権にとって不可避のものであった。しかし他方で、甘い対応がクーデタの続発を招いた要因であることも否定できない。

　最も深刻であった1989年12月のクーデタ事件後、アキノ政権はクーデタに参加した将兵に比較的厳しい態度で臨み逮捕や訴追を進めたが、上述したように、ラモス政権下で結局彼らに無条件の恩赦を与えることとなった。1989年12

月のクーデタの要因を分析した真相究明委員会は、国軍改革の一部として国軍反乱派の中心メンバーに対する処罰を政府に勧告していたが、それが完全に無視された形となった[39]。それどころか反乱派の将校たちは、恩赦基金を得て国軍に戻り、逃亡・拘留中の未払い賃金を受け取り、昇進さえしたのである。

政治的安定化のためとはいえ、こうした寛大な措置は、規律尊重や文民優位などといった点で若手将校たちに間違ったメッセージを送るものとなる。さらに、反乱を繰り返し多くの人権侵害にも関与が指摘されている組織のリーダーが、何のお咎めも受けずに政界進出を果たすことができた事実は[40]、クーデタに参加したり人権侵害を犯したりしても裁かれることがないどころか、政治家になることさえ可能であるという前例となった。クーデタに参加した将兵を免責するという措置は以降も踏襲され（第9章）、民主化後のフィリピンにおける政軍関係の基調となっていく。換言すれば、ラモス政権が前例を残し、それが悪弊として繰り返されるのである。

3 国軍の開発任務の制度化・拡大——ラモス政権の開発政策と国軍の開発参加

3-1 ラモスの開発志向と国軍

ラモス政権の開発政策は、1990年代の共産主義勢力の退潮に加えて、国軍の役割・任務に影響を与えた。ラモスは経済発展という課題の達成のために国軍の有する能力や資源を最大限に活用することを打ち出していく。

政権発足後まもなく、ラモスは、開発における国軍の役割を「フィリピン2000」と関連させ始めた。ラモスは1993年2月の士官学校同窓組織の式典において、国軍将校が持つ管理者としての専門技術が経済成長に欠かせないと将校候補生の前で述べるとともに[41]、続く3月の陸軍創設96周年式典の場では、途上国の経済、社会における軍部の役割の重要性を強調し、国軍を国の近代化の推進役であり国家建設の機能を有する組織であると述べ、「フィリピン2000」という国家目標達成における国軍の参加の必要性をアピールした[42]。その後も、1993年12月の国軍創設58周年記念の式典や、1994年3月の陸軍創設97周年記念式典の場で、陸軍は草の根の全国レベルで国家開発のビジョンを浸透させ目標

第 4 章　国軍の開発における役割の制度化

を実現できる組織、能力、リーダーシップを有しているため、目標達成に多大な貢献ができるなどと、「フィリピン2000」や国家建設における国軍の役割の重要性を繰り返し強調した[43]。

以下では、この時期に国軍の開発における役割がいかに重視され制度化されたかを、国軍近代化法の内容と国軍の作戦計画 Unlad Bayan の内容をみることで検討したい。

3-2　国軍近代化法とラモス

国軍の開発任務がいかに重視されたかは、国軍近代化法の内容によく現れている。第 3 章で述べたように、1990年頃の脅威環境の変化を受け、国軍の現在の装備を対外防衛任務に見合った近代的な装備へと転換する必要性を国軍幹部は認識していた[44]。そして国軍は、装備の近代化を進めるため国軍近代化法の制定を議会に働きかけていた。しかし議会は、単に国軍装備のグレードアップを図る近代化計画に予算を割くことには反対であった。そのため国軍は、近代化計画と開発推進との関連性および国軍の役割の多目的化を強調することで議会の支持獲得を図らなければならなかった（第 3 章）。

また、ラモス大統領の最優先課題は経済開発であり、国軍近代化の優先順位は高くなかった。ラモスは時折、近代化法の早期成立を議会に要請したが[45]、ラモス政権の基本的なスタンスは、国軍近代化計画は国内における経済的課題の進展具合に従属するものであり、国軍はインフラ建設や環境保護、平和秩序の維持、教育への援助などにも活用されるべきであるというものであった。つまり、議会と同様に、国軍の通常兵力のみを発展向上させる計画には多額の資金配分をしないというものであった。例えばラモスは、海軍のフリゲート艦やコルベット艦は直ちに必要なものではないとして近代化計画の合理化を指示した[46]。国軍の式典での演説においてもラモスは「国軍の近代化、国防の強化は、国民経済の再活性化と国際的競争力の獲得にかかっている」と述べている[47]。

すでに1994年秋の時点で、法案の内容は国軍の対外的防衛能力を高めることだけではなく、環境保護や国家の工業化などの多分野に国軍の能力を活かすことに力点が置かれていた[48]。法案の制定過程で多目的化が進み、国軍任務を対外

109

的なものに転換するという精神は相対化されていた。成立した国軍近代化法は、近代化の目的を次のように規定している。(a)共和国の領土的統合と主権を守り、あらゆる形態の侵入・侵犯から国土を保護する能力の開発。(b)領土および排他的経済水域内に存在する、生物および非生物の海上、海底、鉱物、森林および他の天然資源を含む国家の財産の保護において、文民諸機関を支援する能力の開発。(c)武力の脅威のみならず、台風、地震、火山噴火、遠隔地あるいは海上での重大事故を含む自然災害および人災の破壊的影響や生命に関わる影響、およびあらゆる形態の生態系被害による災害から、フィリピン国民を守る責務を遂行する能力の向上。(d)国内および外交政策の実行や、フィリピン領内あるいは領域を経由して発生する、海賊、人身売買、密輸、麻薬密売、航空機および船舶の乗っ取り、有毒物質および生態学的に有害な物質の輸送に対する国際的規約の執行において、他の諸機関を支援する能力の強化。(e)法執行および国内治安作戦においてフィリピン国家警察を支援する能力の向上。(f)国際的貢献を果たす能力の向上。(g)国家開発を支援する能力の強化。このように、もはや「近代化」の目的は対外防衛能力の向上だけではなく、環境保護、災害救助、工業化推進などの諸目的を満たすことも含むようになっていた。

　国軍の役割転換の必要性を喚起した脅威環境の変化は、ラモスにとって次のような意味を有していた。例えばラモスは、アバディア国軍参謀総長の退役セレモニーの場で、「アジア太平洋地域や世界における政治、経済、安全保障環境の変化を受け、国軍の開発における役割を認識するよう国軍の新指導者に命じる。国軍は、社会サービスの提供、経済発展に適した環境の促進、環境保護、災害救助、復興支援や他の支援プログラムなどの提供において一層積極的な役割を担うべきである」と述べたうえで、国軍の新指導者が国家の目標に一層関心を持ちそれと調和すること、また、国軍の役割の拡大が「フィリピン2000」に寄与することへの期待を表明した。ここに含意されているのは、フィリピンの安全保障環境の変化、とりわけ国内の共産主義勢力の衰退によって国軍の国内安全保障における役割が減少したため、その余力を自身の開発政策に活用したいということであろう。第3章でみた議会の姿勢のみならず、ラモス大統領の開発志向も、国軍近代化法の「近代化」の意味の形成に大きな影響を

第 4 章　国軍の開発における役割の制度化

与えたのである。

3-3　作戦計画 Unlad Bayan：反乱鎮圧から国家建設へ

　国軍の「近代化」の意味をめぐっては議会や大統領の意向が強く反映したが、国軍にとって開発参加を含む任務の多目的化は決して押し付けられたものではない。国軍は、脅威環境が変化するなかで新たな役割を模索しており、対外防衛任務への転換が理解や資源の裏付けを得られないのであれば、上述したようなラモス大統領の姿勢や政権の方針を受容することは、国軍にとって自らの存在意義を明確にするという観点からむしろ歓迎すべきものであった。

　国軍幹部は、国内脅威の後退と経済発展志向の高揚という国家的状況のなかで、自らの価値をいかに高めるか、すなわち、対外的脅威への対応に加えてどのような付加的役割を担うべきか、あるいは担うことができるかを自問し、自らの価値を高めるためには開発における役割を担うべきであると提言している[52]。そして、開発任務を担う理論的根拠として、国軍の組織構造、輸送能力、通信・建設に関わる装備などが開発任務に活用できること、反乱鎮圧任務における役割が減少し国軍の資源を開発任務に振り分けることが可能なこと、開発が必要な地方に国軍のプレゼンスがあること、開発任務の経験があることなどを挙げている[53]。

　こうした国軍幹部の考えは、1994年に策定された国軍の作戦計画「Unlad Bayan」に反映されることとなった。Unlad Bayan では、「国内における安全保障環境の改善や進行中の和平交渉は、（中略）国軍の防衛モードが徐々に対内的なものから対外的なものへとシフトすることを可能にするとともに、政府の経済開発推進に国軍の新たな役割が貢献する機会を与えよう[54]」と述べられている。このように国軍は、安全保障環境の変化を、国軍任務の転換のみならず、開発における国軍の役割を充実させる機会として解釈した。そして、このような認識の下、Unlad Bayan は、「国軍の役割を反乱鎮圧任務から政府が推進する開発への積極的参加へと転換する」と謳い、国家建設・開発への国軍の参加を作戦計画の目的としている[55]。

　1980年代末に策定された作戦計画「Lambat Bitag」は、共産主義勢力など

の反乱鎮圧を目的としていたのに対して、Unlad Bayan は目的を国軍の開発参加に特化した計画である[56]。作戦計画 Lambat Bitag の目的は、一般的目的として、①戦略的イニシアティヴを奪取する、②可能な限り早期に共産主義勢力に対する戦略的勝利を達成する、特定目的として、①重要ゲリラ戦線の掃討完了、②それぞれの重要ゲリラ戦線における主要反乱の壊滅、とされているように、反乱鎮圧に焦点を当てたものであった[57]。他方、Unlad Bayan は一般的目的を、①平和と開発に向けた中央・地方政府のイニシアティヴに貢献する、②国家安全保障と開発を支援するため国軍の能力と有効性を向上する、③地域社会と民衆が国家建設の有効な参加者となるための取り組みを支援する、としている。また、国軍の開発任務は、政府および地方自治体の開発プロジェクトの補佐、社会経済インフラの整備、公共サービスの提供などの支援、社会開発の参加者としての共同体の教育・訓練・組織化、災害予防あるいは被害軽減、環境保護などを担う共同体の援助・訓練などあらゆる分野にわたっている[58]。このように、Unlad Bayan では、国家建設や経済発展に国軍の能力を活かすという論理に基づいた国軍の開発任務が強調された。

国軍幹部が明確に指摘しているが、Unlad Bayan は英語表記が Nation Building であるように、国軍による国家建設への参加の一環なのである。そのため、国軍の装備や物資の購入は、対外防衛任務と同時に Unlad Bayan が要請する国軍の多機能性をも満たすものとなるのである[59]。

その後、1997年に導入された作戦計画「Kaisaganaan」も、一般的な目的を、①国家の開発に資する平和と安定状況を提供する、②政府の開発と社会改革計画に貢献する、③国軍近代化計画の実施を支援する、④他国の軍との友好関係を強化し安全保障の二国間関係を維持する、としているように[60]、Unlad Bayan で謳われた開発への貢献や1996年の国軍近代化法の成立を反映した国軍近代化の推進が標榜されている[61]。

このように、ラモス政権の開発政策の中に開発における国軍の役割が、言説上のみではなく、法的に位置付けられ制度化されたのであった。開発推進のためにあらゆる資源を動員しようとしたラモスにとって、脅威環境の変化を受けて新たな役割を模索していた国軍は、格好の余剰資源であった。

第 4 章　国軍の開発における役割の制度化

4 政府・官僚機構への退役軍人の進出

4-1 国軍掌握と政府・官僚機構への退役軍人の任命

　国軍掌握を目的として退役軍人を文民ポストに任命することは、フィリピンでは一般的に行われていることであるが、ラモス政権期のそれは民主化後の政権のなかでも規模において突出していた。また、その目的についても国軍掌握という観点だけでは捉えきれないものがある。

　1992年 7 月のラモス政権誕生後間もなく、国家安全保障会議の議長にアルモンテ、報道次官にイスレタ、公務員社会保険機構会長にマグノ、ニノイ・アキノ国際空港の空港長にテルモ・クナナン元大佐、税関局長にギジェルモ・パライノ元大佐が任命された。 1 週間後には、輸出加工区庁長官にハルディニアノ元海軍参謀長を任命した。そのなかでも、前述したようにアルモンテ、イスレタ、マグノは選挙中、ラモスの選挙参謀として活躍した人物である。国軍出身のラモスの側近に元軍人がいることは不思議ではないし、選挙直後の人事が程度の差こそあれ論功行賞の色合いを帯びることが避けられないことを考慮すると、ラモスの選挙活動に協力した元軍人たちにポストが与えられることもまた不思議ではない。しかし、これら元軍人の任命により政権内に軍人派閥が形成され、国軍の影響力の経路となったことは無視できない。軍人派閥は、アルモンテを中心として、ラモスの選挙を支援したイスレタやクルスなどの退役軍人、加えてアキノ前政権から国防長官として留任した元国軍参謀総長のデヴィーリャらによって形成され、新政権において非公式ではあるが大きな影響力を有するようになった。さらに、政権発足のおよそ 1 ヵ月後には、政権内の諸派閥の中で最も強力な派閥となり、政策で対立する閣僚を辞任に追い込もうと画策しているとも言われた。こうした退役軍人の文民ポストへの任命は、選挙直後のラモス側近の任命にとどまらなかった。

　閣僚級ポストに限ってみても、ラモスは1993年 5 月、公共事業道路省の長官に元陸軍幹部のグレゴリオ・ビヒラールを任命し、1996年 3 月には、内務自治省長官に元フィリピン警察軍幹部のロベルト・バーバース、大統領府運営部の

表4-2 ラモス政権期の退役軍人の政府・官僚機構への進出

●閣僚級	
国防省長官	レナト・デビーリャ
公共事業道路省長官	グレゴリオ・ビヒラール
国家安全保障顧問	ホセ・アルモンテ
内務自治省長官	ロベルト・バーバーズ
運輸通信省長官	アルトゥーロ・エンリレ
大統領府運営部長官（大統領府）	アレキサンダー・アギーレ
●次官・局長級	
環境天然資源省次官	ビルジリオ・マルセロ
報道次官、フィリピン情報局局長（大統領府）	オネスト・イスレタ
国家情報調整局局長	アルフレッド・フィラー
税関局局長	ギジェルモ・パライノ
経済情報調査局局長	セルバンド・ララ
国家電化庁 行政官	テオドリコ・サンチェス
●運輸通信省付属機関	
ニノイ・アキノ国際空港ゼネラルマネージャー	フランシスコ・アタイデ
セブ・マクタン国際空港ゼネラルマネージャー	ベニト・ディアモス
陸運局、運輸通信省長官補佐	マヌエル・ブルアン
フィリピン国有鉄道ゼネラルマネージャー	ホセ・ダード
海事産業局局長	プロ・ガリード
航空局局長	パンフィロ・ビリャルエルJr.
フィリピン港湾庁長官	カルロス・アグスティン
首都圏鉄道顧問	エルナニ・フィゲロア
運輸通信省地方電話事業ディレクター	ロサウロ・シバル
●政府系企業・経済特区関連	
公務員社会保険機構会長、フィリピン航空取締役	ホセ・マグノ
フィリピン娯楽ゲーム公社会長	オルランド・アントニオ
IBC 13会長（テレビ局）	エミリアノ・テンプロ
国営電力公社委員	ロメオ・オディ
国家灌漑庁長官	オルランド・ソリアノ
社会保険機構理事	レナト・バレンシア
クラーク開発公社会長	ロメロ・デヴィッド
フィリピン・ココナッツ庁長官	ビルジリオ・デヴィッド
フィリピン在郷軍人投資開発公社理事	ロメオ・レシナ
フィリピン在郷軍人投資開発公社広報官	セサール・デロダ
ビデオゲーム規制委員会会長	オズワルド・カルボネル
フィリピン慈善宝くじ事務局局長	アブラハム・マヌエル
フィリピン娯楽ゲーム公社広報室	パブロ・ゴンサレス

第4章　国軍の開発における役割の制度化

フィリピン赤十字会長	ロメオ・エスピノ
フィリピン航空委員	ローベン・アバディア
フィリピン退役軍人局行政官	ロメオ・スアレス
基地転換開発公社会長	ビクトリーノ・バスコ
ビンガ水力発電会社役員	マリオ・エスピナ
ビンガ水力発電会社役員	ジュニー・ルカス
クラーク開発公社役員	ミゲル・インロ
クラーク開発公社副会長	アンヘリノ・メディナ
バターン・テクノロジーパーク会長	アルテミオ・タディアル
公有地公団役員	グレゴリオ・フィデール
バターン造船エンジニアリング会社会長	マヌエル・リボ
退役軍人電子通信会社会長	レスティトット・パディーリャ
退役軍人電子通信会社役員	ホセ・ベーリャ
フィリピン開発銀行副頭取	ロメオ・ロデロス
フィリピン・オリンピック委員会会長	レネ・クルス
●在外公館大使・公使	
駐ベトナム大使	マリアノ・バッカイ
駐韓国大使	エルネスト・ヒダヤ
駐サウジアラビア大使	ロムロ・エスパルドン
駐カンボジア大使	テルモ・クナナン
駐インドネシア領事	イサイアス・ペゴニア
駐米サンフランシスコ総領事	アルフレッド・アルメンドララJr.
●その他	
APEC・安全保障会議議長	リサンドロ・アバディア
選挙管理委員会委員長	マノロ・ゴロスペ
オンブズマン	アンラノ・デスレルト
リンガエン湾岸地域管理委員会理事	バレリオ・ペレス
大統領室儀典官長	マルシアーノ・パイノル
経済情報調査局副局長	フェデリコ・マカバサオ
税関局第9区ディレクター	ロベルト・サクラメント
税関局麻薬取締部部長	ローランド・サクラメント
税関局情報部部長	ゴドフレッド・オロレス
フィリピン証券取引所最高責任者	ラファエル・リャーベ
フィリピン国立商船大学学長（運輸通信省）	レオナルド・ブガヨン
フィリピン銀行副頭取	パブロ・カウプ

注1：*PDI*, April 15, 1997, *PDI*, April 16, 1997 をもとに筆者が整理し、高位の主要ポストを中心に抜粋している。
注2：閣僚級以外については、将校が退役後に任命されることが比較的容認されそうな国防省や国家警察関連のポストを除いている。しかし、文民優位という観点からすれば、それらのポストにも文民が就くことが望ましいと言える。

長官には元国軍参謀副総長のアギーレを任命した。さらに1997年4月には、元国軍参謀総長のエンリレを運輸通信省の長官に任命した。閣僚級ポストに加え、省庁の次官級、局長級ポストや、公社、国営法人、政府系企業の長・幹部ポスト、在外公館大使・公使ポストなどを含めると、1997年4月時点で把握できただけでその数は100名を超える（表4-2）。

なかでも歳入が多い省庁のポストや、幹部への手当が高額な政府系企業・経済特区関連のポストへの任命が目立つ。とりわけ、運輸通信省は最も歳入の多い省庁のひとつであり、同省および付属機関の文民ポストへは、大臣、局長などに10名の退役軍人が任命されている。こうしたポストへの任命には、国軍将校を懐柔する狙いがあったと思われる。退役後に割のいいポストに就ける可能性が高いとなれば、政権を支える動機にもなる。フィリピン・デイリー・インクワイアラー紙のコラムニストであるアマンド・ドロニラが指摘するように、将校たちを文民ポストに任命し官僚機構に吸収することで、彼らが不満を募らせクーデタを企てることを阻止することをラモスが狙ったことは事実であろう。アキノ政権期に国軍参謀総長の任命をめぐり副参謀総長を抗議辞職し1992年の上院選挙に野党から立候補したアギーレや、国軍反乱派RAMのメンバーも任命されていることなどから、ラモスが自らの側近だけでなく幅広く退役軍人を取り込むことで、国軍に対する求心力強化を狙ったことが窺える。

4-2　開発との関連

そして退役軍人の文民ポストへの任命は、前節でみた開発への国軍参加の論理と国軍将校の能力との関連付けによって正当化されている。

上述したように、ラモスは冷戦後の国内外の安全保障環境の変化や国軍の有する能力を国軍の開発参加の理由としていたが、退役軍人の文民ポストへの任命においては特に将校個人の能力に対する高い評価を正当化の根拠として用いていた。もともとラモスは、フィリピンにおいて国軍の政府への直接参加は馴染まないと前置きしながらも、政府に能力や経験が不足しておりそれらの必要性が切迫している場合、文民であろうと軍人であろうと有能な人物は同様に用いられるべきであると、早くから文民ポストへの軍人の登用の必要性を主張し

第4章　国軍の開発における役割の制度化

ていた[69]。また、政府報道次官のイスレタが「私のような退役軍人は『フィリピン2000』の成功を確かなものにするため、大統領を助けているにすぎない[70]」と述べているが、実際、表4-2から見てとれるように、多くの退役軍人たちが任命された、安全保障、インフラストラクチャー、運輸通信のような分野は、「フィリピン2000」に密接に関連し、その推進に重要な分野であった。

　例えば、ラモスは、エンリレの運輸通信省長官任命に際して、任命はエンリレの国軍での経験や業績に基づいたものであり、「運輸通信省長官のポストは、国家の近代化を推進するラモス政権が同省に課した主要なプロジェクトの迅速な展開と完遂に向け、同省の官僚組織を効率的かつ円滑に機能させるために非常に重要である」ため、長官には能力のある人物がふさわしいと述べ、自身の開発政策と関連させ任命を正当化している[71]。ラモスは、退役軍人たちが現役時代に司令官として国軍部隊という大規模組織を統制し管理してきた経験や、公費支出を監督してきた経験を高く評価しているようである[72]。

　このような任命の論理に含まれる国軍将校の能力への高い評価は、国軍内で共有されているものであった。例えば、ある国軍幹部は退役軍人の文民ポストへの任命を、「我々は国軍内部に、文民に劣らない能力を持つ人員を有している」と正当化する[73]。また、RAMのスポークスマンと幹部が、「能力があり適任である限り、退役軍人が政府の役職に就いてはいけない理由などない」、「国軍と文民官僚組織に類似点はあっても、大きな違いはない」と述べるなど、将校の行政能力の高さや任務完遂に対する自信が窺える[74]。

　国軍将校の能力への高評価は、政府・官僚機構の文民ポストへの退役軍人の任命を正当化する単なるレトリックなのであろうか。あるいは将校の能力がラモス政権の推進する開発政策に寄与すると本当に考えていたのだろうか。ここでは2点指摘しておきたい。第1に、国軍はマルコス政権期に役割を拡大し自信をつけたが、依然としてその自信は失われていないということである。政府・官僚機構への参加はさらに自信を深める根拠となるであろうし、将校が政治化した状態を持続させたり新たに政治化したりする要因になるとも言える。第2に、ラモスや側近のアルモンテによる国軍将校の能力に対する高評価は、行政機関あるいは国家の能力への低評価と対を成しているということである。

例えばラモスは、政権発足後の200日間についての報告書で、官僚組織を開発にとっての障害であるとさえみなしていた。[75]

4-3 「弱い国家」と国軍の役割：ホセ・アルモンテの考え

こうした開発参加や文民ポストへの進出などに象徴される国軍の役割拡大には、ラモス大統領の側近として辣腕をふるったホセ・アルモンテの存在が大きく影響している。アルモンテはベトナム戦争期以来ラモスの盟友である退役准将で、ラモスの大統領選を支えた退役軍人グループの中心人物であった。ラモス政権成立後、大統領安全保障顧問と国家安全保障会議長官のポストに任命され、政権内で絶大な影響力を持つこととなる。前述したようなラモス政権の開発志向には、アルモンテの影響が強く反映されていた。また、彼はフィリピン国家を「弱い国家」であると考え、経済発展のためには「強い国家」が必要であるという認識を強く持っていた。[76]

アルモンテは韓国や台湾の経験から、フィリピンのような後発国の経済成長にとって、政府機関の質の向上、強力な寡頭政治エリートの要求に抵抗できる有効な政府、すなわち自律した強い国家が必要であると認識していた。[77] 国家の弱さは、国家の能力の弱さと国家の自律性の弱さというふたつの側面から理解できるが、アルモンテは、フィリピン国家にはその両方が欠如しているとみなしていたようである。

例えば、スコチポルは「領域や国民に対する支配を主張する組織であるとみなされる国家は、社会集団や階級、社会の要求、利益の単なる反映ではない目標を設定し、追及する」ことが国家の自律性であるとするが、[78] 個別的利益や既得権の保持を追求する寡頭政治一族出身の政治家が、中央・地方を問わず議会に跋扈し行政へ介入を繰り返すという状況のフィリピンにおいては、[79] 国家は歴史的に上記のような意味での自律性を欠いていた。

このようなフィリピンの状況を目の当たりにしてきたアルモンテが必要であると考える自律性とは、すなわち寡頭政治エリートからの自律性である。政府・官僚機構に退役軍人を配置する背景の一端には、彼らが寡頭政治エリートからの政治介入に相対的に耐え得るとの考えがあろう。特にアルモンテが、退

第 4 章　国軍の開発における役割の制度化

役軍人は卓越した刷新者であり有能な執行者であるという信条の熱心な信奉者であるとされるが、彼は行政機構が弱い国家においては、強い政治的リーダーシップがその弱さを補うという認識の下、インドネシアやタイ、ミャンマーのような、軍人と文民エリートのパートナーシップの必要性を強調していた。[80] そのアルモンテが、退役軍人の文民ポストへの任命を後押ししていると指摘されている。[81] このように寡頭政治エリートへの対抗を念頭に置いているともいえる手法はこれだけではなかった。

　ラモス政権は、エリート一族による寡占や利権保持といった経済支配の解体を含む改革を進めていたが、[82] ラモスの右腕であり RAM のメンバーでもあったアルモンテは、そうした改革に抵抗するエリート勢力に睨みを利かせるため、反エリート一族支配を主張のひとつに掲げてきた国軍反乱派 RAM・YOU の政治社会におけるプレゼンスを期待していた。[83] つまり、RAM・YOU をエリートへの対抗勢力と考えていたのである。そして1995年5月の議会選挙の際、アルモンテは、ホナサンをはじめとする RAM・YOU の幹部に選挙での立候補を勧めた。下院および知事に立候補した RAM のメンバーの一部は、アルモンテの後押しで与党の公認を獲得し、また、無所属で上院に立候補したホナサンもラモス政権の支援を受けていたとされる。[84]

　フィリピン国家が「弱い」ということや、国家の能力や自律性が欠如していることはつとに言われてきたことであり、この点に関してラモスやアルモンテの認識が的外れであったわけではない。[85] しかし、そうした国家の能力や自律性の欠如が、彼らの言う「有能な軍人」によって補完されるとする主張は、客観的に正当な評価であったのであろうか。

　それを客観的に正当化する材料をあえて挙げるとすれば、国軍幹部の学歴や経歴となるのであろうか。例えば、ラモス政権初期に文民ポストに任命された退役軍人10名のうち、最高学府であるフィリピン大学の博士号を有している者が1名、修士号を有している者が1名、その他の大学や高等教育機関で修士号を収得している者が2名、退役後に会社経営や公社等の管理職に就いていた者が3名、といったように、[86] 学歴や経歴の面では文民の同僚に比べて見劣りはしない。現在では中堅将校の多くが、国軍内での昇進に必要とされる場合がある

119

ため、大学院修士課程レベルの教育を受けマネジメントのスキルに関連するコースを受講している。また、大尉以上の階級の将校のほとんどが、現場で部隊司令官として150人規模の大隊を指揮した経験により、予算管理、資源配分、装備の配置などのマネジメント・スキルを身につけている。

　アルモンテは退役軍人の文民ポストへの任命の理由を「彼らが有能だからだ」と述べているが[87]、学歴や経歴という点に限れば、それが客観的な基準によって担保されていると言ってもよいであろう。

　しかし、仮に退役軍人たちの行政能力に問題はないとしても、やはり退役軍人が大量に政府・官僚機構に進出することは、文民優位にとって影響なしとは言えない。フィリピンの政軍関係に詳しいヘルナンデスがハンチントンを引いて指摘するように、権威主義的で議論を好まない、すなわち、迅速かつ効率的な非民主的問題解決方法を好み、忠誠と従順を至高の価値とみなす軍人に特有の「軍人精神（military mind）」が政治の場において支配的になれば、民主主義の定着や深化は停滞するのである[88]。

　一般的に、退役軍人を文民ポストに任命することで、部分的であれ国軍と政権が同様の利害を有することになり、政権の安定化に寄与する。こうした手法は政権の安定化に腐心する大統領にとって最も手っ取り早いものであることから、やはり以後も繰り返され、政軍関係の基調となっていく。政府・官僚機構への退役軍人の任命は、ラモス政権以降、エストラダ政権やアロヨ政権においても規模の大小はあるが行われている。これが政軍関係に悪影響を及ぼすと一概には判断できないが、将校たちの政治意識に影響を与える可能性もあり、任命に至った動機や背景を常に検証することが必要であろう。

註
1) Fidel V. Ramos, "State of the Nation," *Fookien Times Philippines Yearbook 1993*, 1993, pp. 31-32, *Manila Chronicle*（以下、*MC*）, June 24, 1992.
2) Fidel V. Ramos, "Philippine 2000: Our Development Strategy," *Kasarinlan*, Vol. 9, No. 2 & 3, 1993, p. 119.
3) Republic of the Philippines, Medium-Term Philippine Development Plan 1993-1998.
4) Rigoberto Tiglao, "Man in Motion," *Far Eastern Economic Review*, Nov. 18, 1993,

pp. 26-27.
5) Ramos, 1993, op. cit., pp. 26-27.
6) *Philippine Daily Inquirer*（以下、*PDI*）, Aug. 8, 1991, *PDI*, Oct. 28, 1991, *PDI*, Nov. 1, 1991.
7) *PDI*, Apr. 21, 22, 1992.
8) Sheila S. Coronel, *Coups, Cults & Cannibals: Chronicle of a Troubled Decade, 1982-1992*, Metro Manila: Anvil Publisher, 1993, p. 87.
9) Jonathan Karp, "The uncertain victor," *Far Eastern Economic Review*, June 18, 1992, p. 20, *MC*, Jan. 11, 1991.
10) *PDI*, Apr. 30, 1992. ラモスの「ラカス・キリスト教民主国民連合（Lakas-National Union of Christian Democrats：Lakas-NUCD）」、エストラーダの「フィリピン大衆党（Partido ng Masang Philipino：PMP）」からの立候補はなかった。
11) 松永努「ラモス新政権が引きずる重い足かせ」『世界週報』1992年6月9日、71ページで引用。
12) Rigoberto Tiglao, "Man of the Makati Club," *Far Eastern Economic Review*, May 28, 1992, p. 14. 実際、ボニファシオ基地内の票ではコファンコが勝利していた。また、アギナルド基地内、クラメ基地を取り巻く地区の票ではラモスがかろうじて勝利を収めたものの、主に軍人や警察官の票からなる不在者投票やビリャモール空軍基地内およびボニファシオ基地を取り巻く地区の票では、ラモスは敗れていた。*MC*, June 26, 1992. ちなみに、基地内や基地周辺には国軍将兵の家族や関係者が多く居住しているため、投票結果には軍人の選好が反映されやすい。
13) *PDI*, June 26, 1992.
14) *PDI*, July 11, 1992, *Manila Bulletin*（以下、*MB*）, July 11, 1992.
15) しかし、何らかの要因によって大統領の資源配分が偏ったものとなり資源配分から排除される将兵が現れれば、そこに他の政治家がパトロンとして将兵との関係を築く余地が生まれる。そしてその政治家が国軍を自らの野心のために利用することに道を開きかねないのである。このようなことはマルコス政権末期に実際に起こり、マルコス政権崩壊のきっかけとなった。
16) 川中豪「ラモス政権の国内和平政策と反政府勢力の動向」『アジアトレンド』1994-Ⅰ、アジア経済研究所、1994年、59ページ。
17) イスラーム勢力とは、モロ民族解放戦線（Moro National Liberation Front：MNLF）、モロ・イスラーム解放戦線（Moro Islamic Liberation Front：MILF）を主とした諸勢力の総称として用いたい。
18) *PDI*, July 9, 1992.
19) *PDI*, Nov. 11, 1992, "President Honasan?" *Asiaweek*, Oct. 27, 1993, pp. 30-31.
20) *PDI*, Dec. 24, 25, 1992.
21) *Manila Times*（以下、*MT*）, Feb. 24, 1993.
22) Antonio Lopez, "A Rebel's Life," *Asiaweek*, Aug. 31, 1994, p. 53.

23) 川中、前掲論文、1994年、74ページ。
24) 主なものとして、1994年3月の Proclamation No. 347と1996年5月の Proclamation No. 723。
25) National Amnesty Commission, *Amnestiya*, Special Issue, Fourth Quarter 2000. RAM・YOU にマルコス派の将兵を含んだ数。
26) Soliman M. Santos, Jr., "DDR and 'Disposition of Forces' of Philippine Rebel Groups (Overview)," Soliman M. Santos, Jr. and Paz Verdades M. Santos, eds., *Primed and Purposeful: Armed Groups and Human Security Efforts in the Philippines*, Geneva: Small Arms Survey, Graduate Institute of International and Development Studies, 2010, pp. 148-149.
27) *PDI*, Jan. 5, 1993.
28) Lopez, op. cit., 1994, p. 53.
29) *MT*, Feb. 24, 1993
30) *MC*, Aug. 27, 1994、川中豪「政治、経済ともに安定を回復」『アジア動向年報』アジア経済研究所、1995年、299ページ。
31) Lopez, op. cit., 1994, p. 54.
32) Kent Eaton, "Restoration or Transformation?: Trapos versus NGOs in the Democratization of the Philippines," *The Journal of Asian Studies*, Vol. 62, No. 2, 2003, pp. 480-482.
33) *PDI*, Dec. 26, 1994.
34) *PDI*, Feb. 5, 1995.
35) Alfred W. McCoy, *Closer than Brothers: Manhood at the Philippine Military Academy*, Pasig City: Anvil Publishing Inc., 1999, pp. 315-316. ホナサンを当選させるため票集計の不正操作にラモス政権が関与したとの主張もなされた。*PDI*, June 14, 1995. 無所属のホナサンの選挙運動は、RAM が組織した軍人、警察官、教師、青年、主婦、専門職などによって構成される150万人のボランティアに支えられたという。Manuel F. Almario, "The Dreams of Honasan and RAM," *Philippine Graphic*, Aug. 28, 1995, p. 13. RAM は1992年の和平交渉開始以来、フィリピン全国を周って彼らの政策綱領について民衆の意見を聴き集めてきた。Rigoberto Tiglao, "Let's Try the Front Door," *Far Eastern Economic Review*, May 11, 1995, p. 25.
36) *PDI*, May 15, 1995。そもそも RAM のリーダーたちは、伝統的政治エリートの支配が長い地方においては RAM の組織化が進んでいないため、立候補には消極的であった。*PDI*, May 11, 1995.
37) Almario, op. cit., 1995, p. 13.
38) Rosalie B. Arcala, "Democratization and the Philippine Military: A Comparison of the Approaches Used by the Aquino and Ramos Administrations in Re-imposing Civilian Supremacy," PhD dissertation, Northeastern University, 2002, pp. 180-182, 浅野幸穂『フィリピン:マルコスからアキノへ』アジア経済研究所、1992年、271

ページ、W. Scott Thompsom, *The Philippines in Crisis: Development and Security in the Aquino Era 1986-92*, New York: St. Martin's Press, 1992, p. 150.

39) ラモス政権下で進められた政府と RAM・YOU との和平交渉には、アキノ政権下でクーデタの要因を分析した真相究明委員会を構成した人物は一度も招かれなかった。*Business World*（以下、*BW*）, Dec. 2, 1999.

40) *PDI*, July 23, 1993.

41) *MC*, Feb. 15, 1993.

42) Fidel V. Ramos, *A Call to Duty: Citizenship and Civic Responsibility in a Third World Democracy*, Manila: The Friend of Steady Eddie, 1993, pp. 40-41.

43) Fidel V. Ramos, *Time for Takeoff: The Philippines is Ready for Competitive Performance in the Asia-Pacific*, Manila: The Friend of Steady Eddie, 1994, pp. 176-181, Fidel V. Ramos, *From Growth to Modernization: Raising the Political Capacity and Strengthening the Social Commitments of the Philippine State*, Manila: The Friend of Steady Eddie, 1995, pp. 122-129.

44) Renato S. DeVilla, "National Stability and Unity," *Fookien Times Philippines Yearbook 1993*, 1993, p. 228, John McBeth, "A Fighting Chance," *Far Eastern Economic Review*, July 19, 1990, pp. 20-21.

45) *MC*, July 2, 1993, *Philippine Star*, Mar. 23, 1994.

46) *MC*, June 26, 1994.

47) Fidel V. Ramos, *op. cit.*, 1993, pp. 40-41.

48) Renato Cruz de Castro, "Adjusting to the Post-U. S. Bases Era: The Ordeal of the Philippine Military's Modernization Program," *Armed Forces and Society*, Vol. 26, No. 1, Fall, 1999, p. 129.

49) 例えば、購入が予定されている兵器のなかでも、航空レーダーや通信機器といった、比較的軍民両用可能であるものが最優先となっている。Noemi Alcala, "AFP Modernization: Investment, Not Expense," *Philippine Free Press*, Dec. 30, 1995, p. 29.

50) Republic Act No. 7898, "An Act Providing for the Modernization of the Armed Forces of the Philippines and for Other Purposes," Sec. 3, Republic of the Philippines, 1995.

51) *MC*, Apr. 13, 1994.

52) Angelo T. Reyes, "The AFP's Developmental Role: A Conceptual Basis," Delivered during AFP Command Conference on 13 June 1994.

53) Ibid.

54) Letter of Instruction: 42/94 "Unlad Bayan."

55) Ibid.

56) Lambat Bitag は1994年以降も同時並行的に存在した。

57) Guillermo R. Lorenzo, *An Assessment of "Lambat Bitag" as a Counter Insurgency Plan*, Quezon City: National Defense College of the Philippines, 1991, p. 16.

58) Letter of Instruction: 42/94 "Unlad Bayan." 加えて特定目的を次のように挙げている。①中央・地方政府の開発プロジェクトを補完する支援を提供する、②社会経済的インフラ計画や基本的サービスの提供の支援、③共同体が専門的な職業上の技術の獲得機会を得ることで社会開発の有効な参加者となるため国軍の能力を活用して教育し、訓練し、組織化し、発展させる、④災害の予防・被害軽減、環境保護・保全のために共同体に支援と訓練を提供する、⑤国軍を国家建設への積極的な参加者として教育し、訓練し、発展させる、⑥国軍の協同組合の生活事業推進に必要な便宜・支援の提供、⑦開発プロジェクトの達成のため国軍の人員を補う予備役の動員・組織化、⑧国軍の近代化に有益な国防産業の発展を支援する、⑨開発プロジェクトの達成に向けた諸機関間の協調・協力を強化する。

59) "Unlad Bayan: To Build, Not to Destroy," *Philippine Free Press*, Dec. 30, 1995, p. 26.

60) Armed Forces of the Philippines Campaign Plan "Kaisaganaan," Letter of Instructions 14/97, 1997.

61) 加えて Kaisaganaan には Lambat Bitag で主流化した反乱鎮圧関連の開発任務の延長線上にある開発任務が国内安全保障作戦の一環として示されている。つまり国軍の開発任務に関して言えば、Lambat Bitag 以降実施されてきた反乱鎮圧作戦に関わる非戦闘任務としての開発参加と、Unlad Bayan で謳われた国家の経済開発を目的とした開発参加が、Kaisaganaan というひとつの作戦計画に盛り込まれたことになる。

62) Glenda M. Gloria, *We Were Soldiers: Military Men in Politics and the Bureaucracy*, Quezon City: Friedrich-Ebert-Stiftung, 2003.

63) *MB*, July 4, 1992, *MB*, July 6, 1992, *MB*, July 10, 1992, *PDI*, July 10, 1992, *MC*, July 20-26, 1992.

64) Rigoberto Tiglao, "Corporate Cabinet," *Far Eastern Economic Review*, July 9, 1992.

65) *PDI*, Aug. 12, 13, 1992.

66) *PDI*, May 30, 1993, *PDI*, Mar. 7, 1996, *PDI*, Apr. 14, 1997.

67) Gloria, *op. cit.*, 2003, pp. 22-23, pp. 39-40.

68) *PDI*, Apr. 15, 1997.

69) *PDI*, Feb. 27, 1987.

70) *PDI*, Dec. 31, 1994.

71) *PDI*, Apr. 15, 1997.

72) *BW*, Apr. 16, 1997.

73) *PDI*, Jan. 7, 1995.

74) *PDI*, Dec. 31, 1994.

75) *PDI*, Jan. 1, 1995.

76) *MT*, Oct. 23, 1994.

77) Jose T. Almonte, "The Politics of Development in the Philippines," *Kasarinlan*, Vol. 9, No. 2 & 3, 1993-1994, pp. 108-112.

78) Theda Skocpol, "Bringing the State Back In: Strategies of Analysis in Current Research," in Peter B. Evans, Dietrich Rueschemeyer and Theda Skocpol, eds., *Bringing the State Back In*, Cambridge: Cambridge University Press, 1985, p. 9.
79) 藤原帰一「フィリピン政治と開発行政」福島光丘編『フィリピンの工業化：再建への模索』アジア経済研究所、1990年、56-58ページ。
80) *PDI*, Jan. 1, 1995.
81) *PDI*, Apr. 15, 1997.
82) 例えば、長らく寡頭的な財閥支配が続いてきた電気通信事業や海運業、長くファミリービジネスの資金調達を主要な機能としていた金融部門などにおいて独占が解体され新規参入が認められたり部分的な自由化が進んだりした。片山裕「ラモスは何を変えたか」五百旗頭真編『「アジア型リーダーシップ」と国民形成』TBSブリタニカ、1998年、216-217ページ。
83) ホセ・アルモンテ退役准将へのインタビュー。2006年5月20日、マニラ首都圏サンフアン市グリーンヒルズ。
84) McCoy, *op. cit.*, 1999, pp. 315-316.
85) 自律性の低さについては、例えば、Temario Rivera, *Landlords and Capitalists: Class, Family and State in Philippine Manufacturing*, Quezon City: University of the Philippines, 1994. フィリピン国家が、基本的なサービスの提供や効果的な法の執行において全般的な能力に欠けていることから本質的に弱いということは一般的に同意を得ている。例えば、保健衛生や社会サービスのレベルは、フィリピン国民のニーズを満たすには明らかに不十分である。法秩序の維持は、依然として国家構造に対する重要な難問である。他の途上国のように、「開発」に必要な政府の基本的サービスの供給（物理的インフラ、通信インフラ、エネルギーから、その他の社会インフラまでに至る）は相対的に欠如し続けている。そのため国家の政治・行政機構は、国家の存在理由である基本的サービスの提供という根本的な機能を十分に、効果的に行うことができないできた。Alex B. Brillantes Jr., "Decentralization: Governance from Below," *Kasarinlan*, Vol. 10, No. 1, 1994, p. 42.
86) *MB*, July 16, 1992.
87) 前掲インタビューによる。
88) Carolina G. Hernandez, "The Military and Constitutional Change: Problems and Prospects in a Redemocratized Philippines," *Public Policy*, Vol. 1, No. 1, 1997, pp. 53-54. ハンチントンの「軍人精神」については、サミュエル・ハンチントン著、市川良一訳『軍人と国家　上』原書房、1978年、59-79ページを参照。フィリピン国内でもこのような人事は政府の「軍事化」として批判の的となった。マルコス独裁を経験したフィリピンにおいて、「軍事化」人事に対する拒否反応があるのは当然であろう。しかし、国会議員の反対意見や懸念の表明は、野党による与党攻撃という政治的性格が強く、政治社会における広がりはなかった。

第5章

国軍将校と政治家の個別的関係の形成
―― 国軍人事と文民優位の陥穽 ――

　国軍による政治関与を排除し安定した政軍関係、ひいては政治的安定を維持するためには、普段から政治と国軍を遠ざけておくことが必要となる。しかし、フィリピンではそれが困難となっている。
　国軍の政治への接近を生む要因の一端は、政治家と将校の間でそれぞれの動機から個別的になされる相互関係の形成に関連しているように思われる。民主主義の制度や営みのなかに、政治家と国軍将校の相互依存が生み出され慣行化する構造があり、それが国軍の政治化の一要因となっているのである。
　国軍将校と政治家との個別的関係は、政軍関係の様態に影響を及ぼす要素となるのみならず、場合によっては政治状況に重大な影響を及ぼすものとなってきた。例えば、第1章でみたように、1986年2月のマルコス独裁政権崩壊のきっかけのひとつは、マルコス大統領とベール将軍の緊密な関係が国軍内部に不満分子を生み出し、その不満分子が権力奪取を狙う政治家と結び付き政権打倒に立ち上がったというものであった。こうした国軍将校と政治家の癒着関係は、マルコス政権期というフィリピン政治史の例外的時期に限ったものではない。マルコス政権の前や政権崩壊後の民主化期にも存在するのである。
　国軍将校と政治家の相互関係が形成、維持されるには、両者がそのような関係を必要とする状況にそれぞれ置かれていることに加え、両者が接近して関係を形成し、その関係を確認し合う機会や場が必要である。また、裏を返せば、そのような機会や場が存在すること自体が、両者の接近を促進していたり、接近の動機を生み出していたりすると言える。事実、フィリピンでは、国軍将校

と政治家の間に、両者が接近し相互依存的な癒着関係を形成する誘因や契機が、慣習的、制度的に存在している。

本章では、国軍人事を中心的に取り上げ、政治家一般と国軍将校が接近し、両者の相互依存関係が生じ、それが持続し、再生産される状況を生み出す、いくつかの慣習的・制度的要因を検討する。なお、地縁や血縁などの紐帯も関係構築の一要因であるが、ここでは制度化されたものを取り上げる。

1 選挙における政治家と国軍将校

政治家が将校に接近する動機は、程度の差こそあれ、国軍を政治資源あるいは政治的道具としようとすることにある。すでに述べたように、独裁を布いたマルコス大統領は自らの権力基盤として、民主化後のアキノ、ラモス両大統領は政権安定化の基盤として、国軍との関係構築に腐心した。

また、独立後間もない頃から国軍は、大統領や大統領の座を狙う政治家が選挙活動を有利に進めるための政治的道具のような役割を果たしていた。選挙活動の際、政治家にとって国軍との関係は重要であり、このことは政治家が国軍へのアクセスとして個々の将校との関係を形成しようとする十分な動機となってきたといえる。

フィリピンでは、選挙活動の際に候補者である政治家が、国軍が所有するヘリコプターや車両等の機材の利用、人員の選挙活動員としての動員、ボディーガードとしての配備などを現場部隊司令官に要請する場合がある。また、対立候補陣営に対する暴力的脅迫や嫌がらせ、自陣営に有利になるような選挙不正などに部隊を関与させることもある。これらの要請にはしばしば圧力や金銭の提供がともなう。このような行為は独立以来、歴史的に行われてきた。後述するように、国軍将校は昇進や重要ポストへの任命に際して、その権限を持つ政治家の力添えが欠かせず、政治家との良好な関係を必要とする。そのため、彼らの要請を無視したり拒否したりするのが容易ではない状況に置かれている。

選挙時の国軍人員による党派的活動や不正への関与が問題となる一方、国軍部隊の選挙におけるプレゼンスは制度化されている。フィリピンでは、選挙期

間中および投開票時における暴力行為の横行が深刻であるが、そのような暴力行為を排除し、公正で平和的な選挙の実施を保証するため、国軍部隊が選挙管理委員会の監督下で治安維持などの任務を担当することが制度化されてきた。1987年憲法にはその役割が明記され[4]、1991年の選挙管理委員会の決議では、投票所、選挙監視員、選管や政府職員の護衛、輸送・通信機材の選挙監視員への提供、治安維持、暴力的不正行為の取り締まり、銃器規制の執行など、選挙時の治安維持・監督任務における国軍の具体的な役割が述べられている[5]。そしてこれらの規定に基づき、実際に国軍は選挙においてかかる任務を担ってきた。

しかし、政治家が国軍将兵を自陣営の選挙運動や不正行為に利用する行為が歴史的、慣行的に存在するなかで、選挙時に国軍将兵が関係各所に配備されるということは、政治家が国軍を私的利用する機会の制度化であると言える。

実際に選挙時に国軍将兵を利用するかどうかは別として、選挙での勝利を至上命題とし、そのための政治資源を欲する政治家にとって、かかる状況は国軍将校との個別的関係を形成する誘因となろう。

選挙の際の国軍任務に関係した将校と政治家の接近については、2006年にフィリピン国防省が出した報告書において、「国軍のプロフェッショナル化と党派的政治からの隔離」という項目が設けられ問題視された[6]。そして、同年に国軍と選挙管理委員会の間で決議された文書では、問題の温床と指摘される、候補者の護衛、開票作業への参加、投票箱の輸送などの任務が削除された。そのうえで、選挙における国軍の任務は、治安維持、検問所への人員配置、銃器所持規制の執行のみに限定された[7]。しかし、2010年5月の選挙に向けた決議では、候補者の護衛などを任務に加え、再び国軍の役割を拡大させている[8]。

2 国軍将校の昇進と政治家の権限——議会任命委員会

2-1 国軍将校の昇進と議会任命委員会

一方、将校が政治家との関係を必要とするのは、国軍内での昇進や重要ポストへの任命に際して、権限を持つ政治家の力添えが重要となる状況が存在するためである。後述するように、国軍人事においては大統領の権限が最も強大で

第 5 章　国軍将校と政治家の個別的関係の形成

あるが、一般の政治家も昇進や重要ポストへの任命といった国軍人事に公式・非公式の影響力を行使している。このような状況下、出世を望む将校に、個別的に政治家との関係を構築する動機が生じる。

　マルコス政権前のフィリピンにおける政軍関係を扱った研究では、将校と政治家との関係が取り上げられる際に、議会任命委員会がしばしば言及されている。国軍将校が大佐以上の階級に昇進する際、国軍幹部の推薦と大統領による指名の他に、上下両院の国会議員で構成される任命委員会での承認が必要となる。それらの研究では、政治家が任命委員会で持つ権限を利用して将校との関係を形成し得る状況、逆に言えば、権限を持つ政治家との関係を将校が必要とする状況を任命委員会が生んでいると指摘される。マルコス戒厳令体制下で任命委員会は廃止されたが、マルコス政権崩壊後にアキノ政権下で復活した。

　一方、民主化後に関していえば、政軍関係の文脈で任命委員会に言及した研究はほとんどなく、その状況は明らかにされていない。はたして民主化後の現在においても、任命委員会が、将校が政治家との関係を必要とする状況を生んでいるのであろうか。本節では、民主化後の任命委員会の状況を任命委員会発行の資料の分析によって提示する。なお、任命委員会の資料を入手できた1987年から1995年を検討の対象とする。

2-2　フィリピンの政軍関係と任命委員会：先行研究における言及

　任命委員会の制度は古くから存在する。アメリカ植民地統治下に制定された1935年憲法の第 7 条10節(3)には、大統領が、陸海空軍の大佐以上の将校を指名するが、それらの任命確定は任命委員会の承認の下になされることが明記されていた。[9] 任命委員会は、上院議員12名、下院議員12名で構成され、上下各議院における保有議席の比率に応じて委員の数が政党に配分される。なお、委員長は12名の上院議員委員の内のひとりが担当する。

　マルコスが戒厳令を布告する前の政軍関係を扱った研究では、任命委員会が将校と政治家の関係に及ぼす影響について、しばしば言及されている。例えばヘルナンデスは、1935年憲法下の政軍関係に関わる議会の重要な権限のひとつに、任命委員会によって行使される任命権を挙げている。[10] また、ランデは、将

129

校の昇進や幹部ポストへの任命における政治家との関係の重要性を述べ、任命委員会に「大佐の名前が読み上げられるよう取り計らう友好的な委員がいなければ、彼の昇進は遅れるかもしれない」と指摘している。[11] ゴールドバーグも同様に、将校のキャリアパスにおける政治家との関係の重要性を指摘したうえで、「大佐やそれ以上の階級への昇進には、法により任命委員会の委員となっている政治家との個人的関係や従属関係が必要であると多くの将校が認識しているとの印象がある」と述べている。[12]

　このような一般的な言及に加え、いくつかの研究では任命委員会での承認をめぐる政治家や将校の行動についての具体的な記述がみられる。例えば、メイナードの論文で引用されている将校のコメントは、任命委員会で委員を務める政治家の行動をよく伝えている。その将校は、「我々は、任命委員会の委員24名それぞれとうまくやらなければならない」と述べ、さらに「ある下院議員は、彼の下で働く人物が昇進できなかったために他の大佐の昇進を遅らせた」とか、「別の議員は、ある中佐の昇進に同意するかわりに、自らの地元に駐屯する工兵部隊への資金支出やブルドーザーの貸し出しを要求した」といったエピソードを語っている。[13] また、マッコイの著書で紹介されているエピソードでは、任命委員会での昇進承認をめぐる将校の行動が生々しく記されている。以下、簡単に要約する。大佐への昇進を目指すある中佐は、任命委員会の委員を務める上院議員の側近に力添えを頼んだ。中佐の友人でもあるその側近の尽力により、中佐の名前は昇進候補者リストに記載された。しかし、任命委員会の審議で彼の名前は読み上げられなかった。どうやら何らかの政治的駆け引きの影響で中佐の名前がリストから外されたようだった。その直後、彼は上院議員の側近に策を講じるよう頼んだ。それを伝え聞いた上院議員は他の委員たちに、その中佐はすばらしい人物であるためリストから外すべきではないと説明した。その後、中佐の名前がリストに載せられ彼は大佐への昇進を果たした。[14]

　以上のように、マルコス政権前の政軍関係を扱った研究では、任命委員会の存在により将校が政治家との関係を必要とする状況が生じていることを指摘、あるいは示唆する記述は少なくない。こうしたことから、任命委員会の存在により将校が政治家との関係を必要とする状況が生じているということについて

は概ね合意があるように思われる。

2-3　民主化後の任命委員会：アキノ政権期を中心に

　マルコスが戒厳令を布告した翌年の1973年に任命委員会は廃止された。その結果、マルコス体制下では国軍人事に関する権限がマルコスに集中した[15]。しかし、マルコス政権崩壊後に新たに制定された憲法には任命委員会の項目が明記され、1987年7月の議会の召集と同時に任命委員会が復活した。1987年憲法第7条16節に明記されたその役割は、1935年憲法と同様のものであり、政軍関係にも関わる制度として任命委員会が再生されたわけである。

　民主化後の任命委員会に政軍関係の文脈で言及している研究は少ない[16]。若干ではあるがそれに言及しているアルカラの研究では、任命委員会での承認をめぐる過程が、将校を党派的政治に巻き込み、政治家が将校団のなかにパトロネージ網を構築する機会となっていると指摘する任命委員会委員の言葉を引き、政軍関係に悪影響を及ぼす可能性を示唆している[17]。

　以下では、任命委員会が1987年から1995年の間に発行した *Journal of Commission on Appointments*[18] と1992年に発行した *The Mandate to Confirm, Eighth Congress, July 1987 to June 1992* を分析し、民主化後の任命委員会の状況を探ってみたい。

　国軍将校が大佐以上の階級へ昇進する際、簡略化すると次のようなプロセスを経る。まずは、国防長官や国防省幹部そして国軍幹部らが昇進候補者のリストを作成し大統領に提案する。そのリストに基づき大統領が昇進指名を行い、指名された将校のリストを任命委員会委員長に送る。次に、任命委員会委員長が国防委員会にリストを送り、そこで、指名された将校の昇進を任命委員会本会議に推薦するかどうかの審議が行われる。そして承認された候補者が任命委員会に推薦され、任命委員会本会議において昇進を承認するかどうかの審議がなされる。この過程で、候補者は様々な個人情報を含む膨大な量の書類を提出し、場合によっては委員会の尋問に応じなければならない[19]。

　任命委員会本会議での承認をもって昇進が確定するが、当然のことながら承認されない場合もある。それは、①却下、②国防委員会への差し戻し、③審議

表 5-1　任命委員会における国軍将校の昇進承認状況
（1987年7月～1992年6月）

会　期	昇進候補者数	承　認	見送り	撤　回	未決のまま退役
第1（1987年8月～1988年6月）	146	141	0	3	2
第2（1988年7月～1989年6月）	151	140	9	0	2
第3（1989年7月～1990年6月）	59	56	3	0	0
第4（1990年7月～1991年6月）	221	138	83	0	0
第5（1991年7月～1992年6月）	222	204	18	0	0

出典：Commission on Appointments, *The Mandate to Confirm, Eighth Congress, July 1987 to June 1992*, Commission on Appointments, Congress of the Philippines, 1992, p. 183 より筆者作成。

の先送り、となった場合である。①となるケースはほとんどないが、②や③の場合でも昇進が遅れたり、新たな書類の提出や委員会での尋問などの面倒な手続きを再三にわたり要求されたりするため、将校にとっては避けたい結果である。また③の場合は、議会の閉会までに再審議にかけられ審議が決しなければ大統領に差し戻される。これは事実上の却下である。[20]

任命委員会の資料によると、1987年8月の任命委員会再発足から1992年6月のアキノ政権期終了時までの間に、のべ799名の昇進候補者が任命委員会に送られ、679名が承認されている[21]（表5-1）。113名は承認を先送りされ、一部が後に承認されている。最終的に承認されなかった7名のうち3名が国軍によって昇進を撤回され、4名が承認を待つ間に退役を迎えた。[22] 委員会で承認を先送りされても最終的にはほとんどの昇進が承認されているが、わずかながら承認を待つ間に退役を迎えている将校もいる。退役時の階級によって退職金の額が違ってくるため、退役が近い将校にとっては任命委員会での承認の停滞は避けたいところである。

資料を検討すると、任命委員会において昇進候補者として名前が読み上げられた将校のほとんどが、そのまま昇進を承認されていることがわかる。本章の関心に照らして注目すべき点は、審議の最中に特定の委員が特定の将校の昇進について言及するケースが少なからぬ数存在することである。これらのケースを検討することにより、任命委員会における政治家と将校との関係に関して、いくつかの示唆を得たい。

第5章　国軍将校と政治家の個別的関係の形成

　任命委員会の特定の委員が特定の将校の昇進について言及するケースを大まかにまとめると次のようになる。
① 将校の昇進に手続き上の瑕疵があった際、それを指摘して、規定の手続きが満たされるまで昇進を見送るよう主張する場合。
② 将校の資質や経歴に鑑みてその将校が昇進に相応しくないと判断し、昇進に異議を表明する場合。
③ 将校が国軍内の年功序列や階級序列の上位にいる将校たちを飛び越して昇進する際、それについての確認とその理由を尋ねる場合。
④ 将校の経歴や実績、資質を賞賛し昇進を支持する所見を述べ、承認を後押しする場合。
⑤ 特定の将校の名前が昇進推薦リストにないことに対して異議を申し立てる場合。

　①と②の場合は、概ね昇進の承認が見送られ、次回以降の審議にまわされる。資料で確認できる限り、多い場合は3回見送られるというケースがあった[23]。しかし、特定の将校の資質や働きに疑問が呈されても、一部の委員がそれに反論し強く推薦することにより承認に至るケースもある[24]。政治家と将校の関係という観点から興味深い現象が窺えたのは、③、④、⑤の場合である。

　③の場合は、通常、承認の見送りが検討される事態となるが、特定の委員の強い押しによって承認に至ることがある。例えば次のようなケースがあった。

　ある統合軍管区の司令官を務める准将の少将への昇進が任命委員会で審議されている際、委員のひとりが、他の統合軍管区司令官たちの階級が准将のままであることを理由に昇進の必要性に疑問を呈した。そのことにより、当該准将の昇進推薦の撤回と国防委員会での再審議が提案された。しかし、別の複数の委員がその措置に強く反発し、当該准将の昇進が認められないのであれば、すでに承認された他のすべての将校の昇進について反対すると主張した。このことにより、当該准将の少将への昇進が直ちに承認された。承認見送りに反対した4名の委員のうち3名が、当該准将が司令官を務める統合軍管区に含まれる地域を選出選挙区とするかそこの出身者であった[25]。

　④は比較的頻繁になされる行為であり、多くの場合、特定の将校の名前が昇

133

進候補者として読み上げられた直後に、特定の委員がその将校の経歴や実績、能力、パフォーマンスなどを賞賛する所見を述べることで承認の後押しをする[26]。所見を述べる委員の選出選挙区が対象となる将校の任地と同じであることや、委員が特定の将校を「個人的に知っている」ことなどに言及すること[27]、そして、このような推薦の所見がすべての昇進候補者について述べられているわけではないことなども着目すべき点である。資料をみる限りでは、委員により推薦の所見が述べられた将校の昇進承認が停滞する例はなかった。

⑤は直截的なケースであると言える。例えば次のようなケースがあった。

ある大佐の名前が昇進候補者として任命委員会で読み上げられなかった。その大佐は、任命委員会に先立って審議が行われる国防委員会において、昇進に値する人物であると特定の委員が何度も主張した大佐であった。任命委員会の委員も務めるその委員は、任命委員会においてこのままその大佐が昇進から除外され続けるのであれば、他のすべての昇進について反対し続けると表明した[28]。別のケースでは、ある委員が、昇進候補者のリストから大統領府によって複数の大佐の名前が排除されたり、国防委員会に送られず留め置かれたりしていると主張した。そして1名の大佐の名前に言及し、その大佐の昇進が任命委員会の審議で取り上げられないのであれば、審議されているすべての将校の昇進に反対すると表明した。その後、その大佐の昇進が直ちに承認された[29]。

付言しておくと、委員会での審議中に、特定の委員が特定の将校の昇進に言及するケースは、昇進の承認が審議される将校の内の1割にも満たない数である。ここからも、それがいかに特別な行為であるかが推し量れよう。

全将校の人数のうち大佐以上の将校が占める割合は7.125％までと法律で定められており、大佐以上への昇進は狭き門となっている[30]。こうした事情と政治家が将校の昇進において持つ公式・非公式の権限を考慮すると、将校が影響力のある政治家との関係を築こうとするのも頷ける。

2-4　民主主義の定着と文民優位の逆説

以上のような任命委員会の営みは、民主化後の文民優位のあり方や政軍関係にどのような含意を持つのであろうか。ここでは2点指摘しておきたい。

第5章　国軍将校と政治家の個別的関係の形成

　第1に、民主主義の定着に関する含意である。民主化直後の1980年代後期は、相次いだ国軍反乱派によるクーデタ未遂事件に代表されるように、国軍将校たちがアキノ新政権に対する不満を露にしていた時期であったが、任命委員会の資料が示すように、そのような状況下でも任命委員会は機能し続け、将校の昇進審議が粛々と行われていた。それが意味することは、政権に挑戦する国軍反乱派のクーデタ未遂事件が相次ぐ一方で、国軍将校の大部分が、文民優位を象徴する制度に順応していたということである。また、任命委員会が将校を懐柔するチャネルとなり、民主主義の定着を促進する役割を担っていたことも指摘できる。例えば、1989年12月に発生した最大規模のクーデタ未遂事件の直後に行われた委員会審議で、以前の審議で問題が指摘され昇進が見送られていた将校が、クーデタ未遂事件の鎮圧に尽力したという理由で異議が撤回され昇進を承認されたということがあった[31]。このような出来事や昇進における政治家との関係の重要性を目の当たりにするなかで、将校たちが、軍人としてキャリアを築いていくためには民主制へ適応することが無難であると理解するに至るのは自然なことであるといえる。

　第2に、本章の関心に照らして重要な点であるが、任命委員会での営みが、文民優位に逆説的な状況を生み出していることについての含意である。前節でみたように、任命委員会での将校の昇進承認において、委員を務める政治家との関係が何らかの形で意味を持つことを窺わせる、あるいは推測させるケースが少なからぬ数存在する。これらのケースは、将校が政治家との関係を必要とする状況が任命委員会の存在によって生じていることを示唆していると言えよう。依然として将校は自らの昇進の承認を得るために政治家と付き合うことを余儀なくされているのである[32]。

　そのような関係が、国軍人事（ここでは昇進）へのパトロネージの浸透を意味することは、上でみたような過去の営みやフィリピンの政治文化を鑑みれば容易に想起できる。昇進がパトロネージの影響を受けたものになると、将校たちが重視する年功序列や業績などの点で相応しくない者が昇進していくことになる。また、国軍上層部が政治家に借りのある人物で占められるとともに、昇進のために政治家に擦り寄る将校を再生産し続ける状況を生む。そうした将校

たちは政治家の要求に抵抗できず、容易に政治家の私的な目的に利用される道具となろう。

さらに、このような状況は、理想主義的な若手国軍将校の間に不満を生み出すものとなる。マルコス政権崩壊のきっかけを生み出した若手将校たちの動機には、パトロネージに塗れたマルコスの国軍人事に対する不満があったが[33]、民主化はマルコスに集中していたパトロネージを拡散させただけであり、パトロネージに影響される国軍人事に対する不満が生み出される素地そのものは変わっていないことが窺える。民主化直後にクーデタ未遂事件を繰り返した国軍若手将校たちが、国軍人事がパトロネージに毒されていることに不満を抱いていたことや[34]、2003年にアロヨ政権の打倒を訴えクーデタ事件を起こした若手将校たちの不満の中に、国軍人事へのパトロネージの影響に対するものが含まれていることがその証左であろう（第9章）[35]。

つまり、マルコス政権期に政治化した国軍将校を脱政治しなければならない民主主義の定着期において、文民優位の確立を意図した制度である任命委員会での営みが、二重の意味で国軍将校を政治化する——昇進のために政治家に擦り寄るという政治的振る舞いをする将校と、そのような営みに不満を抱き政治の変革を目指す若手将校——という逆説的状況を生み出しているのである。

任命委員会での昇進承認過程が、将校が政治家との関係構築を模索する現象を生み出している事態に対しては、一部の政治家の間に懸念があり、国軍将校の昇進承認を任命委員会の審議から除外することが提案されることも度々ある[36]。しかし、それに賛同する議員は少数であった。2001年7月から2004年6月の間に任命委員会で審議された国軍将校の昇進承認における「見送り」の多さを考慮すると（**表5-2**）、文民優位の名の下に、任命委員会は依然として国軍将校の昇進に関わる承認権を力強く行使している。

本節では、議会任命委員会を中心に国軍将校の昇進過程を検討してきたが、将校の昇進が確定するまでの過程には任命委員会の他にもいくつかの制度が関係するため、そこにも目を向ける必要があろう。例えば、任命委員会の資料でもしばしば言及される国防委員会はそのひとつである[37]。

また、政治家の関与は任命委員会や国防委員会における公式なものだけでは

第5章 国軍将校と政治家の個別的関係の形成

表5-2 任命委員会における国軍将校の昇進承認状況
（2001年7月～2004年6月）

会　期	昇進候補者数	承　認	見送り	撤　回	未承認
第1（2001年7月～2002年7月）	539	163	376	0	0
第2（2002年7月～2003年7月）	609	228	381	0	0
第3（2003年7月～2004年7月）	636	63	573	0	0

出典：Commission on Appointments, *Pursuing the Mandate: 12th Congress July 23, 2001-June 30, 2004*, Commission on Appointments, Congress of the Philippines, 2004 June, p. 23 より筆者作成。

ない。昇進候補者のリストは国軍内の選抜委員会において作成されるが、その選抜委員会に政治家による非公式な関与があることが指摘されている。国軍幹部に対するアンケートでは、国軍の選抜委員会が政治家などの影響を受けていると多くの将校が感じていることが示されている。[38]

このような政治家の公式・非公式の権限は、国軍将校が影響力のある政治家との関係を形成する十分な動機となってきた。国軍の側、とりわけ上位階級の将校たちの間には、政治家からの自律性を確保する努力よりも、次節でみるように、むしろ状況への適応を図る試みが目立つ。

3 フィリピン士官学校名誉同期生

国軍将校を養成するフィリピン士官学校には、卒業生の同窓組織が、政治家や実業家、タレントなどの文民著名人を「名誉同期生」として迎える慣行がある。例えば、1970年に士官学校を卒業した70年組同期生の組織が、士官学校の在籍歴や軍歴のない特定の政治家を自らの70年組の名誉同期生とする行為である。名誉同期生として迎えられるのは、有力政治家やその家族である場合が多いが、同窓組織の内規では、当該人物が活動する領域において模範的で優れた業績を残していれば、国籍に関係なく名誉同期生になり得るとされている。ただし、履歴書の提出・審査と10名以上の将校の推薦および士官学校同窓組織委員会での満場一致の承認が必要となる。2009年の時点で86名が名誉同期生として正式に承認されており、少なくとも25名が承認を待つ状態にあった。しか

表5-3 主なフィリピン士官学校名誉同期生

名　前	職（元を含む）	同期クラス
ラモン・トゥルフォ	コラムニスト	67
ローレン・レガルダ	国会議員	69
ヘヘルソン・アルバレスJr.	国会議員	69
ミリアム・ディフェンソール・サンチャゴ	国会議員	69
オーランド・メルカド	国会議員	70
ロベルト・パグダンガナン	知事・閣僚	71
ジンゴイ・エストラダ	国会議員	72
ルディ・フェルナンデス	タレント	72
ディオスダド・ブボイ・マカパガルJr.	（大統領の兄弟）	72
ルーベン・レイエス	実業家	72
オスカル・オルボス	知事・閣僚	72
ホセ・ミゲル・アロヨ	弁護士	74
ホセ・リナ	国会議員	74
キム・ウォン	実業家	74
ロベルト・バーバーズ	国会議員	75
ベンジャミン・ダイ	知事	75
ホセ・アポリナリオ・ロサダ	国会議員	75
ギルベルト・テオドロ	国会議員	76
マニュエル・ビリヤール	国会議員	77
グロリア・マカパガル・アロヨ	大統領	78
レイ・マロンソ	市長	79
レナト・カエタノ	国会議員	79
エース・デュラノ	国会議員	79
ロレックス・スプリコ	国会議員	81
マルガリータ・コファンコ	知事	83
ジュード・エストラダ	（大統領の子息）	83
マー・ロハス2世	国会議員	84
ジョーイ・マルケス	市長	84
フランシスコ・パンギリナン	国会議員	85
ラモン・レヴィリャJr.	国会議員	85
JV・エヘルシト・エストラダ	国会議員	88
ルリ・アロヨ	（大統領の子息）	91

出典：Raphael Martin, "My Mistah," *Newsbreak*, September 29. 2003, p. 10, Kristine Servando, "Some famous PMA adoptees are illegitimate," Newsbreak Online, March 2, 2010, (http://newsbreak.com.ph/index.php? option=com_ content& task=view&id=7607&Itemid=88889066　2010年5月3日アクセス) より筆者作成。

注：未承認を含む。

し、たとえ承認されていなくても当人は名誉同期生を自称し、同期生となる将校からも事実上名誉同期生とみなされる(表5-3)。つまり、公式・非公式の名誉同期生が存在することになるが、文民側と将校側の双方が非公式の場合であっても「同期生」を称することは、それだけ両者が相互関係の構築を重視していることの証左であろう。

　このような営みは、出世を目指す国軍将校が政治的後ろ盾を得るために始めたとされる。国軍将校の出世に政治家の後ろ盾が役立つことは前述のとおりである。士官学校の校長を務めた経験のある将校は、こうした行為は、影響力のある政治家の力を目的としたものであると述べている。また、たとえ相手が政治的影響力のさほどない人物であっても、将来的にその人物が影響力を持つ可能性が考慮されよう。国軍出身の上院議員が指摘するように、政治家を名誉同期生に迎えるのは、将官のような上位階級への昇進や重要ポストへの任命の時期が間近に迫る現役の幹部将校が多くいる同期組である。国軍人事に対する政治家の権限を考慮すれば、政治家の後ろ盾を求める将校の心理状態も頷けよう。他方、ある政治家は、将校の名誉同期生となることで国軍内に有益なネットワークを築くことができると語っている。こうしたネットワークは、選挙の際の集票に役立つ。つまり、将校たちは名誉同期生となった政治家の権限や影響力による便宜供与（例えば昇進、任命の後押し）を期待し、その見返りとして、政治家は「同期生」たちの支援（例えば選挙時の支援や権力基盤として）を期待するのである。

　このような行為は、国軍将校団の特定の同期組と特定の政治家との間にパトロン・クライアント関係を生み出し、本来は政治と無縁であるべき国軍幹部の選任や昇進などの過程の公平性を損なうこと、さらには国軍を党派的政治に引き込むことになるとして問題視されている。

　しかし、士官学校卒業生の同期組が政治家を「名誉同期生」として迎える慣行がなくなる気配はない。2010年5月の大統領選挙の候補者を見てみると、76年組がギルバート・テオドロを、また、77年組がマニュエル・ビリャールを名誉同期生としている。大統領に当選したベニグノ・アキノ3世は名誉同期生となってはいないが、選挙期間中の2010年2月に、80年組がアキノ3世の姉妹た

ちを名誉同期生に迎えている。副大統領候補では、マニュエル・ロハスが84年組の名誉同期生であり、上院候補に目を移すと6名の名誉同期生が名を連ねている。こうしたことを批判する政治家はいるが、少数派であり、具体的な規制措置などは講じられていない。

以上のように、政治家と国軍将校の間には、両者の個別的、相互依存的関係の形成を促す様々な慣習的、制度的要因が存在するのである。

4 国軍人事の規則・慣習と大統領の権限

4-1 国軍人事の規則・慣習

マルコス大統領が国軍人事を恣意的・逸脱的に行い、国軍を私兵化および政治化したことの反省から、国軍の幹部ポストの任命についてはいくつかの規制が法律に明文化されている。

1987年憲法では、国軍将校の定年退役の延長が禁止された。また、国軍参謀総長の任期が3年と定められた。ただし、戦時および国家非常事態の際には退役延長が認められている。1996年に制定された共和国法8186では、国軍参謀総長に加え国軍参謀副総長、三軍司令官の任期が3年と定められた。また、定年退役まで1年を切っている将校の上記幹部ポスト（参謀総長を除く）への任命および大佐以上の階級への昇進を禁止した。さらに人事の上方流動性が停滞しないよう、昇進できずに同じ階級に長くとどまっている将校は、一定の期間を過ぎると退役しなければならない決まりを作った。

国軍幹部ポストの任命については、国軍内で尊重されているいくつかの慣習がある。第1に、年功序列の尊重である。国軍内にはすべての将校が名を連ねる階級・年功序列リストが存在し、リストで下位群に位置づけられる将校を上位群の将校を飛び越えて幹部ポストに任命する行為は「ディープ・セレクション（deep selection）」と呼ばれ、国軍内で忌み嫌われている。第2に、国軍参謀総長に任命される将校は、戦場での実戦経験を有しているべきだと考えられている。大統領は幹部ポストの任命に際して、こうした国軍内の慣習を尊重することが期待されている。

4-2　大統領の権限

　国軍人事に大統領が有する公式・非公式の権限や影響力は、大統領（政治家）と国軍将校の関係構築を規定する要因である。フィリピンでは様々な人事において大統領の権限が強いが、大統領が最高司令官となる国軍の人事（任命や昇進）についても例外ではない。

　大統領が有する国軍の人事権が両者の関係をどのように形成するかを考える際、実際に人事権を行使することによる事後的な影響と、大きな権限を保持していること自体によって生じる影響に着目する必要がある。後者は、大統領が持つ権限に対する将校の期待が彼らの行動に与える影響に関連している。

　国軍のトップである参謀総長の任命は、実績や年功序列が考慮されつつも、大統領による政治任命の色合いが濃く、大統領の意向が特に強く反映される。大統領が意中の人物を参謀総長に任命するために規則や国軍の慣習を無視することも半ば慣習となっている。

　その他の国軍幹部ポスト（国軍副参謀総長、陸海空軍正副司令官、統合軍管区正副司令官、歩兵師団正副師団長など）の任命人事は次のようなプロセスを経る。まず、年功序列や現在のポストなどを踏まえて、国軍の将官委員会が順位を付けた任命推薦者リストを作成する。将官委員会は国軍参謀総長、副総長2名、陸海空三軍の司令官で構成される。次に、そのリストが国防長官に送られ、最終的に大統領にわたり大統領がリストから選定する。この任命人事の過程では様々なアクターが公式・非公式に関与する。候補者リストは国軍内で作成されることになっているが、作成過程で大統領、その他の政治家、国軍将校が働きかけを行い、一度はリストから漏れた名前が復活することもある。

　その中でも、人事が最終的に大統領の任命によって決定することになるため、やはり大統領の力は大きい。そもそも、将官委員会を構成する正副参謀総長や三軍司令官らは、大統領の任命によってそのポストに就いており、大統領の意向が人事に反映されやすい仕組みとなっている。また、上述した公式の権限に加え、非公式に影響力を及ぼす場合もある。例えば、大統領が将官委員会や国防長官に「ガイダンス」を発し特定の将校の任命に道筋をつけることや、候補者リストに名前のない将校を任命する場合がある。

加えて、昇進人事にも同様に大統領が権限を行使する。任命委員会の承認が必要な大佐以上の階級への昇進人事、および議会の関与なく国軍内部で決定される中佐以下の昇進人事の双方において、大統領の承認が必要である。また、大統領が国軍内で作成された昇進候補者リストに手を加えることもできる。[50]

　また、将校たちは退役後も大統領の人事権を頼りにする。国軍将校は56歳で定年退役することになっており、多くの将校が退役後の政府関連機関などへの再就職を希望する。しかし、幹部ポスト経験者でさえ退役後の再就職が約束されているわけではない。そこで彼らにとって、大統領が有する政府関連機関のポストへの人事権、あるいは人事への影響力が必要となるのである。

　このように、大統領が国軍将校の人事において大きな権限を有しているため、出世を望む国軍将校にとっては、大統領との関係が極めて重要となる。憲法規定により任期が一期6年に制限される大統領に過度に依存することは長期的な観点から得策ではないように思われるが、2、3年のうちに定年退役を迎える幹部クラスの将校や、可能な限り早く出世コースに乗りたい中堅クラスの将校のそれぞれにとって、直近の出世がまずは重要なのである。いずれにしても、大統領が大きな権限をどう用いるかは、一義的には大統領の個人的資質の問題であるが、こうした権限を国軍の掌握に際して大いに活用できることは間違いない。

　付言するが、以上のような大統領の権限にもかかわらず、政治家と将校の関係が大統領と国軍の一元的な関係に収斂するわけではない。任命委員会で観察されるように、将校の昇進や任命には様々な政治家の関与があるため、大統領以外の政治家との関係も国軍将校にとっては重要なのである。

4-3　人事による国軍掌握の危険性

　大統領が国軍掌握のために、忠誠的であったり個人的に近かったりする将校たちを幹部ポストに任命することは慣行化しているが、それが規則や国軍の慣習を逸脱したものとなれば、状況によっては混乱の火種になるという逆説的状況がしばしばある。

　国軍掌握のために規則や国軍内の慣習を逸脱した人事をすることは、民主化

第 5 章　国軍将校と政治家の個別的関係の形成

直後から行われていた。例えばアキノ大統領は、ラモス国軍参謀総長の任期を延長し、ビアソン国軍参謀総長については退役の 3 ヵ月前に任命し任期を延長した。ふたりとも、相次ぐクーデタのなかで一貫して政権を守った国軍幹部である。これらの人事による大きな混乱はなかったが、1991年 4 月に年功序列で下位にいるアバディアを参謀総長に抜擢任命した際、国軍から不満が噴出した。アバディアの任命は、年功序列で彼より上位にいる42名の将軍たちを飛び越えてのものであり、任命が年功序列を無視した政治的なものであるとして国軍参謀副総長のアギーレが抗議辞任したのである。この一件は、当時国防長官のラモスがアギーレを制し、アギーレがアキノ大統領の決定を尊重すると表明することでひとまずは決着したが[51]、多くの国軍将校がアバディア任命に対する懸念を公にした[52]。また、若手将校がこうした人事に不満を抱く傾向が強いが、国軍反乱派グループのひとつである YOU もアギーレ支持を表明した[53]。国軍内の不和が反乱派や野心的な政治家に利用され、さらなる不安定要因となる可能性は、フィリピンの経験を考慮すると低くはない。人事による国軍掌握は危険性を孕んだ両刃の剣なのである（第 7 章）。

註
1) 例えば、マルコス大統領は、国軍の主要ポストの多くに自身と同じイロカノ族出身者を任命した（第 1 章）。
2) 例えば、Donald L. Berlin, "Prelude to Martial Law: An Examination of Pre-1972 Philippine Civil-Military Relations," Ph. D. dissertation, University of South Carolina, 1982, Ma Aurora Carbonell-Catilo, Josie H. De Leon and Eleanor E. Nicolas, *Manipulated Elections*, 1985 などを参照。
3) Marites Danguilan-Vitug, "Ballots and Bullets: The Military in Elections," Lorna Kalaw-Tirol and Sheila S. Coronel, eds., *1992 & Beyond: Forces and Issues in Philippine Elections*, Manila: Philippine Center for Investigative Journalism, pp. 79-93, 1992, Patrick Patiño and Djorina Velasco, "Violence and Voting in post-1986 Philippines," Aurel Croissant, Beate Martin, Sascha Kneip, eds., *The Politics of Death: Political Violence in Southeast Asia*, Munster: LIT Verlag, 2006, pp. 233-234.
4) Philippine Constitution, Article IX, Section 2 (c).
5) Commission on Elections, Resolution No. 2320, 1991.
6) Department of National Defense, *Transforming while Performing: Significant Accomplishments*, August 2004 to November 2006, Quezon City: Department of

National Defense, 2006.
7) Commission on Elections, Resolution No. 7747, 2006.
8) Commission on Elections, Resolution No. 8741, 2010.
9) 各省庁の長官や在外公館の大使などの任命もこの委員会の承認が必要となる。
10) Carolina G. Hernandez, "The Extent of Civilian Control of the Military in the Philippines 1946-1976," Ph. D. dissertation, State University of New York at Buffalo, 1979, p. 87.
11) Carl. H. Lande, "The Philippine Military in Government and Politics," Morris Janowitz and Jacques van Doon, eds., *On Military Intervention*, Rotterdam: Rotterdam University Press, 1971, p. 394.
12) Sherwood D. Goldberg, "The Bases of Civilian Control of the Military in the Philippines," Claude E. Welch Jr., ed., *Civilian Control of the Military: Theory and Cases from Developing Countries*, New York: State University of New York Press, 1976, p. 110. また、ワーフェルは、「大佐以上は、任命委員会の承認を得て大統領が任命した。軍の幹部に昇級するにはパトロンが必要だった。昇級指名は専門家である同僚の判断に基づいていたが、任命の確定はもっぱら政治的判断に左右された」と述べている。David Wurfel, *Filipino Politics: Development and Decay*, Ithaca: Cornell University Press, 1988（大野拓司訳『現代フィリピンの政治と社会：マルコス戒厳令体制を超えて』明石書店、1997年)、邦訳書、123ページ。
13) Harold W. Maynard, "A Comparison of Military Elite Role Perceptions in Indonesia and the Philippines," Ph. D. dissertation, The American University, 1976, p. 516.
14) Alfred W. McCoy, *Closer Than Brothers: Manhood at the Philippine Military Academy*, Pasig City: Anvil Publishing Inc., 1999, pp. 110-111.
15) Hernandez, op. cit., 1979, p. 86.
16) ポスト・マルコス期の政軍関係を扱った研究に関して言えば、以前に比べ任命委員会への言及は格段に減少した。それは、アキノ政権期の政軍関係が続発するクーデタ事件に特徴付けられていたからであり、その後も政治化した国軍という権威主義体制の残滓が民主主義のなかでいかに変容していくかという点に関心が集まったからであろう。将来的に政軍関係に影響を及ぼす可能性がある政治家と将校の関係よりも、現に繰り返されるクーデタや政治化した国軍に注目が集まるのは理解できる。
17) Rosalie B. Arcala, "Democratization and the Philippine Military: A Comparison of the Approaches Used by the Aquino and Ramos Administrations in Re-imposing Civilian Supremacy," Ph. D. dissertation, Northeastern University, 2002, pp. 62-63.
18) 任命委員会の委員会審議議事録。
19) Commission on Appointments, Congress of the Philippines, *The Mandate to Confirm, Eighth Congress, July 1987 to June 1992*, 1992, pp. 103-104.
20) *Ibid.*, pp. 105-106.

21) 国防長官を含んだ数。
22) Commission on Appointments, *op. cit.*, 1992, p. 183.
23) Republic of the Philippines, Congress of the Philippines, Commission on Appointments, *Journal of Commission on Appointments*（以下 *JCA*）, Feb. 4, 1993, p 74, *JCA*, Feb. 18, 1993, p. 78, *JCA*, Mar. 4, 1993, p. 79.
24) *JCA*, May 23, 1990, p. 130.
25) *JCA*, Sep. 7, 1988, pp. 20-23.
26) *JCA*, Feb. 6, 1991, pp. 56-58, *JCA*, Feb. 20, 1991, pp. 59-60, *JCA*, Oct. 28, 1992, p. 35, *JCA*, Mar. 16, 1994, p. 58.
27) *JCA*, May 23, 1990, p. 128, *JCA*, Mar. 16, 1994, p. 59, *JCA*, Feb. 6, 1991, pp. 56-58.
28) *JCA*, Dec. 9, 1987, p. 78.
29) *JCA*, Dec. 17, 1987, pp. 86-87.
30) 将官（大将、中将、少将、准将）の占める割合は1.125％、大佐の占める割合は6％と定められている。将官の内訳は、大将1％、中将7％、少将30％、准将62％である。Republic of the Philippines, Republic Act No. 9188.
31) *JCA*, Dec. 13, 1989, p. 41.
32) Armed Forces of the Philippines, *In Defense of Democracy: Countering Military Adventurism*, A Proposed AFP Policy Paper, Quezon City: Office of Strategic and Special Studies 2008, p. 18. 任命委員会での承認をめぐる様々な過程は国軍将校にとって困難をともなうものであるという。レイムンド・キロップ国防次官補（当時）・フィリピン大学准教授へのインタビュー。2010年3月8日。フィリピン・マニラ首都圏、国軍アギナルド基地・国防省。
33) Sheila S. Coronel, "RAM: From Reform to Revolution," *Kudeta: The Challenge to Philippine Democracy*, Manila: Philippine Center for Investigative Journalism, 1990, p. 56.
34) Ibid., p. 51.
35) Republic of the Philippines, *The Report of the Fact-Finding Commission: Pursuant to Administrative Order No. 78 of the President of the Republic of the Philippines, dated July 30, 2003*, October, 2003, p. 21.
36) *Manila Chronicle*, Mar. 14, 1993, *Malaya*, Mar. 16, 1993, *Business World*, Dec. 2, 2005.
37) 国軍人事に関する国防委員会でのエピソードをひとつ紹介しておく。ある中佐が軍規違反で調査対象となっていた際、政治家がその中佐に対する調査の手を緩めるよう国軍参謀総長に要求したが、参謀総長はその要求を断った。この参謀総長は大統領による参謀総長への任命が国防委員会での承認審議にかけられていたが、前出の政治家が委員を務める国防委員会はその政治家の働きかけにより参謀総長任命の承認を拒否したのであった。*Philippine Star*, Mar. 21, 2005.
38) Emmanuel D. Gob, *The Perceptions of the Officers Corps on the New AFP*

Officers' Promotion System: An Analysis, Quezon City: National Defense College of the Philippines, 1994, pp. 111-114.
39) Kristine Servando, "Some famous PMA adoptees are illegitimate," *Newsbreak Online*, Mar. 2, 2010 (http://newsbreak.com.ph/index.php?option=com_content&task=view&id=7607&Itemid=88889066 2010年5月3日アクセス).
40) *Philippine Daily Inquirer*（以下、*PDI*）, Feb. 20, 2010.
41) 「名誉同期生」であることで選挙の際に国軍将校の同期組から支援を得られる可能性がある。レイムンド・キロップ国防次官補（当時）・フィリピン大学准教授への前出のインタビュー。Kristine Servando, "Record number of PMA adoptees running in polls," *Newsbreak Online*, Mar. 4, 2010, (http://newsbreak.com.ph/index.php?option=com_content&task=view&id=7617&Itemid=88889066 2010年5月3日アクセス), Raphael Martin, "My Mistah," *Newsbreak*, Sep. 29, 2003, p. 9. 実際に、名誉同期生である政治家に対する選挙での支援を将校たちが公にすることもある。*PDI*, Mar. 5 2010.
42) Department of National Defense, *Press Release*, Feb., 21, Office for Public and Legislative Affairs, 2010.
43) *PDI*, Feb. 20, 2010.
44) 他にも、若手将校が任務として政治家の警護を日常的に長期間担当する制度も、政治家と将校の関係構築の場となっている。カロリナ・ヘルナンデス教授（フィリピン大学）へのインタビュー。2006年5月20日、マニラ首都圏ケソン市。
45) 憲法第16条第5節5項。
46) 憲法第16条第5節7項。
47) Republic of the Philippines, Republic Act No. 8186, Sec. 4.
48) 大将、中将、少将は3年、准将は5年、大佐は10年のうちに次階級に昇進するか退役する必要がある。Republic of the Philippines, Republic Act No. 8186, Sec. 3.
49) 特定のポストに就任し得る有資格の将校は、その時々で異なるが、国軍参謀総長で5～7名程度、陸軍司令官で5～7名程度、統合軍管区司令官で10～13名程度の場合が多い。
50) 例えば、大統領は昇進に値しないとみなした将校の名前を昇進候補者リストから削除することができる。Jovenal D. Narcise, "A Study on the Confirmation of AFP Officers Promotion by the Commission on Appointments," Commandant's Paper, Armed Forces of the Philippines, Quezon City: Joint Service Command and Staff College, 1995, p. 15.
51) *PDI*, Apr. 9, 1991, *PDI*, Apr. 11, 1991, *PDI*, Apr. 14, 1991.
52) *PDI*, Apr. 20, 1991.
53) *PDI*, Apr. 23, 1991.

第 6 章

エドサ 2 の衝撃
──エストラダ政権期の政軍関係──

　1998年に行われた大統領選挙では、貧困層のための政治を実施するとアピールしたエストラダが、貧困層の票の過半数近くを獲得し、得票率で与党候補のホセ・デベネシアに2倍近い差を付ける圧勝で大統領に当選した。しかし、エストラダ大統領は任期を全うすることなく、2001年1月に、民衆や各界の抗議行動と国軍の離反により政権は崩壊した。このエストラダ政権崩壊劇、いわゆる「エドサ2」は、国軍がエストラダ大統領への支持を撤回したことが決定打となった政権交代劇であった。1986年2月のマルコス独裁終焉に一役買った国軍が、今度は民主的に選出された政権の超法規的な交代に大きな役割を担ったのである。1990年代には政治の表舞台から退いていた国軍が政治的に大きな役割を演じたわけだが、この「エドサ2」は、民主化後の国軍と政治の関係に様々なインパクトを与えた重要イベントであった。

　こうした突発的な政治イベントは、平時には水面下に潜んでいるものが頭をもたげ姿を現す契機となる。また、そのインパクトは政治イベントが帰結するものにとどまらない影響を後世に残すのである。

　本章では、エストラダ政権と国軍の関係、および「エドサ2」へ至る過程における国軍の動向を検討する。そして「エドサ2」が、民主化後の国軍と政治の関係について何を白日の下に曝したのか、そしてどのようなインパクトを与えたのかを明らかにする。具体的には、政治家と国軍将校の関係、将校の政治意識の発露、国軍のさらなる政治化という点を検討する。

1 エストラダ政権と文民優位促進の試み

1-1　官僚機構の「文民化」

　野党候補として大統領に当選したエストラダの国軍に対する姿勢は、アキノやラモスとは異なる点が多々あった。「エドサ2」の経験を踏まえて振り返り、後付けの誹りを免れないことを承知で言えば、この違いが「エドサ2」の過程における国軍の行動に影響を与えた可能性を指摘できる。その違いとは次の3点である。第1に、官僚機構等の文民ポストに就く退役・現役軍人の数を減少させようとした。第2に、民主化後の不安定期にアキノ、ラモス両政権を支えた退役軍人との間に不和が生じた。第3に、国軍・国家警察の人事の政治化傾向を顕著にした。本節と次節では、エストラダ政権と国軍の関係の特徴として、これら3点を検討したい。

　マルコス政権下では、官僚機構に国軍から多くの将兵が出向し、官僚機構の「軍事化」がいわば独裁の象徴となった、民主化後は1987年憲法で文民優位が謳われ、官僚機構の文民化が常に求められる状況となった。以降、官僚機構の文民ポストに就く現役軍人の数は大きく減少した。一方、退役軍人の任命に目を向けると依然として数は多い。第4章でみたように、ラモス政権下では、退役軍人の官僚機構や政府系企業の文民ポストへの任命が積極的に行われた。しかし、エストラダ政権下では、文民優位促進の名の下に、一転して官僚機構の文民化が試みられたのである。

　1998年7月の政権発足時、エストラダ大統領は、文民優位促進の象徴として国防長官に軍歴のないオーランド・メルカドを任命した。メルカドはマルコス戒厳令期に国軍に逮捕・拘束された経験のある活動家出身の政治家である。

　文民優位を謳う1987年憲法下であっても、長年にわたり国防長官ポストが退役軍人によって占められてきたが、メルカドの任命により、当憲法下で初めて軍歴のない文民国防長官が誕生したこととなった。退役軍人が国防長官を務めることについては賛否両論がある。退役軍人の持つ軍事知識や現役軍人との紐帯により国軍と文民機関との協調が円滑に進むという見方や、他方で、退役軍

第6章　エドサ2の衝撃

人の国防長官は必要以上に国軍とのつながりが強く国軍利益に同情的であり文民優位や監督機能向上の観点から望ましくないといった見方がある。1989年12月のクーデタ未遂事件を調査した真相究明委員会が報告書で、退役軍人ではない文民国防長官の必要性を政府に勧告するなど、民主化後のフィリピンにおいては、専門家や政治家の間では後者の見解が優勢である。

　国防省を国軍利益促進のツールとしていることや（第3章）、国軍の利益や慣習を内在的に理解している退役軍人の国防長官に慣れ親しんできたことから、活動家出身の文民政治家であるメルカドの国防長官就任は、国軍にとって特異な状況の到来であった。これに対する国軍の反応は様々であった。変化を歓迎する将校もいれば、文民政治家は国軍の考え方を理解できないと眉をひそめる将校もいたが、「命令に従うまで」というのが大勢であった。ただし、文民政治家が国防長官になることで急激な変化が生じることは望まれていなかった。ある将校は、「メルカド国防長官が国軍の文化を理解することを望んでいる。彼が国軍の文化、規範、思考様式を理解すれば、政策や計画が亀裂を生む問題となることはない。国防長官は国軍の懸案事項に同情的であるべきだ。我々を信頼すべきだ」、などと述べる。

　こうしたなか、メルカドは国防長官に就任後、憲法に規定された文民優位をさらに発展させる必要があるとして、直ちに国防省の文民化に着手した。メルカドの就任時、国防省には300名程度の現役軍人が国軍から出向し、退役軍人も含め省内の各種ポストに就いていた。国防次官や次官補など意思決定に関わるポストに加え、副次官補や部長クラスの管理職ポストのほとんどが現役軍人の出向者で占められていたほか、事務官、技官、運転手、タイピスト等の職にまで将兵が出向していた。メルカドは国防省勤務の国軍将兵のうち171名を国軍に戻し、さらにフィリピン国防大学（National Defense Colleges of the Philippines：NDCP）やフィリピン退役軍人局（Philippine Veterans Affairs Office：PVAO）およびその付属機関など、伝統的に現役・退役軍人が就いていた国防省関係機関の長に文民を任命した。

　しかし、国防省の文民化が進められたと言っても、意思決定に関わる上層部ポストには相変わらず一定数の退役軍人が存在した。エストラダ政権下では、

3つの国防次官ポストのすべてと4つの次官補ポストのうちふたつを現役・退役軍人が占めていた。加えて、1999年と2000年の時点でそれぞれ344名（将校47名、下士官297名）、266名（将校64名、下士官202名）の将兵が国防省に出向していた。これは、国防省の業務を担う文民職員の人材不足のためである。こうしたことから、国防省の文民化が政策決定などの国軍利益に与える影響は限定的であったと思われる。結局、メルカドが推進を試みた国防省の文民化は中途半端に終わった。

他方、文民化と国軍利益との関係で影響があったのは、運輸通信省とその付属機関、および政府系企業や経済特区の幹部ポストの人事である。とりわけ政府系企業や経済特区の幹部ポストは特典や手当が多く実入りの良いポストであるため、人事異動が国軍利益に直接影響する。第4章で述べたように、ラモス政権期には、政府系企業の幹部ポストに、わかっているだけで28名の退役・現役将校が任命されていた。そうした将校たちの大半が、エストラダ政権発足から間もなく辞任するか解任された。一方、エストラダ大統領が在任期間中に政府系企業の幹部ポストに任命した将校はわずか1名であった。

また、運輸通信省とその付属機関のポストについては、ラモス政権下では、長官を含め11名の退役・現役将校が任命されていたのに対し、エストラダ政権下では、現役・退役の将校の任命が比較的容認されそうな沿岸警備隊を除き、航空関連のポスト（ニノイ・アキノ国際空港と航空局）に4名が任命されたにとどまった。運輸通信省は豊富な歳入や許認可権を握るため、「おいしい」ポストが多い組織であると言われる。

省庁の長官職に限らず、政府機関や政府系企業等の幹部ポストは政治任用職の色合いが濃く、政権移行の過程で前大統領に任命された人物が辞任ないしは解任され、新大統領が新たな人物を任命することは珍しくない。とはいえ、エストラダ政権期の人事は、初期に文民ポストから国軍関係者を多数排除したという点、および、その後も文民ポストへの現役・退役軍人の任命が他の政権と比べて少ないという点で、アキノ、ラモス両政権とは大きく異なっていた。

第6章　エドサ2の衝撃

1-2　退役軍人との不和

　エストラダ政権期における政軍関係の第2の特異な点として、メルカド国防長官が国軍幹部の不正疑惑追及を試みたこと、それと関連して退役軍人との間に不和が生じたことが挙げられる。

　国軍には軍人恩給基金（Retirement and Separation Benefits System：RSBS）という恩給制度がある。軍人恩給基金は、国軍将兵の月給の約5％が基金によって自動的に徴収されたうえで運用され、その運用益から除隊した退役軍人に恩給が支払われるというシステムである。組織は退役軍人によって運営されているが、退役軍人が関わる事業に不明瞭な手続きで多額の高リスク投資が行われ基金が膨大な損失を出していたことや、基金の資金が退役軍人により私的流用されているとの疑惑があるなどの問題があった。これにメルカドが調査のメスを入れたのである。これは歴代の退役軍人国防長官が手を付けてこなかった問題で、国防長官として問題を取り上げたのはメルカドが初めてであり、文民優位促進の一環として注目すべきものであった。

　国防長官就任直後、軍人恩給基金の調査をめぐりメルカドと国軍幹部の対立が表面化した。メルカドは調査遂行のために基金の理事長に文民を任命し、不正・汚職の解明を指示した。1973年にマルコスが国軍懐柔のため基金を設立して以来、理事長は伝統的に退役軍人で占められており、その伝統をメルカドが断ち切った格好になった。

　ただし、国軍は調査自体には反対しておらず、基金の問題を懸念していた国軍将校の一部や下士官、一般兵士の多くは調査を支持していた。他方で、国軍が不満を抱いたのはメルカドの作法に対してであった。例えば、メルカドが、調査に非協力的な国軍幹部を公衆の面前で叱責したこと、国軍幹部との意思疎通を軽視し記者会見で問題を取り上げたこと、退役軍人が調査を阻止するため彼の失脚を画策していると指摘したことなど、彼の指導者としての作法が傲慢であると国軍将校の不評を買った。こうしたなか、退役・現役の将軍が所属する将官協会（Association of Generals and Flag Officers：AGFO）がメルカドを批判する声明を出したり、国軍によるクーデタの噂が報じられたりするなど、両者の軋轢は深まった。この問題は、大統領が火消しに回り表面上は収束したが、

151

エストラダ政権と国軍の関係にわだかまりを残すこととなった。

　国軍に不快感を与える言動はエストラダ大統領にもみられた。大統領がフィリピン士官学校100周年記念の行事を欠席し、代わりに同僚議員と女優の結婚式に出席したのである。毎年開催される士官学校の創立記念行事を欠席した大統領はエストラダが初めてであったうえ、それが100周年記念という節目の重要な行事であった。さらにその数日後、エストラダは、国軍基地で開催された退役将校組織の設立記念式典でスピーチを行う予定をすっぽかし、直前になってメルカドに代役を任せた。こうしたことは、国軍将校、退役軍人、士官学校生らに、国軍軽視、国軍文化への無理解として受け取られた。ある将校が「皆が傷つき憤慨している」と述べているように、大統領に対する国軍の不満を生じさせることとなった[12]。

　国防省等の文民化や恩給基金に対する調査など、実態や成否はどうであれ、エストラダ政権期には、アキノ、ラモス両政権下ではなし得なかった文民優位を推進する施策が打たれた。しかしこれは、エストラダ政権が他の政権に比べて相対的に国軍利益に冷淡な政権であると認識されることでもあった[13]。活動家出身のメルカドが国防長官に就任した際、国軍の文化・規範・思考様式への理解や国軍の懸案事項への同情、国軍への信頼などを国軍将校たちは望んだ。しかし、エストラダ大統領の振る舞いも含め、政権の国軍に対する姿勢にはかかる国軍の望みや期待に沿わない点が多々存在したのである。

2　政治化を深める国軍・国家警察人事

　政権の安定化と権力基盤強化のために国軍の掌握が大統領にとって重要な作業のひとつである。こうした課題に直面したのは、エストラダもラモス前大統領と同様であったが、国軍との関係が希薄であったという点では全く異なる立場にあった。前大統領のラモスは、マルコス政権下で警察軍司令官や国軍副参謀総長、アキノ政権下で国軍参謀総長と国防長官を歴任し、長らく国軍の事実上のトップを務め多くの部下を持った。そうした部下との関係を活用して政権の安定化を図ったことは第4章で述べたとおりである。他方、野党候補として

第 6 章　エドサ 2 の衝撃

　大統領に当選したエストラダ大統領は、ラモスの部下で占められる国軍を自らの手で掌握し自前の権力基盤とするという難題に取り組まねばならなかった（上述した官僚機構の文民化も「脱ラモス」の意味合いがあった）。フィリピンでは、こうした政治的課題に取り組む大統領は伝統的に人事を手法として用いてきたが、エストラダも伝統に則ることで人事の政治化を促進した。

　1998年5月に実施された大統領選挙での当選から7月の就任までの間に、エストラダは、大統領就任後直ちに国軍と国家警察の幹部を交代させる考えを持っていることを公言した。それに対して、任期終了を迎えるラモス大統領は、そのような人事を実行すれば両組織の効率性・連続性を損なうとして懸念を示した[14]。また、退役軍人で国防長官を務めるフォルトゥナト・アバットは、大統領の交代と同時に政治任命ポストを入れ代えるような慣行が国軍にも適用されれば、国軍の重要ポストを狙う将校が、大統領になる可能性のある政治家との関係構築に腐心するようになり国軍のさらなる政治化を招くとして、国軍の幹部ポストは政権発足後しばらく手をつけるべきではないと発言している[15]。

　しかし、エストラダは公言していたとおり、政権発足直後の1998年7月に国軍参謀総長にジョセリン・ナサレノを、国家警察長官にロベルト・ラスチモソを新たに任命し、両組織のトップを交代させた[16]。他にも国軍・国家警察両組織の重要ポストのいくつかに、自らの古くからの側近や信頼を寄せる人物を任命していった。

　エストラダは、ホセ・カリムリム少将を大統領警護隊隊長に留任し、さらに彼に国軍情報局局長、大統領密輸入特別対策本部の本部長を兼任させた。このように特定の人物に重要ポストを兼任させる人事は、マルコス政権時代に頻繁になされたものであり、人事の上方流動性を阻害する点で国軍将校の不満・士気低下要因となり得るものである[17]。また、国軍内部では、カリムリムの他に適任者が存在するにもかかわらず、大統領との個人的な関係で複数の重要ポストを任されていることに対する不満が募っていたと言われる[18]。後にカリムリムは、国軍ナンバー2ポストの参謀副総長に任命される。

　その後、エストラダは兼任人事の批判をかわすため、カリムリムの大統領警護隊長職を解き、そのポストにロドルフォ・ディアス大佐を副隊長から昇格

153

任命した。ディアスは1992年にエストラダが副大統領に就任した時から副大統領補佐官を勤め、1998年の大統領選挙の際はエストラダの警護を担当した将校である。つまり、7年にわたりエストラダの側近として仕えてきた人物である。[19] ディアスは大統領警護隊隊長への昇格にともない准将に昇進したが、これは国軍内の年功序列で彼より上に位置するおよそ100名の将校を飛び越える異例の昇進であった。彼の任命・昇進に対しては国軍内で反発が大きく、議会任命委員会に対して彼の任命承認を停止するよう直訴する将校もいた。[20]

このように、エストラダの国軍人事のいくつかには、政治的意図の介在を窺わせるものがあり国軍内に不満を生み出したが、人事の政治化がより露骨に現れたのが国家警察であった。エストラダは、ラモスの部下で占められる国軍に対する均衡勢力とするため、国家警察に基盤を築こうと考えており、大統領就任直後から国家警察の人事に手を付け始めた。[21]

政権発足直後の1998年7月、エストラダは大統領組織犯罪取締委員会および大統領組織犯罪対策本部の設立を命じ、自らパンフィロ・ラクソンを指揮官に任命した。その後、1999年11月16日にラクソンを国家警察長官に任命する。

ラモス政権期、国家警察の一将校であったラクソンは、強盗団のメンバーを処刑したとの疑いがかけられ閑職に置かれたが、エストラダ副大統領が委員長を務める大統領組織犯罪取締委員会に側近として抜擢され重要ポストに納まった。そこでふたりは親交を深める。ラモス政権末期にラクソンは、エストラダの政敵の監視という本来任務とは無関係な活動を行い非難されることがあった。[22] また、1998年の大統領選挙時には、エストラダの選挙運動を国家警察内で行っていたとされる。[23]

このようにエストラダと関係が深いラクソンの国家警察長官への任命は、彼よりも年長かつ実績面で見劣りしない国家警察幹部のレイナルド・ウィココ、レアンドロ・メンドーサらを飛び越えてのものであり、国家警察内の年功序列を重視する声が発せられるなかで実施された。直後の12月、国家警察長官への任命に合わせ、ラクソンの中将への昇進が行われた。この昇進が異例の早さでなされたため批判の的となったにもかかわらず、3ヵ月後には大将への昇進が行われた。加えて、人権団体からは戒厳令期の人権侵害行為を、また、一部の

上院議員からは過去の疑惑（強盗団メンバーの処刑）を問題視されたが、エストラダ大統領は一貫してラクソンを支持し任命を考え直すことはなかった。それらばかりか、難航が予想された議会任命委員会での彼の承認手続きを簡素化できるとの持論を展開した。[24]

エストラダは国家警察のその他の幹部ポストについても、政権発足時にポストを占めていたラモス前大統領に近い人物を、自身やラクソンに近い人物に入れ替えた。いくつか例を挙げてみよう。

以前からエストラダの側近であったジュリウス・ヤルシアを情報局長に任命し、ロメオ・マガントを首都圏警察南部方面本部長に再任した。ヤルシアはエストラダが副大統領時代に副大統領室の警備担当を務めていたが、1998年の大統領選挙前にエストラダ支持の活動を公然と行っていたとして解任され閑職に追いやられていた人物である。[25]同様にマガントも大統領選挙の際にエストラダ寄りの行動をとったとして解任されていた。[26]加えて、エストラダが副大統領時代に委員長を務めていた大統領組織犯罪対策本部にラクソンとともに所属し、ラクソンと同様に強盗団の処刑に関わった容疑で1998年1月以来閑職に置かれていたジェウェル・カンソンやロメオ・アコップらが幹部ポストに任命された。他にもラクソンのフィリピン士官学校での同期生71年組が多く幹部ポストに任命された。[27]こうした人物たちは、大統領選挙の際に、ラクソンが率いるグループでエストラダを支援していた。

このように、政権発足後数ヵ月間の人事で、国家警察の多くの幹部ポストで人員入れ替えが実行されたが、これによって、ラモス政権との関係が深いとエストラダによってみなされた人物の多くが閑職に追いやられた。[28]エストラダは1998年5月の大統領選後、ラモスが後継指名したデベネシア候補を勝利させる選挙結果操作に国家警察の一部が組織的に関わっていたと主張していた。その活動を取り仕切っていたとエストラダがみなしたのが、当時国家警察首都圏管区の長官職にあったヘルモジェネス・エブダネと国家警察情報局局長であったクライド・フェルナンデスである。そして彼らの指揮下で動いていたとされたのが、ビクトル・シグネイ、ドミナドール・レソス、リカルド・デレオン、アマド・エスピノ、アルトゥーロ・ロミバオなどであり、彼らは一連の人事異動

で閑職に置かれた。エブダネとフェルナンデス、シグネイはフィリピン士官学校70年組であり、同クラスはデベネシアを「名誉同期生」として迎えているが、これもエストラダがかかる疑いを持った理由のひとつであろう。

その他、サンチアゴ・アリーニョ国家警察長官、メンドーサ国家警察副長官らもラモスに近いとみなされ、キャリアに影響を受けた。エストラダは、ラモスによって国家警察の幹部ポストに任命された人物のほとんどを疑いの目で見ていたようである。国家警察長官に任命された人物は定年退役までそのポストを勤め上げるのが慣行であるが、アリーニョはエストラダ政権発足と同時に解任され、以降、退役まで閑職に置かれた。メンドーサは、年功序列でトップに位置していたにもかかわらず、エストラダの下で長官への道を事実上閉ざされた。

エブダネはラモスとの関係が嫌われた人物の代表格である。エブダネはフィリピン士官学校卒業後、当時警察軍の幹部であったラモスの補佐役としてキャリアをスタートさせた。マルコス政権崩壊後のクーデタが相次いだ時期にはアキノ大統領の警護官長を務め、当時国軍参謀総長であったラモスとともに国軍反乱派のクーデタ鎮圧にあたった。そしてラモス政権下で、首都圏警察西部方面本部長や首都圏警察管区長官といった国家警察の要職を歴任する。まさに、ラモスの下で出世街道を歩んできた人物である。しかし、エストラダが大統領に就任した直後、ラモスやデベネシアとのつながりを嫌ったエストラダによりそのポストからはずされ、その後18ヵ月間閑職に置かれた。

またラクソンは、国家警察長官に就任以降、士官学校同期の71年組を中心とした自らに近い人物を幹部ポストに推した。そのため、その影響でポストを追いやられた将校も少なくなかった。エストラダ政権期における国家警察の一連の幹部人事では、70年組の多くがポストを追われ、代わって71年組がポストを得るという傾向が顕著であった。

以上のように、エストラダ政権下では、国家警察の幹部人事に政治的意図が大きく介入した。ラクソンの任命や士官学校71年組を台頭させる人事は、政権に対する不満や組織の分裂などの歪を生み出していくが、国家警察幹部の多くがフィリピン士官学校出身者であることから、組織内の歪は士官学校同期生の

紐帯を伝い国軍へと波及する。そしてその影響が、政治的危機の際に表面化することとなるのである。

3 エストラダ政権の危機・崩壊と国軍の動向

3-1 エストラダ政権の危機

2000年10月9日、南イロコス州知事のルイス・シンソンが、違法賭博「フエテン」の収益金やタバコ税の一部をエストラダ大統領に「上納」していたことを明らかにしたことがエストラダ失脚劇の幕開けとなった。

疑惑が暴露された直後の10月半ば、シン枢機卿を中心とするフィリピン・カトリック教会がエストラダの辞職を要求し始めた。また政界では、グロリア・マカパガル・アロヨ副大統領が、エストラダ政権で兼任する社会福祉省長官を辞職し、反エストラダの立場を明確にした。また、1998年の大統領選挙でエストラダに敗れたレナト・デヴィーリャ、エミリオ・オスメーニャらを主要メンバーとした反エストラダの野党連合が形成され、前大統領のラモスや前上院議長のホビト・サロンガなどもその動きに賛同した。さらに、コラソン・アキノ元大統領が反エストラダ陣営に加わり、ラモスやアロヨとともに反エストラダ運動の中心となった。

経済界では、主要企業によって構成されるマカティ・ビジネス・クラブが、10月下旬になり、12の経済団体による共同声明で正式にエストラダの辞職を要求した。11月になると地方の経済団体もエストラダの辞職を要求し始め、中小企業で構成されるフィリピンで最大規模の経済団体のフィリピン商工会議所が、これまでのエストラダ支持から大統領辞任要求へと姿勢を転じた。これにより、フィリピン経済界の2大団体が大統領辞任要求の姿勢を明確にしたことになった。

その後、下院で大統領弾劾決議案が可決され、ヒラリオ・ダビデ最高裁長官を裁判官とし、上院議員22人からなる陪審員と下院議員11人からなる検察団によって構成される弾劾裁判が、12月7日に上院で開始された。弾劾の理由は、収賄、汚職、国民への背信、憲法違反の4項目であった。弾劾裁判が開始され

て以来、その経過は連日テレビやラジオで放送された。

　このような状況下、シン枢機卿やアキノ元大統領が中心となって、大規模な反エストラダ集会が行われたほか、全国各地で大統領に対する抗議行動が連日続いた。抗議行動を担ったのは市民団体、左翼系団体、学生団体や、野党連合と連携し政治家や財界と密接に関係している諸団体であった。こうしたなか、国軍の動向はどのようなものであったか。

3-2　退役軍人の動き

　国軍関係者でいち早く声を上げたのは退役軍人たちであった。ラモス政権期に国防長官を務め、退役将兵連盟（Federation of Retired Commission and Enlisted Soldiers）の代表であるフォルトゥナト・アバットが、エストラダ大統領の辞任を要求した。アバットは退役将兵連盟の代表として彼の署名入りの声明文で、「我々は大統領に、可能な限り早期に職を辞するという最も崇高で英雄的な行動をとることを最大の慎みを持って要求する」、「我々は現政権下において任務にあたる戦友たちに対し、国民および国家の利益のために大統領が自発的な辞職という崇高で英雄的な行為を実現する助けとなる必要な行動をとるよう強く迫る」と述べ、国軍に行動を促した[35]。

　これに対しエストラダ大統領やメルカド国防長官は、退役軍人に国軍部隊の指揮権があるわけではないため、彼らの声明は政権にとって脅威ではないとの見解を示した[36]。

　他方、退役将兵連盟を構成する諸組織のひとつである将官協会会長の退役准将は、「アバットは尊敬されている軍人」であり、「元陸軍司令官、元国防長官として影響力を有している」と述べている[37]。また、他の退役准将は「ミンダナオ島で任務にあたる国軍幹部の多くは私の以前の部下である。我々がもはや影響力がないなどとは言えない」[38]と述べ、発言に不快感を露にした。国軍の要職を勤めた退役軍人と現役国軍幹部との関係が退役後直ちに断たれるとは考えにくく、たとえ退役しても影響力はそれなりにあると考えるのが妥当であろう。別の退役軍人組織の会長である元警察軍司令官のラモン・モンターニョは、退役軍人によるエストラダ大統領への辞職要求は、政治的意見を表明できない現

役軍人を代弁するものであり現役軍人がそれを望んでいる、と主張した[39]。その後も、現役時代に国軍参謀総長や国防長官を経験したラファエル・イレト、レナト・デヴィーリャ、リサンドロ・アバディアといった影響力のある退役軍人たちが大統領の辞任を相次いで要求した。前述した政権と退役軍人との不和を考慮すると、退役軍人たちに政権を擁護する動機はなく、上記のような言動をとるのは当然であると言える。

このように、退役・現役軍人の大統領に対する不満が噴出するなか、アンヘロ・レイエス国軍参謀総長やメルカド国防長官は、繰り返し国軍の政治関与の可能性を否定し、国軍部隊に中立を保つようアピールした。この時点では、国軍の組織的で表立った動きはみられなかったが、水面下では、国軍・国家警察の一部グループが、活発に活動していた。

3-3　国軍内における反エストラダの動きと政治家との接近

退役軍人の諸組織が反エストラダの姿勢を鮮明にし、現役軍人にも行動を呼びかけていたなか、国軍の現役幹部将校の匿名グループが、英字有力紙フィリピン・デイリー・インクワイアラー紙に大統領宛の「公開書簡」を掲載し、国軍将校の昇進が大統領によって不公平に行われたと批判した[40]。退役軍人のみならず、国軍や国家警察内でも反エストラダ政権の動きが活発化しつつあり、そうした動きは政権打倒を目論む政治家の動きと部分的に相互連関していく。

政権に反感を抱く国軍・国家警察将校から成るいくつかのグループが、早いものでは疑惑発覚の1年以上前から、それぞれの計画に基づき独自に行動を展開していた。主だったところでは、国軍のエドガルド・エスピノサ中将、国家警察のメンドーサ、エブダネ、レイナルド・ベローヤ大佐らがそれぞれ率いるグループが、エストラダ政権打倒を目論んでいた。それらの動きとの関連で散見されるのが、政治家の関与である。

エストラダの汚職疑惑を暴露し政権崩壊劇の発端を作ったシンソン知事は、身の危険を感じ国軍のエスピノサに庇護を求めた。エスピノサは、エストラダのクローニーと目される人物との諍いが理由で国軍内での出世コースといえる国軍南方司令部の司令官ポストを解任され、指揮する部隊を持たない国軍統合

指揮参謀大学の校長職にいわば左遷されていた人物である。同ポストは大佐や准将が担当するポストであり中将のエスピノサにとっては事実上の降格人事であった。エストラダの疑惑発覚後、エスピノサは国軍内で反エストラダ勢力の拡大に奔走し、北部ルソン統合軍管区司令官のアルトゥーロ・カリーリョ大将、空軍副司令官のアデルベルト・ヤップ少将の支持を取り付けた。そして、国軍南方司令部で以前エスピノサの副官であったアルベルト・ブラガンザ准将もそれに加わった。[41]

シンソン知事は、このエスピノサのグループに加えて、国家警察内で閑職に置かれていたベローヤ大佐のグループをアロヨ副大統領に紹介した。[42] ベローヤはエストラダやラクソンに遺恨を持つ人物であった。ラモス政権下、ベローヤは、エストラダ副大統領の下で組織犯罪取締本部を率いていたラクソンに、身代金目的の誘拐に関与した容疑で逮捕される。[43] およそ2年間拘置された後、最高裁判所で無罪判決が下されるが、ベローヤが誘拐シンジケートのメンバーであるとの考えを崩さないエストラダはその判決に猛反発した。[44] エストラダが大統領に就任してからは、彼がベローヤの昇進に待ったをかけるなど、ふたりの対立は続いた。[45] メンドーサのグループは、「エドサ2」の1年前の2000年1月に、すでにエストラダへの支持撤回を検討していたとされる。前述したように、メンドーサはエストラダ政権において、国家警察長官の座に最も近いところにいながら、ラモスとの関係を嫌われその座に就くことができなかった人物である。そのメンドーサのグループもエストラダの疑惑発覚後にアロヨ副大統領に会っていた。[46] エブダネのグループには、陸軍特殊作戦部隊司令官のディオニシオ・サンチアゴや国家警察のシグネイ、フェルナンデスが含まれていた。[47] エストラダの疑惑発覚後、エブダネはデベネシアの紹介でアロヨ副大統領に会い、そこで彼女の身辺警護について説明した。以降、彼のグループは、アロヨに直接情報提供するようになった。[48]

前述したように、国家警察のエブダネ、シグネイ、フェルナンデスらは、1998年のエストラダ政権発足直後に、ラモスとの関係を嫌われ閑職に置かれていた人物であるが、彼らのグループに加わっていたサンチアゴは国軍所属で士官学校の同期70年組の将校である。人事で生じた歪が国家警察内に反エストラ

ダのグループを発生させたと考えられるが、そうした活動は士官学校同期組の紐帯を通じて、組織を超えて国軍にまで広がっていたのである。国家警察幹部には士官学校出身の将校が多数おり、国軍との間には人的つながりが依然として強く残っている。

　他にも、士官学校78年組の将校が、政権への失望を表すため集団離反すると迫っていることが明らかにされた。[49] 78年組は、アロヨが1998年に副大統領に就任して間もなく彼女を名誉同期生とし、[50] 複数の将校が副大統領補佐官を務めている。

　このように、国軍と国家警察内の複数のグループが、政治家と接点を持ちながら反エストラダ活動に加わっていた。そうしたグループに参加した将校の中心には、エストラダ政権下で人事によって辛酸を嘗めた者たちがいた。それぞれのグループがお互いに連携し統一的行動をとっていたわけではなかったが、次に述べるように、こうした動きが国軍の組織的離反へとつながるのである。

　第5章で検討したように、フィリピンでは将校と政治家が個別的な関係を形成することが慣習化しているが、エストラダが国軍・国家警察の人事に政治的意図を織り込んだことに加え、政権崩壊に至る過程で反エストラダの政治家が反エストラダの将校に接近したことにより、将校と政治家の関係がより大きな政治的意味を有していくのである。

3-4　国軍の支持撤回：エストラダ政権の崩壊

　レイエス国軍参謀総長は国軍掌握に自信をみせていたが、上記のような反対勢力の存在は国軍が一枚岩でないことの反映であり、事態は深刻であった。政治家と組み、あるいは政治家に利用され、混乱に乗じて政権奪取を狙う国軍内グループがどのような行動に出るのか予測不可能な状況であった。

　レイエスは当初、退役軍人や国軍幹部らの介入の呼びかけに「憲法に定められた手続きを尊重する」という理由で「中立」姿勢を維持していたが、彼が介入を躊躇した理由はそれだけではなかった。レイエスの逡巡の背景にあったのは彼とエストラダ大統領との個人的な関係である。エストラダはレイエスの息子の名付け親や結婚式のスポンサーとなり、また、レイエスの国軍参謀総長と

しての任期を延長するなど、ふたりの関係は公私ともに深かった[51]。こうした個人的な関係がフィリピン社会においていかに重要であるかを考慮すれば、レイエスが簡単にエストラダから離反できなかった理由は明白となろう。

　弾劾裁判開始から１ヵ月あまりが経過した１月16日、「エストラダの不正蓄財疑惑に関連する重要な証拠書類」の開示をめぐって検察団や弁護団、陪審員の間で議論が紛糾した。これが開示されればエストラダの有罪がほぼ確実になるとされるほどの証拠であり、真相解明を求める国民やエストラダの有罪を求める反エストラダ勢力は証拠の開示に期待した。しかし、上院議員で構成される陪審員の公開採決により開示が否決されたのである。

　このことは、エストラダ大統領を弾劾裁判で有罪にすること、すなわち憲法で定められた手続きによる大統領の罷免が事実上不可能になったことを意味した。証拠書類の開示が否決された同日夜、シン枢機卿やアキノ元大統領らの抗議の呼びかけに応じた市民がエドサ聖堂前に集まり始めた。その後４日間、エドサ聖堂前には大統領の辞任を求める市民が連日連夜詰め掛けた。参加者は日を追うごとに増加し、最大で20万人に膨れ上がった。

　そのような状況下、国軍で反エストラダ活動を展開するエスピノサのグループによる政権打倒計画が実行段階に入った。エスピノサの計画は、完全装備の海兵隊２個中隊と戦車５両が国軍基地からエドサ聖堂に向かい、そこでエストラダ退陣を訴える民衆に合流する。そしてそれに呼応して、エスピノサと連絡を密にしているカリーリョ、ブラガンザ、ヤップなどの国軍幹部が政権からの離反を宣言し、彼らの部隊にマニラ首都圏に向かうよう命令を下すというものである。決行日は20日であった[52]。また、エスピノサのグループとは別にベローヤのグループも行動を起こす機会を窺っていたが、双方が連絡を密にしていたわけではなく、混乱状態のなかで両グループの行動がもたらす帰結については不確定性を多分に孕んでいた。

　エスピノサの計画が実行に移されれば、あるいはベローヤなどのグループが行動に出れば、レイエスをトップとする国軍がそれらを鎮圧する役割を担わなければならない。それは国軍兵士同士の武力衝突のみならず、反エストラダの軍人グループの行動を支持する民衆に国軍が銃口を向けることを意味してい

た。国軍幹部はそれが収拾不能の事態を招くことや、国軍の威信を貶めることをよく理解していた。レイエスの側近や旧友の現役・退役軍人および国軍幹部は、そうした事態を避けるためにも、エスピノサやベローヤの動きを封じ、事態の軟着陸を図ることが必要であると考え、レイエスにしかるべき行動をとるよう進言した。その結果、レイエスは、エスピノサやベローヤらが行動を起こし国軍の分裂が表面化する前に機先を制し、国軍が組織として大統領への支持を撤回することで事態の収拾を図るとの結論に至った[53]。

「フィリピン国軍11万3000名を代表し、我々は現大統領に対する支持を撤回することをここに宣言する。」

19日午後、レイエス国軍参謀総長がエドサ聖堂前に集まった市民を前にこう宣言した。そこにはメルカド国防長官や陸海空軍の司令官らの姿もあった。この直後から閣僚の辞任が相次ぎ、エストラダの頼みの綱であったラクソン国家警察長官も大統領への支持撤回を表明せざるを得なくなった。ラクソンの支持撤回の表明により、エストラダ大統領の命運は尽きた。

その後、最高裁判所によりアロヨ副大統領の大統領就任が認められ、アロヨは大統領就任を宣言した。これを受けてエストラダは、側近や国軍大統領警護隊隊員とともに大統領宮殿を後にした。

3-5　報奨と粛清の人事

エストラダ政権崩壊とアロヨ政権成立に「貢献」した国軍将校は、アロヨ政権下で「報奨」を与えられるが（第7章）、ここでは国家警察における「エドサ2」後の粛清と論功行賞をみておきたい。

上述したように、エストラダ政権下の人事異動で辛酸を舐めた国軍・国家警察幹部たちは、「エドサ2」の過程において積極的に反エストラダ運動に参加した。エスピノサ、メンドーサ、エブダネ、フェルナンデス、シグネイ、ベローヤなどがそうである。国軍将校については次章でみるが、国家警察将校について言えば、彼らはアロヨ政権成立後に主流へと返り咲いた。メンドーサ国家警察副長官は、新政権成立後にラクソンが辞任したのにともない、国家警察長官代行を経て念願叶い国家警察長官に任命された。エブダネは大統領組織犯

罪対策本部本部長を経てメンドーサの後に国家警察長官に任命され、反エストラダ活動を共に展開したフェルナンデスを国家警察副長官に指名した。[54]そしてベローヤは長年の閑職待遇から抜け出し国家警察情報局長に任命された。[55]その他にも、「エドサ2」の早い段階でエストラダ政権から離反した将校は出世コースに乗ることができた。

一方、エストラダやラクソンに近かった国家警察幹部たちには厳しい現実が待っていた。

アロヨ政権成立直後、国家警察長官代行のメンドーサは、レイナルド・アコップ人事局局長、ロメオ・アコップ経理局局長、ハイメ・デラクルス装備局局長、ビクトル・バタック市民局局長のポストを解任した。一方、ジュウェル・カンソン国家警察副長官兼国家麻薬取締センター長官とフランシスコ・ズビア国家警察犯罪捜査隊隊長兼大統領府組織犯罪対策本部長はポストの辞職を申し出た。これらはすべてラクソンに近くエストラダ政権下で台頭した人物である。[56]

さらに刷新は進んだ。2001年5月に実施される予定の議会選挙にラクソンが上院議員候補として立候補を検討していたが、選挙前の3月、大統領府からの指示によりメンドーサ国家警察長官は、ラクソンの選挙活動を支援したとの疑いで数人の国家警察幹部の調査を開始した。調査の対象となったのは、ホセ・アヤップ国家警察イロコス管区本部長、ティブルシオ・フュシレロ国家警察中央ビサヤ管区本部長、ドミナドール・ドミンゴ国家警察西部ミンダナオ管区本部長、グレゴリオ・ドリナ国家警察南部ミンダナオ管区本部長、レナト・パレデス交通管理局局長、加えて上述のロメオ・アコップ、レイナルド・アコップ、ビクトル・バタック、カエサル・マンカノ、ディオスダド・バレロソらであり、全員がラクソンの盟友としてよく知られた人物である。彼らはラクソンの選挙活動を支援しているところを監視されていた。[57]アコップを除いたすべてがラクソンと同じ士官学校71年組であり、ラクソンによってそれらのポストに指名された人物であった。これらの国家警察幹部は積極的にラクソンの選挙活動に参加していたが、ラクソンが上院議員に当選すれば彼らの後ろ盾ができると考えたと推察されている。[58]彼らはすべて後の人事でポストを外された。

4 政治介入の正当化——「『国民、国家の守護者』としての国軍」

　選挙によって民主的に成立した文民政権から離反し政権崩壊を促すことは、紛れもない政治介入であるが、こうした国軍や国家警察幹部の行為はどのようにして正当化されるのであろうか。離反は中間層とエリート層に支持された事実上の軍事クーデタであるとの指摘も存在するが、他方で国軍は、憲法の条項を持ち出し正当化を図った。

　反エストラダ政権の立場であった国家警察幹部のウィココが、「大統領から離反するという治安機構の決定はクーデタではなく憲法によって容認されているものである」と述べ、また、レイエス国軍参謀総長が支持撤回を表明した際に「憲法第2条第3項に基づき、我々は大統領の後継者を支持する」と述べているが、彼らが政権からの離反という自らの行為の正当化に引用するのは、フィリピン共和国憲法第2条第3項の「フィリピン国軍は国民と国家の守護者である (The Armed Forces of the Philippines is the protector of the people and the State)」という文言である。

　レイエスはこの文言を引用することで、大統領への支持撤回という名の離反を、クーデタではなく憲法の枠内の行為として位置付けようとした。国軍はあくまで「国民と国家の守護者」であり特定の政権の守護者ではなく、政権が国民と国家の繁栄を阻害するのであれば、国民と国家の繁栄を守護するために行動する、という解釈である。

　この文言はエストラダ政権崩壊の最終局面でレイエスによって突然引用されたものではなく、反エストラダ運動が繰り広げられる最中にも国軍幹部や退役軍人、そして大統領などによって幾度か言及されていた。

　エストラダの疑惑発覚後、反エストラダ運動が盛り上がりを見せ、退役軍人が大統領に辞任を要求し始めた頃、運動に参加するアキノ元大統領が、国軍と国家警察は1986年のエドサ革命の時のように国民を守護するべきだと離反を求めた。これに対し国軍参謀総長のレイエスは、「国軍は憲法に基づき国民と国家を守護する」と国軍の介入を否定した。一方、退役軍人らは、上記の憲法の

文言が国軍の介入を容認していると解釈し、国軍がその文言を援用してやむを得ず介入する前に大統領が自ら辞職するよう要求した。退役軍人による文言解釈は、現役軍人に離反を促すメッセージとして活用されていたとも言える。それに対して、退役軍人でもある上院議員のビアソンは、そうした解釈の成立を否定している。彼はエストラダに辞任を求める立場であったが、憲法の「当該条項の精神は軍人に政権を裁定する権利を与えてはいない」、「軍人は政権が責務を遂行できないとしても、政治指導者を交代させることが自らの任務であると決して考えるべきではない」と述べている。エストラダ大統領も当然のことながら国軍の介入を促すような憲法解釈を否定し、むしろ文言は、政権転覆を図る勢力の鎮圧を意図したものであると主張した。

しかし結果的に、最終局面でレイエスは、憲法条項をエストラダ政権への支持撤回を正当化するために引用した。上述のように、流血の事態を回避し軟着陸を図るには国軍による支持撤回という選択肢しかないとレイエスは判断したが、彼は国軍の行動がクーデタとみなされることは避けたかった。そのため、自らの行動を正当化できるような憲法条項の解釈を受け入れたのであった。

ただ、レイエスの葛藤はどうあれ、この文言が実際に国軍が決定的な役割を果たした政権交代の際に、国軍の行動、すなわち離反という国軍の政治介入を正当化するために引用されたことが残した問題は決して小さくない。特定の政治的状況を、「国民と国家の守護者」として国軍が行動を起こすべき瞬間であると誰が判断するのであろうか。果たして客観的な判断はあり得るのであろうか。また、エストラダ大統領を支持した国民も多く存在したことから、国軍が守護する「国民」とはいったい誰なのかという問題も浮上する。いずれにしても、続くアロヨ政権に対してクーデタを企てた国軍将校たちにより、同じ憲法条項の解釈がクーデタを正当化するため用いられることとなる（第9章）。「エドサ2」は、国軍が政治介入を正当化するために憲法を持ち出し、それが事実上通用したという前例を作ったのである。

5 エストラダ政権と RAM・YOU

5-1 政権中枢へ

　エストラダ政権の成立から「エドサ2」、そしてアロヨ政権初期への過程では、RAM・YOU 内部の亀裂が露わになった。

　RAM は1998年の大統領選挙では与党候補のデベネシアを支持することを評議会で決議していた[66]。それは、RAM・YOU への恩赦を推進したラモスから後継指名を受けていたデベネシアが、恩赦後のメンバーへの未払い給与支払い、政府による生活保障の提供などを明言していたからであった[67]。しかし、RAM は一枚岩ではなく、デベネシア支持は徹底されなかった。ホナサン、トゥリンガン、マラハカンは、RAM の多数派の意向に反しエストラダの選挙戦を支援した。YOU では、プルガナン、バレロソらがデヴィーリャの、リムがデベネシアの支持を表明し、個別に候補者の選挙運動を支援した[68]。

　エストラダ政権成立の翌年8月に、無所属上院議員のホナサンが与党フィリピン民衆の闘い（Lapian ng Masang Pilipino：LAMP）に入党した[69]。それにともない、RAM と YOU はエストラダ政権との協調路線へと転じた[70]。

　第4章で言及したように、アキノ政権期のクーデタ事件に参加したほとんどの反乱派将兵が恩赦を受け、希望する者は国軍に復帰していた。そして恩赦を受けた RAM・YOU の主要メンバーの一部は、エストラダ政権の中枢に参加した。例えば、エストラダの選挙運動に協力したとされるマラハカンとトゥリンガンがそれぞれメルカド国防長官の上級補佐官、国営テレビの運営委員に任命された。また、バタックが国家警察装備局副局長に任命され、YOU のリムは内務自治次官の首席補佐官に任命された。それらを含め、1999年時点での RAM・YOU 主要メンバーの状況は**表6-1**のようなものであった。

　こうした RAM の主要メンバーの任命には、エストラダ大統領の右腕であるラクソン国家警察長官の存在が深く関係している。ラクソンは RAM に所属していないが、RAM の主要メンバーと同様にフィリピン士官学校71年組であった。彼はエストラダが信頼する側近としての影響力と、国家警察長官としての

表6-1 RAM・YOU主要メンバーとエストラダ政権：1999年

名前	1989年 階級・所属	1999年	士官学校 卒年
グレゴリオ・ホナサン	中佐（陸軍）	上院議員	1971年
エドゥアルド・カプナン	中佐（空軍）	下院に立候補→落選	1971年
ビクトル・バタック	中佐（警察軍）	国家警察装備局副局長	1971年
ビリー・ビビット	中佐（警察軍）	経済情報捜査局カラガ局長	1971年
エドガルド・アベニナ	准将（警察軍）		1958年
マルセリノ・マラハカン	中佐（陸軍）	国防長官上級補佐官	1971年
オスカル・レガスピ	中佐（空軍）		1971年
アレクサンダー・ノブレ	中佐（陸軍）	下院に立候補→落選	1969年
ドミンゴ・カラハテ	准将（海軍）	RAM会長	1960年
フェリックス・トゥリンガン	大佐（海軍）	国営テレビ運営委員	1965年
レックス・ロブレス	大佐（海軍） 1986年にRAMを脱退		1965年
プロセソ・マリガリグ	大佐（海軍）	RAMスポークスマン	1969年
ティブルシオ・フュシレロ	中佐（警察軍）	国家警察中部ミンダナオ管区長官	1971年
エドゥアルド・マティリャノ	中佐（警察軍）		1971年
ラファエル・ガルベス	中佐（空軍）	ケソン市許認可局長	1971年
ビクトル・エルフェ	中佐（海軍）	保健省調達局長	1969年
アブラハム・プルガナン	少佐（陸軍）YOU	実業家に転身	1978年
ダニロ・リム	大尉（陸軍）YOU	内務自治次官首席補佐官	ウエスト・ポイント
ディオスダド・バレロソ	大尉（警察軍）YOU	国家警察特殊部隊監督官	1982年

出典：Glenda Gloria, "The Silence of the RAMs: 1989 Coup Plotters, Where are They Now," *Filipinas*, February 2000, *BW*, Oct. 20, 1999 から筆者作成。

権限で、かつての同級生たちを様々な重要ポストに任命、推薦していったのである。例えば、バタックやフュシレロなどがそうであった。しかし、ラクソンやエストラダと個人的に親しい人物が厚遇されることで、RAM・YOU内部で政権に近い者とそうでない者の亀裂が生まれることとなった。そして、その亀裂はエストラダ政権崩壊過程で明るみに出た。

5-2 「エドサ2」と「エドサ3」：RAMの分裂

エストラダ大統領の疑惑が暴露されて間もなく、RAMのスポークスマンの

マリガリグは「エストラダは国民を導く道徳的資格を完全に失った」として大統領の辞任を要求し、YOUもこのような考えを共有していると述べた。その後、RAMが組織としてまとまって行動を起こすことはなかったが、エストラダやラクソンと対立していたベローヤを中心として、カラハテ、アベニナ、マリガリグ、マティリャノ、ビビットなどが、国軍や国家警察内で反エストラダ勢力の拡大に暗躍していた。[72] RAMのメンバーの多くは協調関係にあったエストラダ政権を見限ったと言っていいだろう。

そうしたなか、2000年12月にエストラダ大統領に対する弾劾裁判が開始された。1ヵ月後、開示されればエストラダの有罪がほぼ確実になる証拠の開示が、上院議員で構成される陪審員の公開採決で否決された。これをきっかけとしてエストラダの退陣を求める気運がさらに高まるなか、RAM・YOUは上院での否決を非難し、弾劾裁判への信頼を失ったとして国軍や国家警察幹部にエストラダへの支持を撤回するよう求めた。[73]

このように、RAM・YOUは反エストラダの立場を明確にし、上院議員のホナサンにエストラダを見限るよう圧力をかけていた。カラハテは、「ホナサンが民衆のためにあろうとするならば、我々の側に付くべきだ」と述べている。[74] しかし、ホナサンの行動はエストラダを擁護するものであった。4ヵ月後の5月には上院議員選挙が控えており、再選を狙うホナサンは与党からの資金的援助が不可欠であったため、エストラダを見限ることができなかったのである。また、彼のパトロンとして知られてきたエンリレ上院議員がエストラダ擁護の姿勢をみせていたことも、ホナサンの判断に影響を与えていた。そして、2001年1月16日に実施された証拠開示の可否を決議する投票では、エンリレ同様、ホナサンは開示拒否へ票を投じたのであった。RAMのメンバーは、ホナサンの行動を、かつて理想主義的な改革者であった彼が金や政治マシーンに囚われた伝統的政治家へと成り下がった結果であるとみなした。[75]

「エドサ2」の後、アロヨ政権の成立に功労があった人物には論功行賞としてポストが配分されたが（第7章）、RAMのメンバー数名もその対象となった。いち早く反エストラダの活動を始めたRAMのメンバーが、アロヨ政権の発足後に政府関連機関のポストをあてがわれた。例えば、カラハテがフィリピ

ン娯楽ゲーム公社の役員、アベニナが陸運局局長、ビビットが徴税官に任命された。[76)] また国家警察では、エストラダ政権下で閑職に置かれていたベローヤやマティリャノが、それぞれ中部ルソン管区本部長、南部ミンダナオ管区本部長に任命された。

　一方、エストラダ政権に近かったメンバーは異なる運命を辿った。アロヨ政権成立後の4月25日、エストラダが巨額横領罪で逮捕され国家警察本部に連行された。その後、エストラダの逮捕に抗議するエストラダ支持派の政治家や貧困層を中心とする民衆がエドサ聖堂前で集会を開き「エドサ3」を称するという事態に発展した。集結した集団は5月1日にアロヨ大統領のいるマラカニアン宮殿に向かって行進を始め、それを阻止しようとする警官隊と衝突し死者を出す事態となった。アロヨ大統領は「反乱状態（state of rebellion）」を宣言し事態の鎮圧を図ると同時に、事件に関与した疑いがある政治家、軍人などを反乱、扇動の容疑で拘束するよう命じた。拘束の対象となったのはエドサ聖堂前での集会に参加したエンリレ、サンチャゴ、ホナサンなどのエストラダ寄りの上院議員や、ラクソン、マラハカン、バタック、バレロソといったエストラダ政権と関係が深く、政権下で重要ポストに抜擢されたり昇進したりした国軍、国家警察の幹部である。[77)]

　ホナサン、マラハカン、バタック、バレロソはRAM・YOUのメンバーであるが、彼らの関与はあくまでもエストラダ政権との個人的関係に基づいたもので、RAM・YOUが組織として抗議行動に関わったわけではない。事件後、RAM・YOUはアロヨ政権の転覆を狙ういかなる企てにも反対することを決議し、RAMの執行委員長のカラハテは、1995年10月に政府と結ばれた和平合意を遵守し、憲法、国民、正統性あるアロヨ政権を守ることを宣言した。[78)] その後、2001年5月の上院選挙では、ホナサンがエストラダの党から立候補し当選した。[79)] 1995年の選挙の際には組織としてホナサンを支援したRAMであったが、2001年の選挙では支援を控えた。組織としてのRAMは、「エドサ2」に至る過程でエストラダ政権の批判に回り、その後はアロヨ政権へ接近していたことから当然の帰結であろう。[80)]

6 「エドサ2」の衝撃

　「エドサ2」は、マルコス政権を崩壊させ民主化をもたらした「エドサ1」（二月政変）に続き、国軍が再び政権交代で決定的な役割を担った出来事であったが、民主化後のフィリピンの政軍関係に大きなインパクトを与えた。

　第1に、1990年代半ばのラモス政権期の安定的な政軍関係は、国軍が政治の表舞台から退いたことを期待させるものであったが、「エドサ2」の過程が白日の下に曝したのは、国軍将校たちが依然として有する政治関与への志向である。動機やきっかけは様々であるが、少なからぬ数の将校が政権打倒という政治活動に関与し、最終的に国軍は組織的に政権から離反した。こうした政治関与には、国軍将校が政治家との関係でエリート間政治における道具的な役割を担うといった側面と、場合によっては国軍将校が自らの論理に基づき判断し行動するという側面があった。元国軍参謀総長・元国防長官のデヴィーリャはエストラダ政権崩壊直前に、「軍人はロボットではない。彼らは国家を信じ、憲法を信じ、そして国家、国民の財産、未来のために犠牲となることを信じる愛国者である」と述べているが、これは後者の側面を正当化した言葉であろう。上で検討したように、後者については憲法条項の解釈による正当化がなされ、以後の政治介入正当化の「前例」となった。

　第2に、「エドサ2」の過程と帰結は、国軍を増長させ政治化を推進する要因となり得る。1986年2月のマルコス政権崩壊に国軍が重要な役割を果たしたことにより、国軍が政治関与の志向を強めたが（第2章）、これと「エドサ2」は国軍が一役買ったという点で状況的に非常に似通っている。1990年代初頭に国軍参謀総長を務め、「エドサ2」では反エストラダ陣営に参加していた退役軍人のアバディアが、「国軍や警察の部隊なしでは、民衆の行動は単なるメディア・イベントで終わっていただろう」と述べ、退役軍人で国防長官を務めたアバットが、「世界中どこを探しても、軍の参加なくして成功した大衆蜂起は存在しない」、と述べているように、国軍の果たした役割に対する自己評価は高い。自らの存在や役割が政権交代という大きな政治イベントや、あるいは

政権の存続において重要であると自負することは、政治関与や文民優位への態度にも影響を及ぼす。

第3に、「エドサ2」に至る過程から垣間見えたことは、第5章で検討したような将校と政治家の個別的な関係が、政軍関係を形作る重要な要素だということである。そのような関係は人事などで国軍や国家警察に政治を浸透させ、組織を政治化したり、組織内部や政権と国軍の関係に歪を生じさせたりするなどの副産物を生む。そうした歪は、特定の状況下、とりわけ政治的危機時において表面化し、政軍関係に一定の影響を与えるのである。「エドサ2」では、エストラダ大統領の人事に不満を募らせた国軍・国家警察の将校たちが、積極的に反エストラダ活動を展開した。また、政治的危機の過程、展開、帰結、事後対応などによって、将校と政治家との個別的関係は再編成・再生産される。

国軍や国家警察の人事はしばしば政治的に行われてきたが、次章で検討するように、「エドサ2」はそれがさらに顕著となる契機となった。続くアロヨ政権期には、政治状況への対応として国軍人事が用いられるが、それは国軍を政治化させる要因が再注入されていくことを意味した（第7章）。

第4に、「エドサ2」はRAMの分裂を可視化し、さらに決定的にした。1990年代に入りRAM・YOUの活動は民主主義の枠内における合法的な政治関与へとシフトしたが、それはすなわち、政治家や政権と協調関係を築いたり、多数派形成に勤しんだり、党派的政治に関わったりすることであった。その中でRAM・YOUのメンバーの間に亀裂が生じ、それが「エドサ2」において表面化したのである。第5章で、文民優位の下で国軍将校と政治家の個別的関係が形成されることを検討したが、民主主義の枠内に居場所を求めたRAM・YOUがそうした営みと無縁でいられるはずがなかった。そして、「エドサ2」、「エドサ3」、その事後処理などの過程で、亀裂は決定的となった。

エストラダ政権はいくつかの点で特異な政権であった。なかでも、国軍利益に直結する省庁や政府系企業などのポストの文民化を進めたり、軍人恩給基金をめぐる不正疑惑を追及したりするなど、アキノ、ラモス両政権に比べて国軍の組織的利益に対して冷淡であった。こうした政権の態度と「エドサ2」での国軍の離反との因果関係を証明することは困難であるし、仮にエストラダ政権

第6章　エドサ2の衝撃

が国軍利益にもっと配慮していれば「エドサ2」がどうなったかと想定してみることもあまり意味はないであろう。しかし、次章で検討するアロヨ大統領の姿勢からは、彼女が意識的に国軍利益と国軍の政権への支持を強く関連させていることが窺える。そうした意味でも、「エドサ2」がその後の政軍関係に与えたインパクトは大きい。

註
1) Republic of the Philippines, *The Final Report of the Fact-Finding Commission*, 1990, p. 524.
2) *Business World*（以下、*BW*）, Jun. 15, 1998.
3) Dinna Anna Lee L. Cartujano, "Prescription: A Civilian Secretary of National Defense?" A Policy Paper, National College of the Public Administration and Governance, University of the Philippines, 2004, p. 24.
4) *Philippine Daily Inquirer*（以下、*PDI*）, Sep. 8, 1998. 国防省への国軍将兵の出向により文民職員の昇進が滞り不満が生じており、国防省の文民化は文民優位の促進に加えこのような不満に対処するためでもあった。
5) Glenda M. Gloria, *We Were Soldiers: Military Men in Politics and the Bureaucracy*, Quezon City: Friedrich-Ebert-Stiftung, 2003, p. 37.
6) Republic of the Philippines, *Annual Audit Report CY 1999*, Commission on Audit, 1999, Republic of the Philippines, *Annual Audit Report CY 2000*, Commission on Audit, 2000.
7) Gloria, *op. cit.*, 2003, pp. 39-40.
8) *Ibid.*, p. 41.
9) Darra Guineden, "Orly's Game of the Generals," *Philippine Graphic*, Sep. 14, 1998, p. 18.
10) *PDI*, Aug. 27, 1998, Guineden, op. cit., 1998, p. 18, Ricky S. Torre, "On the Defensive", *Philippine Free Press*, Sep. 12, 1998, p. 2.
11) *BW*, Aug. 21, 1998, *PDI*, Aug. 27, 1998, *BW*, Aug. 28, 1998.
12) *PDI*, Oct. 26, 1998, *PDI*, Oct. 29, 1998.
13) ただし、エストラダ政権が国軍の利益に極端に冷淡であったわけではない。将兵の給与増を実施するなどの配慮はしている。
14) 1992年にラモスが大統領に就任した際、アキノ前大統領が任命していたリサンドロ・アバディア国軍参謀総長とセサール・ナサレノ国家警察長官を留任していた。
15) *PDI*, June 22, 1998, *Manila Standard*（以下、*MS*）, June 22, 1998.
16) ナサレノの任命は、大統領選挙でエストラダに協力した見返りであるとの憶測が飛んだ。Dioscoro T. Reyes, *A Study on the Nature of Philippine Civil-Military Relations and Its Impact on National Security*, Quezon City: National Defense

College of the Philippines, 2004, p. 125. ナサレノは退役後、2004年の大統領選挙で、エストラダに近いフェルナンド・ポー候補陣営のミンダナオ島における中心人物として集票に関わっていたとされる。しかし本人は否定している。Glenda M. Gloria, "Split Loyalities," *Newsbreak*, June 21, 2004, p. 25.

17) *MS*, Oct. 15, 16, 1999.
18) *PDI*, Mar. 4, 2000.
19) *BW*, Jan. 27, 2000.
20) *PDI*, Aug. 16, 2000.
21) Aprodicio A. Laquian and Eleanor R. Laquian, *The Erap Tragedy: Tales from the Snake Pit*, Pasig City: Anvil Publishing, 2002, p. 216. エストラダは国軍の掌握に関しては不安を抱いていたが、サンフアン市市長時代に人事を駆使して警察と関係構築した経験を持ち、国家警察に関しては国軍よりも掌握が容易であると考えていた。
22) *BW*, Nov. 16, 1999.
23) *PDI*, Apr. 14, 1998.
24) *PDI*, Mar. 21, 2000.
25) *PDI*, July 8, *MS*, July 8, 1998.
26) *MS*, July 16, 1998. 1996年、マガントが逮捕した容疑者を直属の上司ではなく当時副大統領のエストラダに引き渡したことにより、指揮系統の無視であるとして当時就いていたポストを解任されたが、その解任に反発したエストラダが大統領組織犯罪対策委員会委員長の辞職を言い出し、ラモス大統領に拒否されるといったことがあった。*Manila Chronicle*（以下、*MC*）, May 21, 1996.
27) *PDI*, July 4, 1998, *PDI*, July 8, *MS*, July 8, 1998. 国家警察は、国軍を構成する一組織であった警察軍が1991年に国軍から分離され設立された組織であるため、国家警察幹部の多くは国軍幹部と同様に、フィリピン士官学校等を卒業し国軍将校としてキャリアを積んできた。
28) *PDI*, Aug. 25, 1998, *MS*, Nov. 11, 1998, *BW*, Nov. 12, 1998.
29) *Business Daily*, May 12, 1998. 名誉同期生については第5章を参照。
30) *PDI*, Dec. 5, 1998.
31) *MS*, Oct. 15, 1999.
32) *Manila Times*, Aug. 21, 1995, Glenda M. Gloria, "Ebdane: luck, skills & style," *Newsbreak*, Vol. 1, No. 42, 2001, p. 20. 国家警察長官に就任したラクソンにより、後に国家警察人材開発局局長に任命された。
33) *MS*, Apr. 4, 2000.
34) エドサ2の過程の事実関係の記述については、川中豪「フィリピン：エドサ2の政治過程」『アジ研ワールド・トレンド』No. 70、アジア経済研究所、2001年、6-10ページ、鈴木有理佳「『ピープル・パワー』ふたたび：フィリピンの政変」『アジ研ワールド・トレンド』No. 66、アジア経済研究所、2001年、35-38ページ、西村謙一「エストラダ政権崩壊の政治力学」『海外事情』49巻4号、2001年、104-118ページ、

Philippine Daily Inquirer, *Manila Standard*, *Businessworld* 各紙に負っている。
35) *PDI*, Nov. 22, 2000.
36) *PDI*, Nov. 23, 2000.
37) *Ibid*.
38) *PDI*, Nov. 26, 2000.
39) *PDI*, Nov. 28, 2000.
40) *PDI*, Nov. 22, 2000. 批判の的になったのは、上述したディアスの昇進と、同時期に大佐から准将に昇進したマラハカンの人事である。マラハカンもディアスと同様に異例のスピード昇進であったが、彼はメルカド国防長官の補佐官を務める人物であったため、メルカドとの関係で優先的に昇進したとみなされた。
41) Amando Doronila, *The Fall of Joseph Estrada: The Inside Story*, Pasig City: Anvil Publishing, 2001, pp. 180-182.
42) *PDI*, Feb. 22, 2001.
43) *PDI*, June 10, 1998.
44) *PDI*, Dec. 14, 1997. それに対しベローヤは、エストラダが1992年に当時のラモス大統領の殺害を彼に持ちかけたことを暴露するなど、ふたりが泥仕合を展開するといったことがあった。*PDI*, Mar. 17, 1998.
45) *PDI*, Feb. 25, 1999. その後昇進は認められた。
46) *PDI*, Feb. 22, 2001.
47) *Ibid*.
48) Gloria, op. cit., 2001, p. 20.
49) *Sun Star*, Dec. 2, 2000.
50) Gloria, Glenda M., "The Commander," *Newsbreak*, Aug. 19, 2002, p. 21.
51) Doronila, *op. cit.*, 2001, p. 200. こうしたエストラダとレイエスの息子のような関係は、コンパドレ（Compadre：擬制親族関係）と呼ばれる。コンパドレとは、カトリックにおける名付け親と子ども、また結婚における立会人とカップルの間に成立する擬制親族関係の一形態である。結婚式や洗礼式の保証人には通常、その経費を提供できる経済的余裕のある人が選ばれ、事実上、彼らは教父母になり、両親とは教兄姉の関係になる。谷川榮彦、木村宏恒『現代フィリピンの政治構造』アジア経済研究所、1977年、118ページ、デイビッド・ワーフェル著、大野拓司訳『現代フィリピンの政治と社会：マルコス戒厳令体制を超えて』明石書店、1997年、63ページ。
52) Doronila, *op. cit.*, 2001, p. 182.
53) *Ibid.*, pp. 200-201, Criselda Yabes, *The Boys from the Barracks: The Philippine Military After EDSA*, Updated Edition, Pasig City: Anvil Publishing, Inc., 2009, pp. 246-248.
54) *PDI*, June 18, 2002, *PDI*, July 14, 2002.
55) *PDI*, Apr. 18, 2001.
56) *MS*, Jan. 24, 2001, *PDI*, Jan. 25, 2001.

57) PNP News Release, "PNP Officials Face Probe," PNP Public Information Office, March 1, 2001.
58) *PDI*, Mar. 2, 2001, *MS*, Mar. 8, 2001.
59) Patoricio N. Abinales, "The Philippines in 2009: The Blustery Days of August," *Asian Survey*, 50 (1), 2010, p. 227.
60) *PDI*, Jan. 20, 2001.
61) *PDI*, Nov. 7, 2000.
62) *PDI*, Nov. 22, 2000.
63) *PDI*, Nov. 23, 2000.
64) *PDI*, Dec. 22, 2000.
65) 例えば、日下渉『反市民の政治学：フィリピンの民主主義と道徳』法政大学出版局、2013年、129-167ページ。
66) *PDI*, Aug. 15, 2003.
67) *Business Daily*, Dec. 24, 1997, *BW*, Dec. 2, 1999.
68) *PDI*, Feb. 16, 1998, Glenda Gloria, "The Silence of the RAMs: 1989 Coup Plotters, Where are They Now," *Filipinas*, February 2000, p. 50, *PDI*, Aug. 15, 2003.
69) *MS*, Aug. 6, 1999.
70) *MS*, Oct. 29, 1999.
71) *PDI*, Oct. 12, 2000.
72) *MS*, Nov. 8, 2000.
73) *BW*, Jan. 19, 2001.
74) *PDI*, Oct. 17, 2000.
75) Laquian and Laquian, *op. cit.*, 2002, p. 49. そもそもエンリレとホナサンは、選挙戦を視野に入れてエストラダの与党に入党したと指摘される。*MS*, Aug. 6, 1999.
76) Glenda M. Gloria, "RAM Generals Fight over LTO," *Newsbreak*, Vol. 1, No. 25, 2001, p. 9, *MS*, Feb. 19, 2001.
77) Doronila, *op. cit.*, 2001, p. 239.
78) *BW*, May 9, 2001.
79) エンリレは落選したがラクソンは当選を果たした。
80) *Philippine Star*, Jan. 12, 2002.
81) Jayvee Vallejera, "Playing with Fire," *Philippine Free Press*, Vol. 91, No. 52, 2000, p. 10.
82) Doronila, *op. cit.*, 2001, p. 204.
83) Greg Hutchinson, "Military Machinations," Ellen Tordesillas and Greg Hutchinson, *Hot Money, Warm Bodies: The Downfall of President Joseph Estrada*, Pasig City: Anvil Publishing, 2001, p. 194.

第 7 章

忠誠と報奨の政軍関係
——アロヨ大統領の国軍人事と政治の介入——

　第1章や第5章で述べたように、フィリピンには、歴史的、文化的、制度的に国軍将校と政治家の接近が生じやすく、両者が相互依存関係を構築することが慣習化している。そうしたなかで国軍が政治家の政治資源、政治的道具となり、将校がエリート間政治に組み込まれてきたという状況がある。マルコスが国軍を政治資源として独占した戒厳令下においては将校と政治家の関係が若干姿を変えたが、マルコス体制が崩壊した後に再び過去の装いを取り戻したようである。前章のエストラダ政権期の検討でも明らかなように、そうした営みは政軍関係を形成する重要な要素となっており、時に、政軍関係のみならず政治へのインパクトとなって顕在化するのである。

　本章では、アロヨ政権期における大統領の国軍人事を取り上げ、国軍への政治の介入の実態を描き出し、その要因のいくつかを検討する。具体的には、大統領がどのような人事手法で国軍との関係構築に取り組んだのか、また、大統領の人事に影響を与えた要素は何かを検討する。このように人事による文民側から国軍への政治的介入を検討することで、民主化後のフィリピンにおける文民優位のあり方や政治と国軍の関係の一端を明らかにできると考える。[1]

　人事を介した国軍への政治的介入は、主にマルコス権威主義体制との関連で問題となってきたが（第1章）、民主化後のフィリピンでも、大統領が国軍人事に大きな権限を有するとともに、政治家と国軍将校の個人的関係の形成が広く慣行となっているため、同様の問題は依然として生じ得る。

　民主的に選出された政治家が人事権を行使するということは、任命や昇進の

ような国軍人事を民主的な文民優位の下に置くものとして捉えることができ、民主化という観点からは歓迎されるものである。しかし、本来は政治的に中立であるべき国軍に政治的・党派的な意思の浸透を許す可能性があることは否定できない。政治的意図の反映がある程度許容される政治任命のポストであっても、どのように政治的かによって反響は様々であり、場合によっては、政軍関係の不安定化に帰結する危険性を孕んでいる。そのため、たとえ民主的に選出された政治家が人事権を行使していたとしても、評価は実態の検討に基づいて慎重になされる必要がある。

国軍幹部の人事においては大統領の公式・非公式の権限や影響力が大きいため、人事のあり方は大統領個人の選好や性格といった人格的な要素に関連付けて考えることができる。しかし本章では、アロヨ政権期に限らない現代フィリピンにおける大統領と国軍の関係についての示唆を得るために、人事をめぐる大統領と国軍の関係の形成に影響を与える非人格的な要素（政治的、社会的、歴史的な、諸制度、慣習、文脈など）[2]にも注目したい。

1 ポスト・エドサの政治的文脈と政軍関係

民主化後のフィリピンにおける政軍関係の背景となる政治的文脈や政権を取り巻く政治状況は、ふたつの点で大統領の国軍人事に影響を与える。

第1に、マルコス政権期に国軍が政治・行政の分野で役割を拡大したことや、マルコスのパートナーとして権力基盤の一角を構成したこと、そしてマルコス政権崩壊に国軍が重要な役割を果たしたことは、政治関与に対する国軍将校たちの認識に大きな変化をもたらしたという点で、民主化後の政軍関係に大きな影響を残している。

第1章でみたように、マルコス政権下で国軍将校の多くが国家の統治における国軍の役割の重要性を認識するようになり、加えて、政権崩壊の過程で少なからぬ数の将校が、裁定者としての国軍の政治関与を積極的に評価するようになっていた。2001年1月のエストラダ政権崩壊過程で、活発に反政権活動を展開する者や、大統領への支持撤回を国軍上層部に働きかける者が幹部クラスの

将校のなかにいたように、民主化から15年を経た時点でも、一部の国軍将校たちの間には、政治関与に対する積極性を看取できる。

政治関与への志向を強めていた国軍将校のなかで、最も急進的なグループがアキノ政権期にクーデタの企てを繰り返した。クーデタはすべて未遂か失敗に終わったものの、政権維持のために大統領が国軍に依存するという状況を生み出した。さらに、クーデタの企てに参加した若手将兵たちは恩赦を与えられ、1990年代後半に国軍部隊に復帰している。そうした将兵のなかには「文民政府が信頼に足るガバナンスを実施する責任を全うできないか、あるいは放棄した時、軍人は国家を護るために介入するべきである」と考える者がいたが[3]、彼らの一部は同様の「大義」を掲げ、アロヨ政権期の2006年2月に起きたクーデタ未遂にも加わっている。

2004年に若手将校を対象として実施されたアンケートでは、政府に問題解決能力がなければ国軍は介入すべきと思うか、という問いに対して、回答者の37.5％にあたる48名が、手法の違いはあれ、「介入すべきである」と回答している[4]。こうしたアンケートや2000年代の行動が示すように、少なからぬ数の国軍将校は、依然として政治関与に対する積極的な意識を大きく変化させることなく保持している。

第2に、「エドサ1」と「エドサ2」という政権交代劇の双方において、国軍が決定的な役割を担ったことが政治社会に与えた影響が重要である。これらの出来事が、国軍幹部の支持の有無が、大統領を失脚させたり、あるいは新たな大統領を誕生させたりする重大な要因になることを、フィリピンの政治社会に印象付けた。

アロヨ政権期のフィリピンでは、民主化後20年が経過したにもかかわらず、「民主主義的な決定のルールが街で唯一のゲーム」となっていないと指摘された。すなわち、街頭示威行動による超憲法的な政権交代の企てが多発し、それを容認する態度が市民のなかに広く観察されるなど、選挙によって政策決定者を決めるという憲法で定められた手続きの定着が停滞している[5]。そうした状況下、政治社会の一部アクターにとって、とりわけ「エドサ2」以降は、国軍内の不満分子と街頭の反大統領勢力が結託して大統領を失脚させるというシナリ

オが選択肢のひとつとなっている（第9章）。2度起こったことが3度起こってもおかしくないと考える政治社会のアクターは当然存在するであろう。国軍が一役買う政権の崩壊・成立が、政権交代のあり得るひとつの形態として、政治社会の一部アクターに認識されるようになったとさえ言える。

　街頭示威行動による超憲法的な政権交代の企てが頻繁に発生し、それがある程度許容される態度が市民の間にあるなか、「エドサ1」や「エドサ2」の再現を思い描いてそこに国軍を引き込もうと模索する動きが存在する。そして国軍将校のなかには、手法の相違はあれ、政治関与を厭わない者が少なからずいる。こうした状況下、国軍将校にクーデタを起こさせないことや発生したクーデタに対抗することに加えて、国軍将校が政権打倒を企てる集団に取り込まれることや民衆の街頭示威行動に呼応して政権から離反することを防ぐことが、大統領には必要となっている。

　こうした政治的文脈の下、どのような大統領であれ就任後は、国軍を掌握・懐柔し良好な関係を構築することを必要とする状況に置かれることになる。国軍の掌握・懐柔には、手厚い予算配分や将兵の給与の増額、教育など様々な方法があるが、予算が必要な措置については議会審議に時間を要するし、精神面の改革についても効果が出るのに時間がかかる。クーデタの可能性やそれにリクルートされる将校がいるとの噂が飛び交うなか、短期間での国軍の掌握・懐柔が必要となるが、その際に手っ取り早く即効性があるのは人事である。

　大統領が国軍との良好な関係を構築するにあたって人事は極めて重要である。政権に不満のある将校が国軍の重要ポストにいれば国軍との関係を安定させるのは困難となるが、大統領に忠誠的な将校を配置すれば関係の良好化に寄与する。中立的で政治に関与しない将校を配置することもあり得るが、将校と政治家の間には個別的に相互依存的な関係が形成されている場合が多く、中立性には常に疑念が付きまとうし、誰が政治に関与しない将校なのかを判別することは容易ではない。また、政権の危機の際に、「中立」を口実に日和見主義者となる将校では意味がない。大統領はどのような将校がどのようなポストに就くかを人事によって調整しなければならないが、大統領に忠誠的な将校を重要ポストに配置するインセンティブは高い。また、人事は将校の出世を左右す

第7章　忠誠と報奨の政軍関係

るものであるため、人事による将校の懐柔、忠誠心の醸造を通じた国軍の掌握も大統領にとって重要である。

こうして、国軍掌握の必要性は、大統領の国軍人事を大きく規定する。それは、アロヨ政権期にみられるように大統領が自ら招いた一時的な政治状況と関係している場合もあるが、民主化以降も依然として見え隠れする国軍の政治関与への姿勢や、政治社会を構成するアクターの心理に2度の「エドサ」がインパクトを与えたという政治的文脈とも関連しているのである。

2　忠誠と報奨――国軍掌握とアロヨ大統領の人事

2-1　アロヨ大統領の課題

民主化以降の歴代大統領と同様に国軍掌握はアロヨ大統領の課題であったが、「エドサ2」が生み出した政治的文脈が、大統領の国軍人事の新たな規定要因に加わっていた。

アロヨ政権を成立させた「エドサ2」に至る過程では、国軍や国家警察の将校の一部が様々なレベルで反エストラダ活動を繰り広げており、アロヨ政権の成立に国軍が果たした役割が大きいことは明白であった（第6章）。そのためアロヨ大統領は、政権誕生に寄与した国軍将校たちに報いる必要があった。

また、アロヨ政権は発足直後から、政権成立過程から生じる正当性への疑義と、反対勢力による政権転覆の恐れに直面していた。政権成立から間もなくして、エストラダ支持派の政治家や民衆がエドサ聖堂前に集結し「エドサ3」を称するという事態が発生した。集結した民衆の一部が大統領宮殿に向かって行進を始め、それを阻止しようとする国軍部隊・警官隊と衝突し死者を出すほどの事態となった。また、2003年7月、国軍若手将兵およそ300名がマニラ首都圏マカティ市にあるホテルを占拠し、アロヨ大統領の辞任などを要求する事件が発生した。本件を調査した政府の真相究明委員会は、反乱事件がアロヨ政権の転覆を企図したものであったと結論付けた[6]。この他にも、クーデタが発生するとの噂が度々流れたが、国軍が一角を構成する政権打倒計画が明らかに反アロヨ勢力の政治的選択肢となっていた（第9章）。このような状況下、アロヨ大

統領は、個人的に信頼できる将校で国軍上層部を固めることにより、国軍を政権生き残りの手段にする必要があったのである。

2-2　論功行賞人事

　第6章でみたように、エストラダ政権の崩壊過程では、国軍・国家警察の将校から成るいくつかのグループが、それぞれ独自の計画に基づき反エストラダ活動を展開していた。例えば、エドガルド・エスピノサ、アルトゥーロ・カリーリョ、レアンドロ・メンドーサ、ヘルモジェネス・エブダネらがそれぞれ率いるグループを含む複数のグループが、独自の計画でエストラダ政権の打倒を企てていた（当時のポストは表7-1を参照）。これらのグループの将校にはアロヨ副大統領と接触のある者も少なからずいた。こうした国軍・国家警察将校のグループの様々な動きは、レイエス国軍参謀総長をはじめとする国軍上層部がエストラダ政権への支持撤回を決断する重要な要因となった。

　政権成立後、アロヨ大統領はこれらのグループの将校たちに人事で報奨を与えた。彼らは、アロヨ政権発足後の人事で国軍や国家警察の幹部ポストに任命され、その後も重要ポストを歴任し、退役後は政府諸機関のポストを与えられた。加えて、政権発足直後に発生したいわゆる「エドサ3」の際に大統領宮殿の防衛に積極的な役割を担った将校たちも、「忠誠を示した」として重要ポストを歴任することとなった。国軍が政権から離反した「エドサ2」と政権を防衛した「エドサ3」では状況が異なるが、どのような動機であれアロヨ側に付いた将校には報奨を与える姿勢を示すことで、他の将校たちへのアナウンス効果が期待できる。

　エスピノサや彼のグループにいたアデルベルト・ヤップ、そしてカリーリョはアロヨ政権成立直後に定年退役したが、その後それぞれポストを得た。カリーリョのグループにいたアルベルト・ブラガンザは、政権発足直後に大統領上級軍事補佐官に任命され、その後はクーデタの鎮圧に欠かせない部隊、言い換えれば部隊の離反が政権存続に大きな影響を与える部隊の司令官を歴任した。さらに退役後もポストを得ている。エブダネは政権成立直後に国家警察副長官に任命され、まもなく国家警察長官となった。退役後はアロヨ大統領の国

第 7 章　忠誠と報奨の政軍関係

表7-1　アロヨ政権の成立・防衛に貢献した主な将校たちのアロヨ政権期のキャリア

名　前	所属	PMAクラス	エドサ2=(2)・エドサ3=(3) 当時のポスト	行　動	アロヨ政権での主なキャリア（○、◎は組織内でそれぞれ10位、5位に入る高位のポスト。●は閣僚級ポスト。）
アンヘロ・レイエス	AFP	66	国軍参謀総長	(2)国軍の支持撤回を宣言。	（退役後）●国防省長官→●内務自治省長官→●エネルギー省長官
ヘルモジェネス・エブダネ	PNP	70	国家警察人材開発局	(2)早期から反エストラーダ活動。早い段階で離反を宣言し離反グループを主導。アロヨに面会。身辺警護を提供。	◎国家警察副長官→◎国家警察長官 （退役後）●国家安全保障顧問→●公共事業道路省長官→●国防省長官→●公共事業道路省長官
ディオニシオ・サンチアゴ	AFP	70	陸軍特殊作戦部隊司令官	(2)エブダネのグループで活動。レイエス参謀総長に大統領が辞任を考慮すべきであると進言。(3)大統領府の防衛を指揮。	○中部統合軍管区司令官→◎陸軍司令官→◎国軍参謀総長 （退役後）矯正局長→麻薬取締庁長官（大統領府）
クライド・フェルナンデス	PNP	70		(2)エブダネのグループで活動。(3)大統領府の防衛を指揮。	越境犯罪対策本部長→◎国家警察副長官
ビクトル・シグネイ	PNP	70		(2)エブダネのグループで活動。	国家警察研究開発局
エフレン・アブ	AFP	72	陸軍軽機甲旅団司令官	(2)エブダネのグループで活動。レイエス参謀総長に大統領が辞任を考慮するべきであると進言。(3)大統領府の防衛を指揮。	参謀本部作戦部長→第2歩兵師団司令官→陸軍副司令官→◎陸軍司令官→◎国軍参謀総長 （退役後）BIMP-EAGA特使
アルフォンソ・ダグダグ	AFP	ROTC	参謀本部作戦部長	レイエス参謀総長に大統領が辞任を考慮するべきであると進言。	第4歩兵師団司令官→○北部ルソン統合軍管区司令官 （退役後）違法伐採取締本部本部長
エドガルド・エスピノサ	AFP	68	国軍統合指揮参謀大学校長	(2)国軍内の反エストラーダの将校たちを率いる。	（退役後）マニラ経済文化事務所台北事務所長
アデルベルト・ヤップ	AFP	68	空軍副司令官	(2)早い段階で離反。エスピノサのグループで活動。	（退役後）運輸通信省航空運輸局長→クラーク国際空港空港長→マクタン・セブ国際空港空港長
アルトゥーロ・カリーリョ	AFP	68	北部ルソン軍管区司令官	(2)早い段階で離反。エスピノサと協調。	（退役後）大統領軍事顧問
アルベルト・ブラガンザ	AFP	ROTC	北部ルソン統合軍管区司副令官	(2)カリーリョのグループで活動。エスピノサと協調。	大統領上級軍事補佐官→第7歩兵師団司令官→○首都圏統合軍司令官→●南部統合軍管区司令官 （退役後）移民局副局長
デルフィン・バンギット	AFP	78	副大統領補佐官	(2)集団離反すると警告した士官学校78年組のリーダー。	大統領警護隊司令官→国軍情報局局長→第2歩兵師団司令官→◎南部ルソン統合軍管区司令官→◎陸軍司令官→◎国軍参謀総長
レアンドロ・メンドーサ	PNP	69	国家警察副長官	(2)早期から反エストラーダ活動。早い段階で離反を宣言し離反グループを主導。	◎国家警察長官 （退役後）●運輸通信省長官→●官房長官
デルフィン・ロレンサナ	AFP	73		(3)大統領府の防衛を指揮。	陸軍特殊作戦部隊司令官→在ワシントン・フィリピン大使館武官 （退役後）在ワシントン・フィリピン大使館員
ペドロ・カブアイ	AFP	ROTC		(3)政権の防衛に重要な役割。	軽機甲旅団長→第2歩兵師団司令官→◎北部ルソン統合軍管区司令官 （退役後）国家安全保障副顧問→国家情報調整局局長
エドガルド・アグリパイ	PNP	71	首都圏警察局長	(2)早期に離反。群衆を追い払う命令を受けたが無視。	◎国家警察長官 （退役後）フィリピン退職官評議委員長

出典：*Philippine Dairly Inquirer*, various issues, Amando Doronila, *The Fall of Joseph Estrada: The Inside Story*, Pasig City: Anvil Publishing, 2001, Zeus A. Salazar, *President ERAP: A Sociopolitical and Cultural Biography of Joseph Ejercito Estrada*, Volume 1: Facing the Challenge of EDSA II, translated into English by Sylvia Mendez Ventura, San Juan, Metro Manila: RPG Foundation, Inc, 2006 から筆者作成。士官学校（PMA）のクラスは、Philippine Military Academy, *The Academy scribe*, 2nd ed. Baguio City: Philippine Military Academy, 1989 調べ。

注：AFPは国軍、PNPは国家警察、ROTCは予備役士官訓練課程。

家安全保障顧問を務め、その後、複数の閣僚ポストを歴任している。エブダネのグループにいたディオニシオ・サンチアゴ、エフレン・アブは、その後、「エドサ3」で大統領府の防衛を指揮し、忠誠と勇気を示したとして大統領に賞賛され、ふたりとも後に陸軍司令官、国軍参謀総長に任命されることとなる。退役後は、サンチアゴは大統領府付きの麻薬取締庁長官、アブは外交ポストにそれぞれ任命されている。以上の将校を含め、「エドサ2」で政権の成立、「エドサ3」で政権の防衛に重要な役割を担った主な将校たちのアロヨ政権でのキャリアをまとめたのが表7-1である。

2-3 フィリピン士官学校同期生

　アロヨ大統領は国軍との関係構築にあたり、フィリピン士官学校の特定のクラスの卒業生を重用するという手法を用いた。とりわけ、1970年卒業生（70年組）と1978年卒業生（78年組）とは密接な関係を築いていた。前述したエブダネのグループは、多くの将校が70年組であった（表7-1参照）。エストラダ政権崩壊の過程では、70年組の国軍・国家警察将校12名が、秘密裏にアロヨの側で動いていた。[7]そのためアロヨ大統領は、政権の初期に、政権の成立に貢献した70年組のグループのメンバーを多く重要ポストに任命して、彼らの横のつながりを国軍掌握に活用したのである。[8]アロヨ政権前期に、70年組から3名もの国軍参謀総長が輩出していることは注目に値する。また、70年組は退役後も政府機関のポストを与えられた者が多い。表7-1に記載のある将校以外では、国軍参謀総長で退役し中東特使に任命されたロイ・シマツ、同じく参謀総長で退役し基地転換開発公社社長に任命されたナルシソ・アバヤ、国軍副参謀総長で退役し国防次官に任命されたエルネスト・カロリナ、同じく参謀副総長で退役しミンダナオ和平政府代表に就いたロドルフォ・ガルシア、大統領警護隊司令官を務めた後退役し国防次官に任命されたグレン・ラボンサなどがいる。

　そしてアロヨが最も信頼を置くのが78年組である。アロヨは上院議員の2期目を目指していた1995年頃から、国軍将校との繋がりやネットワークの形成を望んでいたといわれるが、1998年の副大統領就任後間もなく、78年組の名誉同期生となった。[9]副大統領補佐官が78年組のデルフィン・バンギットであったこ

第7章　忠誠と報奨の政軍関係

表7-2　アロヨ政権の成立・防衛に貢献した将校たちが政権1期目に重要ポストを占めた期間

	参謀総長	参謀副総長	参謀副総長	陸軍司令官	国家警察長官	統合軍管区司令官						陸軍歩兵師団団長								大統領特殊警護隊司令官	陸軍特殊作戦部隊司令官
						首都圏統合軍管区司令官	北部ルソン統合軍管区司令官	南部ルソン統合軍管区司令官	西部統合軍管区司令官	中部統合軍管区司令官	南部統合軍管区司令官	第1歩兵師団（南部）	第2歩兵師団（南部ルソン）	第3歩兵師団（中部）	第4歩兵師団（南部）	第5歩兵師団（北部ルソン）	第6歩兵師団（南部）	第7歩兵師団（北部ルソン）	第8歩兵師団（中部）		

（表内は各将校の在任期間を網掛けで示す。2001年2月～2004年4月）

「新設」：南部統合軍管区司令官の列に2003年8月に新設の注記あり。

出典：フィリピン国軍ホームページ、*Philippine Daily Inquirer*, various issues より筆者作成。

とがきっかけとなった。副大統領時代を通して、バンギットや同じく78年組のカルロス・オルガンサが補佐官として常にアロヨの傍らにいた。アロヨ政権成立後は、彼らを含む78年組の数名が大統領警護隊内のポストや大統領府付きの組織犯罪対策委員会委員、大統領顧問などに就いて大統領の周囲を固めた。[10]

政権発足直後の2月から3月にかけて行われた最初の大規模な人事で、表7-1の将校を含むアロヨに近い将校たちがいくつかの国軍重要ポストを占めることとなった。参謀副総長、5つある統合軍管区司令官のうち3つ、大統領警護隊司令官、国家警察長官のポストが、政権成立に功績のあった将校で新たに占められた。その他のポストに関しても、アロヨ政権1期目（2001年2月から2004年4月）は、彼らによって占められていた期間が長い。表7-2は、上述した将校たちがアロヨ政権1期目において、どの程度の国軍重要ポストを占めていたかを示す表である。網掛け部分が上述した将校たちがポストに就いていた期間である。

2-4　国軍参謀総長人事

昇進や幹部ポストが報奨、あるいは忠誠を得るための材料のように政治的に用いられたが、国軍トップである参謀総長のポストも例外ではなかった。

アロヨ大統領は政権1期目のわずか2年3ヵ月の間に5人もの国軍参謀総長を任命した。国軍将校の定年は56歳であるが、アロヨは定年間近の国軍幹部を参謀総長に任命し、若干期間の任期延長を行い、その将校が退役した後、再び他の定年間近の将校を参謀総長に任命するということを繰り返した。それが最も際立った期間は2002年5月から2003年3月までの期間で、表7-3が示すように、この1年にも満たない間に3名が参謀総長に任命され、そして退役した。このような人事は、国軍幹部からすると参謀総長を経験できる可能性が高まること、それはすなわち、大統領への忠誠に対する最高の見返りに与ることができる可能性が高まることを意味する。2003年4月にアバヤが任命されて以降は、任期が極端に短くなるような任命はなくなったが、1人あたりの任期は概して短いものとなっている。

第7章　忠誠と報奨の政軍関係

表7-3　アロヨ政権期の国軍参謀総長と任期

名　前	クラス	任　期	月	延　長
ディオメディオ・ヴィリャヌエヴァ	68	2001年3月～2002年4月	14	延長なし
ロイ・シマツ	70	2002年5月～2002年8月	4	就任時に2ヵ月の延長。後に6日の延長
ベンジャミン・ディフェンソール	69	2002年9月～2002年11月	3	退役の2日前に任命。就任時に69日の延長。後に10日の延長
ディオニシオ・サンチアゴ	70	2002年12月～2003年3月	4	延長なし
ナルシソ・アバヤ	70	2003年4月～2004年10月	19	延長なし
エフレン・アブ	72	2004年11月～2005年7月	9	1ヵ月の延長
ヘネロソ・センガ	72	2005年8月～2006年6月	11	延長なし
ヘルモジェネス・エスペロン	74	2006年7月～2008年4月	22	3ヵ月の延長
アレクサンダー・ヤノ	76	2008年5月～2009年4月	12	延長なし
ビクトル・イブラド	76	2009年5月～2010年2月	10	延長なし
デルフィン・バンギット	78	2010年3月～2010年6月	4	延長なし

出典：筆者作成。

2-5　退役後の政府ポストへの任命

アロヨ大統領は、退役した国軍幹部の多くを政府関連機関のポストに任命している（表7-4）。政府機関のポストを与えることは幹部将校への最後の報奨になると同時に、退役将校を政権側に取り込んでおくという効果がある。エストラダ政権崩壊の過程では、退役将校のグループが政権からの離反を現役将校に働きかけていたこともあり、退役したからといって彼らを放っておくのは得策ではない。退役将校の政府関連機関ポストへの任命は、民主化後の歴代政権においても行われてきたことであるが、その数はアロヨ政権期が最も多い[11]。

しかし、すべての国軍幹部が退役後にポストを与えられているわけではない。退役する際にアロヨ大統領の人事を批判したためポストを与えられなかったという例がある。国軍幹部に退役後のポストをチラつかせ、硬軟織り交ぜた処遇をもって人事に臨んでいたアロヨ大統領の姿勢が垣間見える。

3　アロヨ大統領の国軍人事の陥穽

アロヨ政権期、とりわけ1期目における大統領の国軍人事では、政権の誕

表7-4 アロヨ政権期において退役後に政府関連機関のポストに就いた国軍幹部

名　前	退役時のポスト	クラス	退役後の主な政府関連機関ポスト
ディオメディオ・ヴィリャヌエヴァ	参謀総長	68	郵政公社代表執行役員
ロイ・シマツ	参謀総長	70	中東特使
ベンジャミン・ディフェンソール	参謀総長	69	APECテロ対策委員会委員長
ディオニシオ・サンチアゴ	参謀総長	70	大統領府麻薬取締庁長官
ナルシソ・アバヤ	参謀総長	70	基地転換公社社長
エフレン・アブ	参謀総長	72	BIMP-EAGA特使
ヘネロソ・センガ	参謀総長	72	在イラン大使
ヘルモジェネス・エスペロン	参謀総長	74	大統領顧問官、大統領府秘書局長
アレクサンダー・ヤノ	参謀総長	76	在ブルネイ大使
エルネスト・カロリナ	参謀副総長	70	国防省次官
ロドルフォ・ガルシア	参謀副総長	70	ミンダナオ和平政府代表
アリストン・デロス・レイエス	参謀副総長	71	国防省次官
クリスティー・ダトゥ	参謀副総長	73	国軍・国家警察貯蓄貸付組合取締役副社長
アントニオ・ロメロ	参謀副総長	74	国防省次官
カルドーゾ・ルナ	参謀副総長	75	在オランダ大使
ロメオ・トレンティーノ	陸軍司令官	74	国営石油代替燃料会社代表執行役員
ギジェルモ・ウォン	海軍司令官	69	在ベトナム大使
エルネスト・デレオン	海軍司令官	72	在オーストラリア大使
マテオ・マユガ	海軍司令官	73	国防省次官
レアンドロ・メンドーサ	国家警察長官	69	運輸通信省長官
ヘルモジェネス・エブダネ	国家警察長官	70	公共事業道路省長官
エドガルド・アグリパイ	国家警察長官	71	退職庁評議委員委員長
アルトゥーロ・ロミバオ	国家警察長官	72	国家灌漑庁長官
オスカル・カルデロン	国家警察長官	73	矯正局局長
アベリノ・ラーソン	国家警察長官	74	和平プロセス大統領顧問官
ロイ・キャムコ	統合軍管区司令官	ROTC	エネルギー省次官
アルフォンソ・ダグダグ	統合軍管区司令官	ROTC	政府違法伐採取締本部長
ペドロ・カブアイ	統合軍管区司令官	ROTC	国家情報調整局局長
アルベルト・ブラガンザ	統合軍管区司令官	ROTC	移民局副局長
アディルベルト・アダン	統合軍管区司令官	72	米比訪問軍地位協定に関する委員会委員長
ティルソ・ダンガ	統合軍管区司令官	75	国家安全保障顧問特別補佐官

出典：*Philippine Daily Inquirer*, various issues から筆者作成（2010年5月25日時点）。

生、そして防衛に「功績」のあった将校が国軍・国家警察の重要ポストに任命され、また昇進した。このような人事には次のような目的・効果があったと考えられる。第1に、アロヨ大統領は、人事によって働きに報いることで、政権を支える誘因を生み出した。政権の維持が即時のあるいは将来の報奨（重要ポストへの任命や昇進）に確実につながるのであれば、政権から離反するよりも支える方に誘因が生じる。第2に、信頼できる人物や大統領への忠誠が厚い人物を重用したり、士官学校同期生の横のつながりを利用したりして国軍の掌握、そして政権の安定化を図った。

しかし、アロヨ大統領の人事は、国軍内でのアロヨへの支持を固めると同時に、将校たちが不満を募らせる要因ともなった。

アロヨ政権の成立に功績があり大統領との関係も良い士官学校70年組が重要ポストに任命されたり昇進したりしたが、上級生である69年組は、自らのポストが下級生に奪われるとの恐れを抱き、警戒感や不快感を露わにした。また、78年組の台頭により77年組に不満が生じているとの指摘もある。特定のクラスの優遇は影響を受ける他のクラスの不満となり、ともすれば、クラス間の亀裂、さらには国軍全体の亀裂に発展しかねない。

また、ポストを報奨のように用いるアロヨの手法も、士気を低下させ、不満を生じさせる要因となる。ある陸軍将校は、アロヨ大統領は司令官ポストを報奨として扱うべきではないと述べ、また複数の現役・退役将校は、そのような行為は政治的動機による決定から国軍と国家警察を隔離する組織内のシステムが確立するのを妨げているなどと述べている。

とりわけ、定年退役間近の将校を国軍参謀総長に任命し若干の任期延長を与えるという人事を繰り返す手法に対する不満は強かった。安全保障政策や国軍近代化計画の継続性を台無しにするという軍事面に対する批判に加え、国軍を政治化するとの批判が相次いだ。幹部将校の任期延長は政治権力者と密接な関係にある者に与えられるもので、マルコス時代に多用されたクローニズム的な人事手法であり、有能な将校や若い将校の昇進を妨げるものであると批判された。アキノ、ラモス、エストラダといった民主化後の歴代大統領も、それぞれ1名の国軍参謀総長の任期を延長しているが、その都度、国軍内から批判の声

が上がった。しかし、アロヨが退役2日前の人物を国軍参謀総長に任命したことへの批判は際立っていた。将校たちは、国軍を政治化する、低俗だ、国軍の規律を低下させる、国軍を崩壊させる、国軍内の反目を助長する、などと苛立ちを露わにした。[17] 国軍内に不満が蔓延したのは明らかであり、このような大統領の参謀総長人事は、クーデタ計画にリクルートされる将兵が増える要因のひとつであると指摘される。[18] 事実、2003年7月のクーデタ未遂事件に加わった将兵が抱く不満に、アロヨ大統領の参謀総長人事が挙げられている。[19] 人事への不満が直ちにクーデタを発生させるわけではないが、政軍関係の不安定要素となるのは間違いない。

　アロヨ大統領の国軍人事は、国軍上層部の支持を獲得するという点では一定の効果はあったが、悪循環を内包したものでもあった。つまり、政権を安定化させるために国軍上層部の支持を得ようと試みた人事によって国軍内に不満を生み出し、蔓延させ、そしてそれが政権の不安定化の一要因となるというものである。そのような悪循環は、政権2期目におけるアロヨ大統領の正統性の揺らぎと相まって、国軍内の不満を顕在化させていく。

4　大統領選挙での不正疑惑と国軍人事

4-1　大統領選挙での不正疑惑と国軍幹部

　アロヨ大統領は2004年5月の大統領選挙で当選を果たし、政権は2期目に入る。2期目の国軍人事に影響を与えた新たな要素として重要なのが大統領選挙での不正疑惑である。

　2005年6月、前年2004年5月の大統領選挙の最中にアロヨ大統領が選挙管理委員会委員長へかけた電話を盗聴録音したとされるテープが公開された。会話の内容から、アロヨ大統領や選管委員長が、ミンダナオ島西部の複数の選挙区での投開票における不正に関与しているのではないか、また、国軍幹部で選挙当時にそれらの選挙区における治安維持を担当する部隊を統括・指揮していた陸軍のヘルモヒネス・エスペロンやロイ・キャムコ、ガブリエル・ハバコンなどがアロヨ大統領当選のための不正活動に関与していること、そして、海兵

隊のフランシスコ・グダニがそれに非協力的であることなどが推察された[20]（当時のポストは表7-5参照）。

議会上院は調査委員会を設置し、関係者を聴聞会に召喚して不正疑惑に関する証言を募ろうと試みた。それに対してアロヨ大統領は、政府や国軍、国家警察の幹部が大統領の許可なく議会の査問に応じてはならないという内容の行政令を出し、疑惑の追及を封じようとした。上院は国軍の関係者に聴聞会への出席を求めたが、不正への関与が疑われるエスペロン、ハバコン、キャムコ、そして盗聴への関与が疑われるティルソ・ダンガ、マール・ケベドらは、行政令を理由に上院の出席要請を拒否した。しかし、選挙の際に不正への関与に消極的であったために選挙直後に左遷されたと憶測されたグダニと彼の副官であるアレキサンダー・バルタンは、行政令と国軍上層部の意向に反して聴聞会に出席し、アロヨに不利になるような証言を行ったのである。[21]

4-2　報奨と懲罰の人事

大統領選挙での不正疑惑が持ち上がった2005年6月以降、アロヨ大統領の正統性が揺らいだのを機に政権転覆を企てる勢力が勢いづいていた。国軍内では中堅・若手将校の間で士気が低下するとともに、政権や国軍上層部に対する不満が急速に高まっていた。そして、アロヨ政権の打倒を企てる勢力が、不満を持つ将兵を反アロヨ陣営に引き込もうとする動きが活発化し始めていた。[22]こうした状況下、アロヨ大統領はどのような国軍人事を行ったのであろうか。

グダニとバルタンは2004年5月の大統領選挙の後、いずれも海兵隊第1旅団の司令官ポストを解かれ、指揮する部隊のないフィリピン士官学校に職を与えられていた。閑職と言っていいポストである。一方、選挙の際にアロヨ大統領を当選させるための不正に関与した疑いのある将校たちは、選挙後に重要ポストへ任命されたり昇進したりしていた。

そして、疑惑発覚後の2005年9月、グダニとバルタンは聴聞会でアロヨに不利になる証言を行ったが、その翌日、士官学校の職をも解かれることとなった。さらにその後、行政令に背いたかどで訴追された。一方、聴聞会への出席を拒んだ面々は、その後、重要ポストでキャリアを重ね、退役後もポストを得

表7-5 不正疑惑に関係しているとされる主な将校への処遇

名　前	所属	2004年5月選挙時のポスト	選挙不正疑惑との関わり	上院調査委員会への出席・証言	その後の処遇
ヘルモジェネス・エスペロン	陸軍	国軍参謀本部作戦部長／公正で平和的な選挙実施のための対策本部本部長	通話で名前が言及される。選挙での不正に関与した疑い。	出席拒否	第7歩兵師団司令官→特殊作戦部隊司令官→陸軍司令官→国軍参謀総長（退役後）和平プロセス担当大統領顧問→大統領府秘書局長
ガブリエル・ハバコン	陸軍	国軍第1歩兵師団司令官	通話で名前が言及される。選挙での不正に関与した疑い。	出席拒否	南部統合軍管区司令官
ロイ・キャムコ	陸軍	国軍南部統合軍管区司令官	通話で名前が言及される。選挙での不正に関与した疑い。	出席拒否	（退役後）密輸取締対策本部次官→エネルギー省次官
ティルソ・ダンガ	海軍	国軍情報局長	盗聴に関与した疑い。	出席拒否	国軍参謀本部情報部長→西部統合軍管区司令官（退役後）国家安全保障顧問特別補佐官
マール・ケベド	陸軍	国軍情報副局長	盗聴に関与した疑い。	出席拒否	国軍情報局長（退役後）国家安全保障顧問補佐官
フランシスコ・グダニ	海兵隊（海軍）	海兵隊第1旅団司令官（ラナオ地区）	選挙での不正に非協力的であったとされる。	出席・アロヨに不利になる証言	04年5月の大統領選直後にフィリピン士官学校教官→上院での証言後に士官学校教官の職を解かれる。その後、行政令に背いたかどで訴追。
アレクサンダー・バルタン	海兵隊（海軍）	海兵隊第1旅団副司令官（ラナオ地区）	選挙での不正に非協力的であったとされる。	出席・アロヨに不利になる証言	04年5月の大統領選直後にフィリピン士官学校教官→上院での証言後に士官学校教官の職を解かれる。その後、海兵隊教官。その後、行政令に背いたかどで訴追。

出典：Glenda M. Gloria, "Take Life," *Newsbreak*, November 7, 2005, p. 11, Glenda M. Gloria, "What Defference a Year Makes," *Newsbreak*, June 19, 2006, p. 16, *Philippine Daily Inquirer*, various issues から筆者作成。

ている（表7-5）。エスペロンは国軍参謀総長まで登り詰め、退役後は大統領顧問や大統領府秘書局長に就き、大統領にまさに側近として仕えている。ハバコンは、その規模から三軍の司令官ポスト並みに重要とされる南部統合軍管区司令官に任命された。キャムコは、選挙後間もなく退役したが、政府機関の次

官ポストを与えられた。ダンガは、参謀本部の中でも重要なポストである情報部長を経て、西部統合軍管区司令官に任命され、退役後は国家安全保障顧問特別補佐官に任命されている。

キャムコとダンガは軍管区司令官ポストで退役し、その後政府機関で職を得ているが、アロヨ政権期に軍管区司令官のポストで退役した将校16名（2009年5月時点）のうち、退役後に政府機関のポストを得たのは彼らを含めて6名しかいない。再就職率が決して高くない状況を考慮すると、大統領による彼らの処遇は好意的である。

このようにアロヨ大統領は、選挙不正疑惑の渦中にあり聴聞会への出席を拒否した将校を優遇する一方、聴聞会でアロヨに不利になる証言をした将校を徹底的に冷遇した。大統領への忠誠に対する報奨、不忠に対する処罰の道具としてポストが用いられたとの印象を与える人事である。

4-3 国軍内の不満

疑惑発覚により中堅・若手将校の間で士気低下が進み、政権・国軍上層部に対する不満が急速に高まるなかでの上述のようなアロヨ大統領の人事は、国軍内の不満を危機的なレベルまで高めるという結果をもたらした。

2005年8月、陸軍司令官のヘネロソ・センガが国軍参謀総長に任命されたのにともない、エスペロンが陸軍司令官に任命された。上述のように、エスペロンは選挙不正に関与が疑われる将校のひとりである。これに対して、若手将校のグループが偽名で非難声明を発した。声明は、エスペロンが選挙不正に関与したにもかかわらず彼を調査したり処分したりすることなく、陸軍で最高位のポストに任命するという報奨を与える一方で、抗議した将校を処分している、などと大統領を非難し、世代間の亀裂や不信の深まりを警告している[23]。

海兵隊の士気低下は著しかった。上述したように、聴聞会で証言したふたりの海兵隊将校がポストを外されたが、こうした人事は海兵隊将校たちの士気を低下させるだけではなく、集団離反の可能性を考慮し始める将校を生み出した。また、ある陸軍将校は、海兵隊内のこうした状況が陸軍へ波及するであろうと指摘した[24]。

その後も、アロヨの人事は不満を持つ将校を逆なでした。南部統合軍管区司令官の任命では、将官委員会が推薦した人物を拒否し、選挙不正への関与が疑われているハバコンを任命、同時に、ハバコンと同様に疑惑のあるダンガを西部統合軍管区司令官に任命した。年功序列ではそれぞれ20番目と26番目であり、彼らがかかる重要ポストを任される合理的な理由は乏しかった。上述した人事が「政治の介入」である、「国軍を私兵化するために忠実な将軍たちを重要ポストに据える狙いがある」、「国軍にとって屈辱的」であると国軍内に不満を巻き起こしたが、今回の人事は火に油を注ぐものとなった。国軍参謀総長を務めた経験がある上院議員は「2003年7月のクーデタ未遂事件の再発に至りかねない」と指摘し、若手将校のグループは、「もはや我々はこれ以上待つことはできない。アロヨとその悪辣な追随者たちの権力欲と底知れぬ腐敗によって国が死に瀕しているのである」とアロヨ政権の崩壊を予見した。

4-4　クーデタ未遂事件の発生

　2006年2月24日、アロヨ大統領は、国軍幹部によるクーデタ計画が発覚し、各地の国軍基地においても同様の動きがあるとして非常事態宣言を発令した。そして、クーデタ計画に関与したとしてダニロ・リム陸軍准将らの拘束を指示し、アリエル・ケルビン海兵隊大佐の事情聴取を行った。計画は、国軍将兵の一部と左派勢力、そして反アロヨの政治家や団体が共謀してアロヨ政権の打倒を狙ったものであった。さらに、非常事態宣言発令の2日後、海兵隊の一部が海兵隊司令部に立て篭もる事件が発生した。アロヨ政権に批判的であるとされていた海兵隊司令官レナト・ミランダ少将を国軍上層部が解任したことを受けて、ケルビンがおよそ50名の兵士とともに行動を起こしたのであった。
　しかし、結局クーデタは事前に防がれ、立て篭もり事件も数時間で幕を閉じた。クーデタ計画の首謀者であるリムとケルビンがセンガ国軍参謀総長に面会し、アロヨ大統領への支持撤回の宣言をせまったが、センガとその場にいたエスペロン陸軍司令官はリムの要求を拒絶したのであった。立て篭もりが起きた海兵隊でも、幹部の中にケルビンに同調して行動を起こす者はいなかった。
　クーデタ計画に参加した若手将校の主張に国軍人事、とりわけハバコンの任

命の件が取り上げられていたり、グダニやバルタンに対する仕打ちが海兵隊を憤らせたりしたように、アロヨの国軍人事は、クーデタ未遂事件に加わる将兵の動機の一部となり、また将兵を募る側にとっての宣伝材料となった。

一方、今回のクーデタ未遂事件の過程においてもこれまでと同様に、アロヨ政権から国軍上層部が離反することはなかった。アロヨが最も国軍の支えを必要とした時、国軍上層部からすれば大統領への忠誠が試された時に、大統領によって任命されていた国軍上層部は忠実にアロヨ大統領を支持したのである。

とりわけエスペロンのアロヨ大統領への忠誠は固かった。エスペロンはアロヨ政権の初期に大統領警護隊の司令官を務めており、アロヨに信頼される将校であったことが窺える。その後、政権2期目には、第7歩兵師団師団長や特殊作戦部隊司令官などクーデタの阻止に欠かせない部隊の司令官を経て陸軍司令官に就任した。クーデタ未遂事件の4ヵ月後には、国軍参謀総長に任命され、アロヨ大統領に忠誠の厚い彼の下で国軍上層部は事件の後始末を進めた。アロヨ政権では参謀総長の任期が概して短いことは前述したが、そのなかにあってエスペロンは22ヵ月という長期にわたり参謀総長を務めた。事実上の国軍ナンバー2ポストである陸軍司令官に就いていた11ヵ月を加えると、実に33ヵ月の間、アロヨ政権下で国軍のトップにいたことになる。エスペロンはアロヨによって参謀総長の任期を延長され、退役後は前述のように政権内で大統領の側近として仕えた。

5　78年組の台頭と大統領選挙

5-1　78年組の台頭

エスペロンが参謀総長に就任して以降、アレクサンダー・ヤノ、ビクトル・イブラード、デルフィン・バンギットと国軍トップが入れ替わってきたが(表7-3)、その間、クーデタ事件の発生はおろか、国軍と大統領との不和が表面化することはなかった。その国軍側の要因として、国軍改革の成果が現れてきた、国軍将校がクーデタという手法に疲れた、クーデタという手段が国民に支持されないと将校が悟った、などが挙げられるが、上述してきたような人事に

よって、大統領が国軍上層部との密接な関係を築いていたこと、彼らを戦略的ポストに配置していたことなども要因として指摘したい。さらに政権末期には、アロヨ大統領を名誉同期生とし、彼女の下でスピード出世してきた士官学校78年組の将校たちが国軍上層部を占めるに至り、大統領と国軍の関係は一層緊密度を増した。しかしそうした両者の関係は、国軍への政治の介入や国軍の政治利用という憶測を生むものであった。

　すでに述べたように、アロヨ大統領は78年組の名誉同期生であり、78年組の将校たちとの関係は深い。そしてその中心にいるのがバンギットである。

　バンギットは、アロヨが副大統領の時に副大統領補佐官を務め、アロヨが大統領に就任してからは、大統領警護隊司令官、国軍情報局局長、陸軍第2歩兵師団長、南部ルソン統合軍管区司令官など、大統領本人を警護する部隊あるいは首都圏近郊に駐留する部隊での要職を経ながら異例の早さで出世してきた。2008年5月にバンギットが統合軍管区司令官に任命された際に、7つある同列のポストに就いていたのは、74年組が1人、75年組が3人、76年組が2人、77年組が0人であり、78年組である彼の出世の早さが窺える。

　バンギットの経歴を見れば明らかなように、彼は長年アロヨの傍で仕えてきた。このことからアロヨの「忠僕」と揶揄されることもある。2009年5月には、76年組、77年組の多くの将校を飛び越して陸軍司令官に任命され、2010年3月には国軍参謀総長に任命された。参謀総長への任命は「忠誠への報奨」とさえ言われた。

　アロヨを名誉同期生としている78年組の将校は、バンギットのみならず、アロヨ政権末期に国軍内で台頭をみせた。2009年5月と11月の人事では、78年組のレイナルド・マパグ、ローランド・デタバリ、ラルフ・ビリャヌエバらが、それぞれ、首都圏、南部ルソン、中部の統合軍管区司令官に任命された。そして、バンギットが国軍参謀総長に任命された2010年3月には、数名の76、77年組の将校を飛び越してマパグが陸軍司令官に昇格し、78年組のフェリシアーノ・アングが首都圏軍管区司令官に任命された。また、2009年1月以降、7名の78年組の将校が、陸軍歩兵師団長ポストに任命されている。

　2003年2月から2009年4月までの間、78年組の将校が一貫して大統領警護隊

表7-6 2008年5月以降に78年組の将校が国軍幹部ポストを占めていた期間

	参謀総長	陸軍司令官	海軍司令官	空軍司令官	統合軍管区司令官						陸軍歩兵師団師団長										大統領警護隊司令官	海兵隊司令官	国軍情報局局長	陸軍特殊作戦部隊司令官
					首都圏統合軍管区司令官	北部ルソン統合軍管区司令官	南部ルソン統合軍管区司令官	西部統合軍管区司令官	中部統合軍管区司令官	西部ミンダナオ統合軍管区司令官	東部ミンダナオ統合軍管区司令官	第1歩兵師団（西部ミンダナオ）	第2歩兵師団（南部ルソン）	第3歩兵師団（中部）	第4歩兵師団（東部ミンダナオ）	第5歩兵師団（北部ルソン）	第6歩兵師団（東部ミンダナオ）	第7歩兵師団（北部ルソン）	第8歩兵師団（中部）	第9歩兵師団（南部ルソン）	第10歩兵師団（東部ミンダナオ）				
2008年5月																									
6月																									
7月																									
8月																									
9月																									
10月																									
11月																									
12月																									
2009年1月																									
2月																									
3月																									
4月																									
5月																									
6月																									
7月																									
8月																									
9月																									
10月																									
11月																									
12月																									
2010年1月																									
2月																									
3月																									
4月																									

出典：フィリピン国軍ホームページ、*Philippine Daily Inquirer*, various issues から筆者作成。士官学校（PMA）のクラスは、Philippine Military Academy, *The Academy scribe*, 2nd ed. Baguio City: Philippine Military Academy, 1989 調べ。

の司令官を務めてきたように、以前から78年組は、クーデタの阻止に欠かせない戦略的ポストを占めていた。そして**表7-6**が示すように、2008年5月以降は、占めるポストを着実に増やしている。**表7-6**は、78年組の将校が2008年5月以降、国軍の重要ポストをどの程度占めていたかを示すものである。網掛

け部分が78年組の将校がポストに就いていた期間である。

　2010年4月の時点で、国軍参謀総長、陸軍司令官、空軍司令官、7つある軍管区司令官のポストのうち3つ、10ある陸軍歩兵師団長ポストのうち6つ、そして、海兵隊司令官、国軍情報局局長という重要ポストが78年組に占められている。現役の中で最年長ではない同期組の将校がこのように重要ポストの大半を占めるのは異例であり、アロヨ大統領と78年組の密接な関係のあらわれであると考えられる。

5-2　政治介入の懸念

　バンギットが陸軍司令官に任命される前後から、アロヨ大統領との関係が深い78年組の台頭に対して政治的意図の存在が憶測された。そして、彼の参謀総長就任にともないさらにそれが深まった。その憶測とは、2010年6月に任期満了を迎えるアロヨ大統領が、宮廷クーデタあるいは2010年5月の選挙の延期により政権の延命を図っており、国軍をその際の実行部隊にするためアロヨとの関係が深い78年組の将校で国軍重要ポストを占めている、というものである[31]。また、選挙の際には国軍が治安維持を担当することになるが、アロヨに忠誠を誓う将校によって重要ポストを占められた国軍が、何らかの不正を大規模に行うのではないかとの懸念も示された。上述した2004年の選挙不正疑惑に国軍の関与が疑われたため、選挙における国軍の役割縮小が模索されていた。しかし、2010年5月の選挙が近付くにつれ選挙時の国軍の役割を再び拡大することが検討され始め、同時に78年組が国軍の主要ポストを占め始めたため、選挙時に治安維持を担う国軍の中立性に対する懸念が強まったのである[32]。

　こうした78年組の台頭に対して、国軍内には不満が生じている。とりわけ、バンギットの参謀総長任命とマパグの陸軍司令官任命の際に年功序列をとばされた76年組、77年組の将校たちには落胆が広がっているようである。しかし、77年組の将校が「大統領の権限に疑問を呈するわけではない」と述べるなど[33]、大きな騒動には発展していない。

　政治家を特定のクラスの名誉同期生とする慣行は、将校と政治家の個別的関係を形成し、大統領をはじめとする政治家が権限を有する国軍人事に政治的意

図の介入を生みやすい。その政治的意図の有無を実証するのは困難とはいえ、アロヨ政権末期の状況から垣間見えたように、少なくとも、様々な憶測を呼ぶ大統領と国軍の関係が形成される要因となっている。また、年功序列や業績主義などの国軍内の規範を歪める人事が行われる契機ともなり、国軍内の亀裂や不満に発展する可能性が付随する。

2010年6月30日、憶測をよそに、大統領選挙の結果に基づき政権交代が行われた。ベニグノ・アキノ3世新大統領が、アロヨに近い78年組が上層部を占める国軍とどのような関係を築くのかが焦点であったが、当選直後にアキノ3世は、アロヨとの関係が密接なバンギット国軍参謀総長の解任を仄めかした。それに対してバンギットは、解任の不名誉を避けるため新政権発足前に参謀総長を辞任した。やはり、国軍人事は政治とは切り離せない。

5-3 政権維持と国軍人事

アロヨ大統領の人事手法によって作り出された政軍関係は、結果的に政権の維持に寄与したと言える。エストラダ政権期とは異なり、国軍上層部の掌握が徹底されていたと言えよう。

第1に、アロヨ大統領の下で国軍の上層部に上り詰めた幹部将校たちは、反アロヨ派の中堅・若手将校による政権転覆の企てに同調することはなく、それらを鎮圧する任務を忠実に果たした。例えば、2006年2月のクーデタ未遂事件では、首謀者の将校が参謀総長と陸軍司令官に直接会って離反を求めたが、アロヨに忠誠的なエスペロン陸軍司令官がその要求を拒絶したことがクーデタ失敗を決定付けた。国軍上層部がどのような将校で占められているかという点は、政軍関係の安定に加え、場合によっては政権の命運も左右する要因であると言える。

第2に、国軍内外の反大統領勢力がクーデタや国軍の離反を成功させるためには、首都圏やその近郊に駐留する国軍部隊を抱き込む必要があるが[34]、アロヨ大統領が行った人事には、報奨という目的に加え、そうした戦略的位置に配備されている部隊の司令官を大統領に忠誠的な将校で占めさせるという目的もあった。国軍内にはアロヨに忠誠的な将校とそうでない将校が存在したが、両

者の力関係は、実動部隊を指揮下に置く戦略的ポストを占める前者が圧倒的に優勢であった。反アロヨ派の行動を実力で抑えることのできる布陣の存在が国軍内で広く認識されることで、抑止効果も生じることになる。

　第3に、アロヨは不評を買いながら恣意的な人事を繰り返したが、幹部将校の定年延長という将校たちが最も忌み嫌う人事は最小限にとどめた。定年延長は国軍幹部の上方流動性の滞留を生み、次期幹部や中堅・若手将校たちの昇進、出世を停滞させる。マルコス政権末期には、幹部将校の大規模な定年延長が国軍内の不満増大の要因となったが、アロヨ大統領は、4名の参謀総長を除いて定年延長はしなかった。幹部将校の規則的な退役により将校の循環は滞らず、多くの将校たちに程度の差こそあれ出世の可能性が開かれていた。こうしたことで、国軍内の不満の量的・質的な拡大を抑制できたと考えられる。

　しかし、円滑に幹部将校が循環するということは、重要ポストに登用した忠誠的な幹部将校たちの退役も不可避であることを意味する。そして、定期的に生じる穴を別の忠誠的な将校で補うために、不安定要因となり得る人事を定期的に行わなければならないことになる。アロヨ大統領は、自らの人事によって政軍関係に不安定要因を生み出すことを認識していたであろうが、短期間での国軍掌握を必要とする状況に置かれた大統領に、多くの選択肢はなかった。

註
1) インドネシア、タイ、ミャンマー（ビルマ）など、東南アジア諸国の政軍関係を取り上げた研究では、軍将校の人事分析が、政治指導者と将校の関係、また、軍内政治の実態や変容を把握する有効な手法のひとつとして考えられ実践されている。例えば、The Editors, "Current Data on the Indonesian Military Elite, September 2005 – March 2008," *Indonesia*, 85, April, 2008, 玉田芳史『民主化の虚像と実像：タイ現代政治変動のメカニズム』京都大学学術出版会、2003年、第3章、中西嘉宏『軍政ビルマの権力構造：ネー・ウィン体制下の国家と軍隊 1962-1988』京都大学学術出版会、2009年、第3・4・6章など。
2) 諸制度や慣習については第5章。
3) Sheila Coronel, "RAM: From Reform to Revolution", *Kudeta: The Challenge to Philippine Democracy*, Manila: Philippine Center for Investigative Journalism, 1990, p. 55.
4) 一方、「介入すべきでない」と回答したのは49％であった。Ma. Cecilia J. Pacis, *Selected National Security Factors Impinging on Civil-Military Relations: Would the*

Military Intervene in the Future?, Quezon City: National Defense College of the Philippines, 2005.
5) 粕谷祐子「フィリピンでの民主主義の定着と超憲法的政権交代をめぐる市民意識」小林良彰、富田広士、粕谷祐子編『市民社会の比較政治学』慶應義塾大学出版会、2007年。
6) Fact-Finding Commission, *The Report of the Fact-Finding Commission: Pursuant to Administrative Order No. 78 of the President of the Republic of the Philippines, dated July 30, 2003*, Pasay City: Fact-Finding Commission, 2003.
7) Glenda M. Gloria, "The Commander," *Newsbreak*, Aug. 19, 2002, p. 21.
8) 一般的に、士官学校同期生の絆は強いと認識されている。詳しくは、Alfred W. McCoy, *Closer Than Brothers: Manhood at the Philippine Military Academy*, Pasig City: Anvil Publishing を参照。
9) Gloria, op. cit., 2002, p. 21.
10) Glenda M. Gloria, "Class Power," *Newsbreak*, Aug. 19, 2002, p. 23.
11) Glenda M. Gloria, *We Were Soldiers: Military Men in Politics and the Bureaucracy*, Quezon City: Friedrich-Ebert-Stiftung, 2003.
12) *Business World*（以下、*BW*）, Mar. 15, 2001.
13) *BW*, Dec. 23, 2008.
14) Gloria, "The Commander," pp. 20-21.
15) *Philippine Daily Inquirer*（以下、*PDI*）, Sep. 3, 2002.
16) *PDI*, Apr. 27, 2002. マルコス政権期になされた国軍幹部の任期延長は、それによって昇進の機会を奪われる中堅・若手将校の不満の要因となり、国軍内の反乱派を生み出す要因のひとつとなっていた。Raffy S. Jimenez, "To Extend or Not," *Newsbreak*, May 13, 2002, pp. 6-7.
17) *PDI*, Sep. 5, 2002.
18) *PDI*, Nov. 9, 2002.
19) Antonio F. Trillanes IV, *Preventing Military Interventions*, A Policy Issue Paper, 2004, p. 18.
20) *PDI*, July 4, 2005.
21) *PDI*, May 16, 2004, *PDI*, Sep. 29, 2005.
22) *PDI*, Sep. 9, 2005.
23) *PDI*, Aug. 15, 2005.
24) Glenda M. Gloria, "War Games," *Newsbreak*, Sep. 26, 2005, pp. 10-11.
25) *PDI*, Sep. 11, 2005, *Manila Standard*, Sep. 12, 2005.
26) *PDI*, Jan. 23, 2006.
27) "Rebels to Senga: Lead the Coup," 2006. *Newsbreak Online*, July 4（http://newsbreak.com.ph/index.php?option=com_content&task=view&id=3760&Itemid=88889259　2010年6月29日アクセス）.

28) *PDI*, Aug. 27, 2006.
29) 民主化以降、数々の国軍改革が実施されてきた。例えば、国軍倫理規定の採択、国軍のプロフェッショナル化を目指すMilitary Values Educationプログラムの実施、汚職撲滅に取り組むOffice of Ethical Standards and Public Accountabilityの設置などである。アロヨ政権下では、大統領国軍改革対策本部が設置され、国軍の調達部門や財政制度の透明性、アカウンタビリティ向上などが取り組まれてきた。Carolina G. Hernandez, "Rebuilding Democratic Institutions: Civil-military Relations in Philippine Democratic Governance," Hsin-Huang Michael Hsiao, ed., *Asian New Democracies: The Philippines, South Korea and Taiwan Compared*, Taipei: Taiwan Foundation for Democracy and Center for Asia-Pacific Area Studies, 2008, pp. 39-56.
30) レイムンド・キロップ国防次官補（当時）・フィリピン大学准教授へのインタビュー。2010年3月8日。フィリピン・マニラ首都圏、国軍アギナルド基地・国防省。また、政治社会的な要因として、大統領選挙が近付くにつれ、国軍を巻き込んだ超憲法的手段による政権奪取が選択肢として後退したことが考えられる。
31) *PDI*, Sep. 14, 2009.
32) *PDI*, Dec. 22, 2009, *PDI*, Mar. 10, 2010.
33) *PDI*, Mar. 17, 2010.
34) 陸軍司令官、首都圏統合軍管区、南部ルソン統合軍管区、大統領警護隊、陸軍第2、第7歩兵師団、特殊作戦部隊などの各司令官、国家警察長官などが該当する。

第8章

国軍の国内安全保障における役割
——反乱鎮圧作戦と開発任務——

　一般的に、軍部が担う任務や役割は、軍部の政治に対する姿勢に影響を与えるとされる。フィリピンでは、独立以来、国軍の主要任務は常に国内安全保障であったが、マルコス政権下で開発計画に組み込まれ進められた国軍の開発参加が、様々な領域での国軍の役割拡大を帰結し、国軍将校の政治志向に変化をもたらしたと認識されている（第1章）。民主化後、こうした分野における役割は減少するが、国軍は国内安全保障任務を主要任務とし、それに付随する非戦闘任務の一環として開発任務を担い続けている。こうした任務が国軍の政治に対する姿勢にどのような影響を及ぼすのかは、理論的にもフィリピンの経験からも重要な問題である。この問題を検討するためには、民主化後のフィリピンにおいて、どのような論理で、あるいはどのような目的で国軍が非戦闘任務および開発に参加しているのかという点に目を向ける必要がある。この問題の一部を扱った第4章では、ラモス政権期に焦点を当てラモスの政策との関連で国軍の役割を検討した。

　本章では、国軍は安全保障においてどのような役割を担っているのか、それがどのように展開したのか、安全保障政策と非戦闘任務および開発における役割にはどのような関係があるのか、非戦闘任務の内実はどのようなものかといった点を検討し、国軍の役割と政治志向との関係に対する示唆を得たい。

1 国軍任務転換の試みと安全保障環境──反乱鎮圧と対外防衛

1-1 安全保障環境の変化と国軍幹部の認識

　伝統的に、国軍の安全保障任務は国内における任務であると認識されており、民主化後もそれは変わらなかった。特に1980年代後半の共産主義勢力の拡大を目の当たりにして、国軍幹部の間では、共産主義勢力対策を中心とした国内安全保障任務を手放す考えは極めて弱かった（第2、3章）。しかし、1990年代に入ると、そうした認識に変化が見え始めた。

　第3章で述べたように、1990年代に入り、国内の共産主義勢力は衰退し、対外的安全保障を提供してきた米軍基地は撤退した。これまでフィリピン国軍の役割を規定してきた国内外の安全保障環境が大きく変化したのである。

　こうした安全保障環境の変化を、国軍幹部は敏感に感じ取っている。国軍参謀総長のアバディアは米軍のクラーク空軍基地の撤退が地域における軍事力の均衡に影響を及ぼし、そうした状況下で国軍が責務を遂行するためには、これまで以上に国軍の自立や能力が重要になるとの認識を示している[1]。このような認識は、1991年のスービック米軍基地の撤退によりさらに強められた。陸軍司令官のエンリレは、抑止力を担っていた米軍の撤退により、フィリピンのみならず東南アジアや太平洋地域の安全保障環境が必然的に新たな段階に入ったため、これまでの安全保障政策を再検討しなければならないと述べた[2]。

　こうした安全保障環境の変化は、国軍幹部に国軍任務の転換、すなわち国内の反乱鎮圧から対外防衛への転換の機会として認識された。特に、米軍撤退後に予想される地域の国際関係の不安定化や、フィリピンを対外的脅威から守ってきた米軍の不在は、国軍が歴史的に対外防衛任務を担ったことがないだけに強く意識されるようになった。そしてこのような関心の高まりは、必然的に国軍任務を対内的なものから対外的なものへとシフトするという考えに結び付いた。参謀総長のアバディアは、国内の安定がいっそう確立したという事実や、生じ得る対外的脅威から国家を防衛することが至上の責務であるとの認識から、国軍任務を従来の国内の反乱鎮圧任務から対外的国防任務へとシフトさせ

ることを提言している[3]。また、元国軍参謀総長で国防長官のデヴィーリャは、国内の反乱勢力が弱体化したため、国軍は対外防衛任務に適した軍備の近代化に注意を向けることができると述べている[4]。このように国軍幹部は、独立以来の任務を再検討し転換することの必要性を認識したのであった[5]。

1-2　国家警察の設立と反乱鎮圧任務の移管

　国軍任務の転換の中心的課題は、長年国軍が担ってきた反乱鎮圧任務を新設の国家警察に移管することであった。そしてそれには、安全保障のみならず様々な期待が込められていた。

　1987年憲法には、国軍からの警察機能の分離が盛り込まれている[6]。それは国軍から警察機能を分離して反乱鎮圧任務における国軍の役割を縮小し、国軍任務を対外防衛に特化することを意図したものであった。元々警察は地方自治体首長の監督下におかれていたが、マルコス戒厳令下の1978年にすべての警察組織の指揮命令系統が統合国家警察の下に一元化され、さらにそれが国軍将校である警察軍司令官の指揮下に置かれた。この警察の「軍事化」が国軍全体の効率性や規律の低下などを招いたとされたため、国家警察の設立による警察機能の分離は国軍や警察の改革に寄与するとして歓迎されるものであった。また、マルコス政権期に国軍が開発等の国内任務に従事することにより政治化したとの認識から、国内治安機能の分離により国軍の役割を対外防衛に特化することで、国軍の脱政治および専門職業主義の進行が期待された。

　1991年、国軍から警察機能を分離し、新たにフィリピン国家警察として再編したうえで、それを新設の内務自治省の管轄下に置く法律が制定された[7]。制定された共和国法6975（PNP法）の第12項には、一定の移行期間を経た後、内務自治省が「自動的に国軍から主要任務である国内治安維持を引継ぎ、対外的安全保障を国軍の主要任務として残す」と明記された[8]。反乱鎮圧任務を含めた国内治安を国家警察が担い、国軍は対外的防衛に専念することが明確にされたわけである。これを受けてアバディア国軍参謀総長は、従来は国軍が主に担っていた国内の反政府武装勢力の鎮圧任務は国家警察に移管されるべきであり、国軍は国内安全保障任務においては補助的な役割に引き下がるべきであるとの認

識を明確にしている。これが達成されれば国軍任務の歴史的な転換であり、国内安全保障における国軍の役割の縮小に寄与するものとなる。さらに、1990年代初頭の共産主義勢力の衰退や、1992年7月に発足したラモス政権が反政府武装勢力との和平路線を選択したことなどにより、国内安全保障における国軍の役割の縮小は現実味を帯び始めた。

しかし、1992年に予定されていた国内安全保障任務の移管は、国家警察に「技術上の専門知識」が欠如し共産主義勢力鎮圧作戦を担う用意がまだないことを理由に、2年間の移行期間が設けられ、1994年まで事実上延期された。引き続き国軍が反乱鎮圧任務の中核を担うこととなったのである[10]。また、PNP法には、任務移管後であっても安全保障上の脅威が深刻な地域は大統領の判断により国軍が治安任務にあたることが規定された[11]。この規定によりラモス大統領は、1994年の任務移管期限が過ぎた後も、ミンダナオ島全域、ビコール地方、サマール島、ルソン島北部、パナイ島などを、反政府武装勢力の脅威が深刻であるとの理由で任務移管の対象から除外した[12]。

その後、共産主義勢力の衰退および国軍参謀総長による同勢力に対する「戦略的勝利」宣言[13]、さらには南シナ海スプラトリー諸島での中国との領土紛争の顕在化により国軍の対外任務への専念が叫ばれた影響などもあり、1995年1月1日に、反乱鎮圧任務は国軍から国家警察に移管された。

1-3 国軍への反乱鎮圧任務の再移管

しかし、国軍任務の転換は完遂されなかった。任務移管から1年あまり経った1996年3月、反乱鎮圧任務を国家警察に担わせることで通常の警察任務に大きな支障が生じているため、反乱鎮圧任務を国軍に再移管し、国家警察は犯罪捜査・取締り等に専念すべきであるとの声があがった。そして共和国法6975第12項の改正が提案され、法改正に向けた取り組みが開始された[14]。背景には、国内で増加の一途を辿る組織犯罪への対応に国家警察が専念する必要性が高まったこと、および、国軍から国家警察への反乱鎮圧任務移管以降、共産主義勢力やイスラーム勢力などの反政府武装組織が勢力を拡大させており国家警察ではこれらに対処できないと認識されたことがあった。ラモス政権は1992年以降、

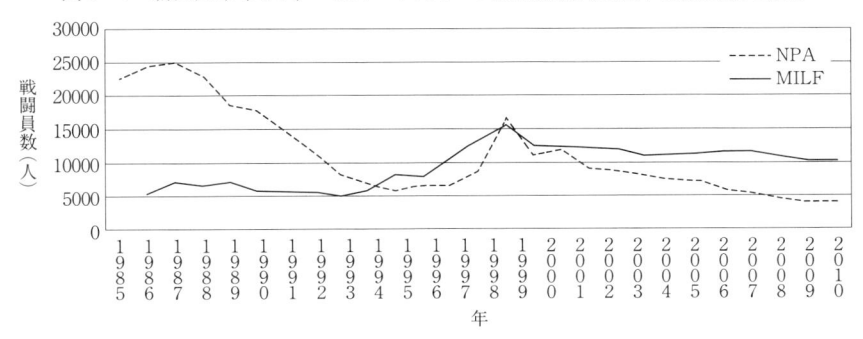

図8-1 新人民軍(NPA)・モロ・イスラーム解放戦線(MILF)戦闘員数の推移

出典：Caroline G. Hernandez, "Institutional Responses to Armed Conflict: The Armed Forces of the Philippines," A Background paper submitted to the Human Development Network Foundation, Inc. for the Philippine Human Development Report 2005, p. 24, 26, Hermogenes C. Esperon Jr., "Perspective from the Military," *OSS Digest*, Fourth Quarter, Office of Strategic and Special Studies, Armed Forces of the Philippines, 2006, p. 5, Adonis R. Bajao, "Philippine Counterinsurgency Programs from Marcos to Arroyo: A Study in National Security Administration," Ph. D. Dissertation, National College of Public Administration and Governance, University of the Philippines, 2009, *Business World*, July 30, 2008, *Business World*, January 23, 2012 から筆者作成。

共産主義勢力とイスラーム勢力との和平交渉に取り組んでいたが、1996年頃から国軍と新人民軍およびモロ・イスラーム解放戦線との武力衝突が増加していた[15]。そうしたなか、1998年8月には、共産主義勢力の兵力拡大について国軍幹部が懸念を表明するに至った[16]。

1990年代半ばに弱体化していた共産主義勢力は、1990年代末に兵力を増強していた。新人民軍の戦闘員数減少は1995年の6025名を最小値として、以降、増加に転じ、1998年には8948名に増加していた。加えて、モロ・イスラーム解放戦線の兵力は1993年の5160名を最小値として、1998年には1万3460名に増加していた。両組織の戦闘員数は1990年代末にかけ増加した（図8-1）。

この要因としては、1990年代初頭より進められた準軍組織CAFGUの削減により新人民軍掃討後の地域に共産主義勢力の再浸透を許したことや、国軍予算の削減などによる装備の弱体化などの軍事的要因、そして国民の生活コスト上昇や失業率悪化、不十分な公共サービス提供などが政府への信頼と希望を失わせたことなどの社会経済的要因が挙げられる。

このような状況下、国軍が再び反乱鎮圧任務で主役を担うことが法的に明確

化される。1998年2月に、国家警察の文民的性質を強化し警察任務に専念させることを目的としたフィリピン国家警察改革法（共和国法8551）が制定された。前述の共和国法6975第12項は改正され、「内務自治省は、反乱およびその他の国家安全保障に対する深刻な脅威の鎮圧を含む事案における直接的責任を解除される」こととなった[17]。すなわち、反乱鎮圧任務を国軍が担うことが法規定されたのである。それにともない、国家警察は情報収集など国軍の補佐的な役割を担うこととなった[18]。結局のところ、国家警察が担う国内治安から反乱鎮圧任務が除かれ、それが国軍の管轄であることが明確にされた格好になった。1998年の時点で反乱鎮圧作戦のおよそ90％で国家警察が中心的役割を担っていたとされるが、共産主義勢力の再興に直面していたラモス大統領は、共和国法8551に署名後、反乱鎮圧任務の速やかな国軍への移管を求めた[19]。

　国家警察改革法の成立により、再び反乱鎮圧任務を担うことになった国軍は、さっそく予算増を要求し始めた。国軍参謀総長のクレメンテ・マリアノは、予算管理省に国軍の予算増を要求するとともに、新しく付加された任務を遂行するにあたり現在の国軍の規模を維持する必要があるとして、国軍の近代化にともなう人員削減計画を棚上げすること、加えて、人権侵害や規律の悪化が問題となり廃止の方向に進んでいた準軍組織CAFGUの増強を議会に求めることを表明した。近年進められたCAFGUの削減が、新人民軍の再興を許したとの認識が国軍にはあった[20]。国家警察改革法成立後の同年6月に移管が開始されていた反乱鎮圧任務は、10月に国軍と国家警察の間で覚書が交わされ、実務レベルでも正式に国軍に移管された[21]。以降、現在まで国軍が国内の反乱鎮圧任務の中心を担い続けている。

　国内脅威が後退したとの認識は1990年代初頭に優勢となったが、その認識は1990年代末には変化し、実態はどうであれ国内の脅威認識は再び高まった。そして、同じく1990年代初頭に浮上した、国軍任務を伝統的な反乱鎮圧任務から対外防衛に転換するという課題は霧消した。ラモス政権末期、国防長官のアバット（元陸軍司令官）は、「対外防衛は、しばらくは主要な懸案事項でなくなるだろう。国防省は、予測できる未来に大きな軍事的攻撃や侵略を見込んでいない。米国との防衛同盟や近隣のアセアン諸国との防衛関係が、国外からの軍

事的攻撃に対する抑止力となろう」と語っている。[22]

2 国軍の開発任務——反乱鎮圧作戦のアプローチ

2-1 国軍の開発任務：反乱鎮圧作戦と「総合的アプローチ」

　上述のように、国軍は民主化以降もほぼ一貫して国内の反乱鎮圧任務を担い続けているが、国軍の役割拡大はこれと密接に関連している。国軍が従事する反乱鎮圧任務には、通常の戦闘任務の他に開発等の非戦闘任務が組み込まれており、非戦闘任務に従事することで国軍の役割拡大が常態化しているのである。本節では、国軍の非戦闘任務のなかでも開発関連の任務がどのような論理で反乱鎮圧作戦と結びつき、反乱鎮圧作戦全体のなかでどのように位置付けられているのかを検討したい。

　第1章で述べたように、伝統的に国内安全保障を主要任務としてきた国軍は、1950年代から反乱鎮圧作戦の一環として、インフラ整備や公共サービスの提供などといった開発分野の非戦闘任務に携わっていた。またマルコス政権期には、経済開発計画に国軍の社会経済開発任務が組み込まれ、土木技術、輸送、通信、訓練、計画などの国軍の有する能力が、道路建設、学校建設、灌漑システムの改善、治水、移住計画の管理、医療サービスの提供といった広範囲にわたる開発事業に活用された。このように、国軍の開発参加の根拠を示す論理はふたつある。第1は、反乱鎮圧という狭義の安全保障の論理であり、国軍の開発任務はこれを目的として始まった。第2は、国家建設や経済発展といったレベルに力点を置いた論理である。

　民主化後にクーデタが相次ぎ国軍将校の政治化が問題視され始めた時期、マルコス政権期の役割拡大に加えて、反乱鎮圧作戦や付随する開発任務に長期間従事することで、国軍将兵の間に国内安全保障政策の意思決定に関与しようとの強い志向と文民当局の能力に対する疑念が生まれ、それが国軍将兵を政治化したと指摘された。[23]つまり、上記の開発参加の論理の双方による役割拡大が、国軍の政治化に関連しているのである。こうした認識から、民主化後は国軍の役割縮小が求められたが、国内の反政府武装勢力の脅威が深刻化するなか、国

軍は武力鎮圧に加え、反乱鎮圧作戦の一環として開発任務に携わっていた[24]。とりわけ共産主義勢力がマルコス政権末期から急速に勢力を拡大させており、新人民軍の戦闘員数は、アキノ政権下の1980年代後半にピークに達していた（図8-1）。では、政府の国内安全保障政策や国軍の反乱鎮圧作戦全体の中で、国軍の開発任務はどのように位置付けられているのだろうか。

　アキノ政権下で進められた国軍の開発任務は、ラモス国防長官や国軍幹部が持つ共産主義勢力の武装反乱に対する次のような認識に基づいたものであった。共産主義勢力が用いる「人民戦争」戦略は単なる軍事的なゲリラ戦を超越したものであるため、それを鎮圧する手法として政府は武力行使のみに依存するべきではない。反乱鎮圧作戦は、中央・地方の文民政府当局、民間セクター、そして国軍が共同で実施する、武装勢力の無力化から開発による根本要因の根絶までを含む「総合的アプローチ（Total Approach）」となるべきである[25]。

　実際、共産主義勢力は、国民の貧困、不公平、無知、疾病などの状況を利用して勢力や支持を拡大し軍事的・政治的闘争を行っている。困窮に喘ぐ国民の目には政府が問題改善に無関心で怠惰であると映り、これが国民の不満をいっそう増大させ反乱勢力の増強につながるのである。そのため、武装反乱の鎮圧には、国民の生活状況の改善に向けた様々な取り組みが不可欠となる。つまり、反政府武装勢力が存在し続ける要因は、政治、社会、経済の多次元にわたるため、国軍の武力行使だけでは不十分であり、文民諸機関を含めた多次元的・総合的な取り組みが求められる。そのなかで、開発を含む国軍の非戦闘任務が重要な要素であるとみなされているのである[26]。

　このような認識の下、1988年9月に国軍が策定し導入された作戦計画Lambat Bitagでは、共産主義勢力による武装反乱の政治的、社会的、経済的要因に対処することが謳われ、同勢力の民衆基盤を掘り崩すための国軍の開発任務が、通常の戦闘任務とともに作戦の柱とされた[27]。

　Lambat Bitagでは「総合的アプローチ」が具体化され、共産主義勢力の支配下・影響下にある地域で、国軍と文民諸機関が、掃討（Clearing）、掌握（Holding）、強化（Consolidating）、開発（Developing）（頭文字をとってC-H-C-Dと

第 8 章　国軍の国内安全保障における役割

称される）の各局面の任務を分担して遂行する手法が明確化された。この手法は、国軍部隊が特定地域において共産主義勢力を武力で掃討・無力化した後（＝掃討）、同勢力の当該地域への再浸透を防ぐため警察や準軍組織が治安維持にあたり（＝掌握）、地方政府や文民ボランティア組織などによる基本的サービスの提供やコミュニティ開発および国軍部隊による心理作戦により住民の信頼回復を実施し（＝強化）、そして、政府機関や民間部門によるインフラ整備等の大小の開発プロジェクトの実施を展開する（＝開発）というものである。強化－開発の局面では、住民の生活向上に取り組むことで、共産主義勢力に対する民衆の支持を政府に対する支持へと転換していき、同勢力の民衆基盤の破壊と当該地域への再浸透の阻止が目指される[28]。

　基本的には、国軍、準軍組織、警察が掃討－掌握の局面を担い、中央および地方政府の文民部門が強化－開発の局面を担当することになっているが、後者の２局面においても、国軍は支援提供という形で開発任務に従事する。国軍の開発任務は、主にこの強化－開発局面における文民機関の支援・補助として位置付けられている。例えば、Lambat Bitag では、国軍の関与が掃討局面に合理化される一方、国軍が、道路、橋梁、灌漑設備、上下水設備等を建設することによって開発局面を支援すると規定された。強化－開発の両局面における国軍の開発任務の内容は、あくまでも地方政府や民間部門による公共サービス提供や開発計画実施の支援役を担うことであるが、これらの段階における文民機構の働きは極めて不十分であった。そのため、地方政府や民間企業の手が及ばない（あるいは行きたがらない）遠隔地や紛争地では、国軍部隊が道路建設などのインフラ整備や公共サービス提供を主導的に実施している[29]。

2-2　開発局面への参加強化の傾向

　上述したような反政府武装勢力に対する認識と総合的なアプローチないしはC-H-C-D から成る作戦は、制度化、修正、名称変更などを経ながら今日まで一貫して実施されている。そのなかでも、1990年代以降は、開発局面への国軍の参加が強化・制度化される傾向にある。

　1990年代前半には共産主義勢力の退潮傾向により治安状況が改善した。ま

た、ラモス政権下での反政府勢力の衰退や和平路線の推進により国軍の戦闘任務は減少し、それにともない反乱鎮圧任務の国家警察への移管が目指された。ただし、反乱鎮圧任務の国家警察への移管が進められるなか、共産主義勢力が比較的多数残存する地域では国軍が引き続き反乱鎮圧任務を担ったため、開発関連の非戦闘任務も完全に国軍の手を離れたわけではなかった。

　こうしたなか、ラモス政権期には、国家の経済発展を目的とする論理が前面に打ち出され、国軍の開発参加が継続、制度化されていく。第4章で述べたように、ラモス政権下で策定された作戦計画 Unlad Bayan が、経済発展への国軍の貢献を強調する内容で作成された。ラモス政権下では、Unlad Bayan が他の反乱鎮圧作戦 Lambat Bitag II、Pagkalinga などと併存することとなるが、いずれも国軍の開発任務を作戦の一部とするものであった。そして、C-H-C-D アプローチで文民機関が担当することになっている強化-開発の局面であっても、文民機関が計画、組織、能力、意志を欠いているため、国軍が開発任務としてこれら局面で中心的役割を担っていた。共産主義勢力の戦闘員が減少し、掃討局面から強化-開発局面に作戦の力点が移る1990年代に入っても文民機関のこうした状況に変化はなかった。そのため、作戦計画 Unlad Bayan で、文民機関の機能不全を補うという意図の下、国軍の強化-開発局面への参加の拡大・制度化が進められたのである。共産主義勢力の兵力後退により国軍の掃討-掌握局面の任務が減少し、強化-開発局面への参加拡大が可能となったことも背景にあった。

　前述したように、1990年代の国内脅威の後退は、国軍が伝統的に担ってきた国内的任務を対外的なものに転換する契機として捉えられたが、他方で、国軍の開発任務を縮小する機会としては捉えられず、ラモス政権の政策とも相まって国軍の開発任務の制度化が進められたのであった。国軍の開発任務が国家建設や経済発展などのマクロな政策に言説の上で結び付けられる一方、現場レベルでは、従来の反乱鎮圧作戦の総合的アプローチが継続するなかで、文民機関が担当する強化-開発局面における国軍の開発任務が強化・制度化されていたのである。

　1990年代末以降、前出の図8-1にあるように、共産主義勢力やイスラーム

勢力が兵力を増強し活動を活発化させた。武装闘争を拡大するこれらの勢力に対しては一義的には軍事的対応がとられるが、そうしたなかでも国軍幹部の間には、反乱鎮圧作戦の成功のためには、社会経済的要因を改善しなければならないという認識は強い。例えば、経済危機が国民の政府に対する不満と反乱勢力への支持を生んでいるため国民の生活状況の改善に取り組まなければならない[30]、社会経済的困窮から国民が反乱勢力の勧誘活動に脆弱になるため社会経済的問題への対応が必要である[31]、新人民軍は主に貧しい国民から構成されており少数の富裕層と多数の貧困層の間の埋め難い溝が存在する限りその脅威はなくならない[32]、などといった認識が国軍幹部によって相次いで示された。

こうした状況下、1998年7月に発足したエストラダ政権下、および2001年1月に発足したアロヨ政権下で、国軍の開発任務が組み込まれた国内安全保障政策が立案、実施される。エストラダ政権期には「国家平和開発計画（National Peace and Development Plan：NPDP）」、アロヨ政権期には「国家国内安全保障計画（National Internal Security Plan：NISP）」がそれぞれ導入されたが、いずれにおいても、国軍を含む政府諸機関が武装反乱の解決に向けて政治、経済、社会、軍事の諸領域で実施する取り組みを、協調、統合、促進する総合的な政策枠組みとガイドラインが規定されている。また NPDP と NISP のいずれでも、すべての政府機関が反乱の根本要因の除去や反乱の無力化に尽力する「総合的アプローチ戦略（Strategy of Total Approach）」（エストラダ政権）や「総体的アプローチ戦略（Strategy of Holistic Approach）」（アロヨ政権）が採用された。

例えば、アロヨ政権の NISP では、反乱問題を解決するために政府は包括的かつ複合的な対応をとるべきだとして、①政治・法・外交、②社会経済・心理社会、③平和秩序、安全保障、④情報の諸部門を構成要素とする「総体的アプローチ戦略」が打ち出された。当アプローチは、反乱に軍事的に対応すると同時に根本原因を含む反乱問題の様々な局面に対応するため、国家、地域、地方の諸レベルにおいて、すべての政府機関および民間部門、市民社会が協調的、統合的取り組みを推進する枠組みを提供するものとなっている。そして実施手法の中心に据えられたのが、やはり C-H-C-D であった[33]。この計画文書でも、開発局面における国軍の役割は「支援」と位置付けられているが、後述す

るように、実際は国軍の開発参加を強化する取り組みが進められ、開発局面で国軍はかなり大きな役割を担っているのである。

　以上のように、民主化後の国内安全保障政策においては、名称の違いはあれ、政府の文民機関と国軍が協働して多分野での取り組みを実施する総合的なアプローチとC-H-C-Dの手法が一貫して採用されてきた。C-H-C-Dでは、開発局面で国軍が文民機関の支援を担うことになっているが、文民機関の意志や能力の不備のため、実際は国軍が多くの開発任務に従事し続けている。こうした任務は後述する民軍作戦の一環として位置付けられ制度化が進み、もはや国軍の通常任務の一部となっていると言ってもよい。

3　反乱鎮圧作戦における非戦闘任務——民軍作戦の諸要素

3-1　民軍作戦（CMO）

　民主化以降、反乱鎮圧に関連する政府や国軍の計画が多数作成・導入されてきたが、前節でみたように、基本的なコンセプトや手法は「総合的アプローチ」とC-H-C-Dである。本節では、それを具体化する国軍任務のなかでも開発に関連する非戦闘任務の位置付けと主要な構成要素をみていきたい。

　国軍の反乱鎮圧作戦の中核には、民軍作戦（Civil Military Operations：CMO）、諜報活動、戦闘作戦の3者を結合させて実施するトライアド（triad）の概念が常に置かれている。この中でも、国軍の開発任務の多くは、「民衆の心を捉える」ことを目的として実施されるCMOの一部である。反乱鎮圧作戦は、文民機関と国軍が役割を分担するC-H-C-Dの4段階で実施されると述べたが、CMOはこうした諸段階の中でもH-C-Dに関わる国軍の活動である。

　CMOは1950年代から存在したが[34]、1988年に、作戦計画Lambat Bitagに反乱鎮圧作戦のトライアド・コンセプトの一部として盛り込まれて以降制度化された。以来、反乱鎮圧を主任務とする国軍のなかでCMOの重要性に対する認識は高く、反乱鎮圧作戦の重要な構成要素となっている[35]。そうしたCMOの概念は次のように定義されている。

　「CMOは、民衆の支持獲得や敵の戦意の弱体化という国軍の任務を達成す

るため、国軍単独あるいは文民諸機関と協調して実施される計画的諸活動である。これは、対象として設定された人々の信条、感情、行動、態度、意見などに影響を与える活動によって特徴づけられ、3本柱（戦闘作戦、諜報活動、CMO：筆者）の重要な要素である。また、国軍任務の円滑な遂行のため、国軍部隊、政府・民間の文民機関、そして民衆との間に良好な関係を築き維持する活動である」[36]。

　CMOの活動は、①広報任務、②民生任務、③心理作戦の3つの領域に大きく分けられる。①広報任務は、国民一般および対象となる地域の住民と良好な関係を構築する活動である。メディア対応、情報キャンペーン、地域コミュニティや国軍が主催する集会での住民との対話、学生・生徒の国軍基地への招待、情報素材の作成などを通して、国軍任務に対する理解、信頼、認識を高める情報の普及・浸透により目的達成を目指す[37]。②民生任務は、コミュニティを対象とした開発に関連する任務である。これは、国軍の参加の度合いといった点からふたつに分類される。第1に、文民機関主導で実施されている活動の強化を目的に、計画・実施の各段階で国軍による支援や参加が行われるものである。第2に、国軍によって実施されるコミュニティ開発活動に主に関連するものである。これは医療から散髪まで多様な基本的サービスの無料提供からインフラや学校建設などの大規模な土木プロジェクトに及ぶ社会経済活動に国軍の人員や資源を活用する活動である[38]。③心理作戦は、主に敵自体や敵の浸透が見込まれる地域を対象とする。敵の戦意の弱体化、対象となる地域住民の国軍任務に対する好意的態度や行動の醸成などを目的として実施される活動である。漫画やポスター等の印刷媒体やラジオやテレビなどの視聴覚媒体を用いた情報普及活動によって目的達成が目指される[39]。

　CMOに関わる国軍の開発任務は、主に民生任務の領域のものであり、一般部隊が実施するコミュニティ開発・社会開発と工兵部隊が実施するインフラ開発に大別できる。

3-2　特別作戦チーム（SOT）

　国軍部隊によるCMOを現場のコミュニティ・レベルで中心的に担うのが特

別作戦チーム（Special Operations Team : SOT）である。1980年代後半までの国軍の対共産主義勢力作戦では、同勢力の戦闘部隊の軍事的な殲滅に重点が置かれていた。他方で、バランガイで活動する同勢力の政治組織には実質的に手が付けられていなかった。

　共産主義勢力は、浸透のターゲットとしたバランガイで社会問題を主な話題とした討論会を定期的に開催していた。狙いは政府や国軍に対する不満や嫌悪感を煽ることである。こうしたなかでバランガイ住民に、農民組織や共産主義勢力の構成員を加えた教育・プロパガンダ委員会、財政委員会、防衛委員会などを組織させ、さらにそれらをバランガイ革命委員会という政治組織へと発展させる。その後、バランガイの他の住民を取り込みながら組織を拡大させるのである。こうした政治組織こそが、共産主義勢力が地域共同体と住民に影響を及ぼし、支持を獲得し、勢力維持を図る基盤であった。同勢力の影響下にあるバランガイは、人員、食料、生活必需品、意思伝達、早期警戒、戦闘情報などの豊富な源・手段として機能していたのである。

　国軍は長年の経験から、バランガイに根を下ろした共産主義勢力の草の根の政治組織（バランガイ革命委員会）を排除しない限り、国軍の軍事行動は徒労に終わる、つまり共産主義勢力に対抗するには、これらの組織を解体し、彼らを民衆から孤立させる必要があると認識していた。こうした認識から、1980年代後半に、戦闘作戦、諜報活動、CMOの機能を備えコミュニティ・レベルでそれらを実行し共産主義勢力に対抗するSOTを誕生させた[40]。このSOTの創設は、民主化以降の国軍の反乱鎮圧作戦（特に対共産主義勢力）の特徴のひとつである。任務の内容については後述するが、SOTは国軍の包括的な作戦計画の一部であり、共産主義勢力の物理的・政治的影響下にあるバランガイをひとつひとつその影響から解放していくことを任務とする。

　SOTは国軍の作戦計画Lambat Bitagで本格的に採用された後、幾度かの修正や名称変更を経ながら今日まで国軍の反乱鎮圧作戦の主柱を構成し続けている[41]。1980年代末の導入当初は、CMOの3領域（広報任務、民生任務、心理作戦）の中でも心理作戦を中心に実施していたが、1990年代半ば以降は民生任務と広報任務により力を入れるようになっている。

導入以降、SOTの実施方法は3回の修正を経ているが、基本的なコンセプト、目的、手法は変わっていない。SOTの目的は次の段階的な3点であるとされている。第1に、共産主義勢力がバランガイに構築した政治組織の解体である。これにより、共産主義勢力の後方支援や資源基盤、人員補充基盤を解体し、民衆への影響を取り除く。第2に、対抗する住民組織およびバランガイ諜報網の設立・強化である。共産主義勢力が構築した組織に対抗する組織や解体した共産主義勢力の政治インフラに取って代わるバランガイ・レベルの組織形成が進められる。第3に、バランガイ住民の生活向上のための開発プロジェクト推進や基本的サービス提供の促進である。前段階で設立された住民組織や国軍部隊、政府機関、NGOなどが開発プロジェクト推進やサービス提供を実施することで、政府に対する住民の信頼を取り戻すとともに、政府の統制や影響力を強化することが目指される。[42]

　こうした目的を達成するため、SOTは次のようなプロセスで実行される。状況にもよるが、SOT分隊は、分隊長、副分隊長、心理作戦要員2名、諜報活動要員2名、通信士、護衛要員2名の計9名で構成され、計画と準備、潜入、動員とエンパワーメント、メンテナンスの4段階で実施される。[43] 以下、各段階を簡単に説明しておきたい。

計画と準備
　SOT分隊がバランガイに入る前のこの段階では、対象地域に詳しい人物への聞き取りや、地方自治体当局および国軍大隊などから得た情報の分析により地域や住民について精通し、作戦の評価・策定を実施する。加えて、地方政府諸機関やNGOなどとの関係を築くこと、当該地域で活動する共産主義勢力の戦闘員を殲滅するかあるいは孤立させることが目指される。

潜　入
　この段階では、SOT分隊の要員がバランガイに入り、情報に通じたコミュニティの開発、分隊と住民との信頼関係の構築、共産主義勢力の政治組織・軍事組織および構成員の無力化・制圧、当該構成員への尋問、社会経済開発促進のために実施すべきプロジェクトの特定、地域に関する情報の確認や更新、住民の識字能力向上プログラムの実施、心理作戦の実施などが取り組まれる。

動員とエンパワーメント

　この段階では、バランガイの防衛システム・情報網の構築、住民の国軍将兵に対する肯定的イメージの創出、共産主義勢力の政治組織・軍事組織の無力化、地方政府の機能や施策についての教育、共同体の組織化プロジェクトの実施、広報セミナーの実施、医療業務などの民生活動などが取り組まれる。こうした活動は、SOTの要員に加えて、他の国軍部隊や文民機関の要員によっても実施される。

メンテナンス

　この段階では、これまでに構築したコミュニティとの友好関係の維持、共産主義勢力に対抗する住民組織や諜報網の維持、共産主義勢力の再侵入の阻止が目指される。準軍組織や警察への治安維持任務の委譲、住民の識字能力向上プログラム等が継続実施される。

　こうしたSOTの任務は、共産主義勢力が住民の支持獲得のために村々で実施していることを、国軍が極めて似た手法で政府と国軍への支持獲得のために実施するものである。SOTの要員として村々に入った国軍将兵は、住民とともに生活し、働き、食事をし、膝を突き合わせて対話し、小規模プロジェクトを実施する。そうすることで住民の信頼を獲得し、共産主義勢力の活動基盤を掘り崩し、同勢力に対する勝利を目指すのである。SOTの任務は、C-H-C-Dの掃討－掌握局面において、続く強化－開発局面の土壌を整える役割を担う。

3-3　コミュニティ開発の強化・制度化

　ラモス政権期の1994年に導入された作戦計画 Unlad Bayan では、C-H-C-Dの強化－開発局面における文民機関の機能不全を補うという意図の下、国軍の開発参加の拡大・制度化が進められた。それにともないSOTを補強するプログラムの導入が進められた。現在も実施されているコミュニティ開発関連のプログラムをいくつか紹介しておきたい。

ACCORD

　国軍の作戦計画 Unlad Bayan の採用にともない、陸軍では Army Concern on Community Organizing for Development（ACCORD）が策定され1996年か

ら実施が始まった。前述のSOTでは、共産主義勢力を住民が支持する要因となる貧困の削減を目指した経済活動導入を活動の一環としている。しかし、国軍幹部にはこれが不十分であるとの認識があった。こうした点を補うためにACCORDが導入されたのである。ACCORDは、バランガイの開発促進に向けた住民組織を設立・強化し、住民に熟練技術や職業能力獲得の機会を提供し、共同体構成員を社会開発における有効な参加者とすることを任務とする[44]。活動内容は次のとおりである。10名前後の国軍兵士から成るACCORD部隊が、バランガイに関する情報収集（抱える問題や指導者の特定など）や、意思疎通、共同体の活動への参加などによって潜入を図り、住民との良好な関係を構築した後、様々な住民組織の形成および指導者養成のファシリテーターとして活動する。その後、形成・エンパワーされた住民組織が、小規模開発計画や問題の解決策を自らで作成し、共同体や国軍あるいは地方政府の能力や資源を用いてそれらが実行される[45]。ACCORD部隊がひとつのバランガイで活動する期間は30日程度が目安とされているが、2002年の時点で実際の活動期間は平均122日であった[46]。

CARES

1997年、Community Assistance and Rural Empowerment through Social Service（CARES）が導入された。これは、広報活動、民生活動、心理作戦を包含するCMO活動である。地方政府やNGOなどの要員と国軍所属の医師、歯科医、看護師らが国軍の調整により連携して、住民が日々必要とする内科診療、歯科医療、薬品配布などの基本的医療サービスの提供を実施する。加えて、政府が進める貧困対策について住民に周知させる広報活動を実施する。CARESは行政機構の手が十分に届いてこなかった地域の住民に、政府の機能や貧困対策を周知させ、政府のプレゼンスを実感させる効果を狙ったもので、対象地域で2～3日間活動する。短期的な活動で終わる場合と中期的に実施されるACCORDへ移行する場合がある[47]。

ALPS

国軍は、共産主義勢力の脅威に晒されている地域の住民や公教育制度へのアクセスを得ることができなかった住民（大人、就学年齢の子ども）に、識字能力

の向上やさらなる教育の機会を提供することを目的とした Army Literary Patrol System（ALPS）を実施している。住民の識字能力や教養の有無が共産主義勢力の再浸透阻止を大きく左右するとの考えからである。国軍は、教育省との連携でコミュニケーションや初期的な教育技術を身に付けた国軍将兵をALPS ファシリテーターとして育成し、対象地域で教室を開設して教育活動にあたらせている。[48]

　これら ACCORD、CARES、ALPS は、2000年以降、上述の SOT との統合を経て実施されてきた。これらの他にも、国軍部隊と民間ボランティアなどが協同で遠隔地の住民に簡易的医療を提供する Medical and Dental Civic Action Program（MEDCAP）が主な民生活動として挙げられる。2005年には、142の ACCORD、245の CARES、55の ALPS、5278の MEDCAP が実施された[49]。また、2007年には、255の ACCORD、139の CARES、24の ALPS、23807の MEDCAP が実施された[50]。

3-4　インフラ整備

　国軍の開発任務のひとつに、工兵部隊による道路や橋梁などのインフラ整備がある。こうした活動に従事する理由として、反乱鎮圧作戦の一環に加えて、包括的な国の開発の取り組みに関与すべきということと、国軍の資源や能力を活用することで国の近代化を推進する主体となれるといったことが挙げられている[51]。主にこの任務は、公共事業道路省などのプロジェクトを補完する形で経済開発支援を謳って実施されるが、同時に、反政府武装勢力が強い地域では民心掌握を謳い実施されるため、国軍の反乱鎮圧作戦の一環としても認識されている。表8-1は、陸軍の工兵旅団と海軍の建設旅団により完成されたインフラ整備プロジェクトの実績をまとめたものである。データは不揃いであるが、民主化以降、国軍が継続してインフラ開発に携わっていることがわかる。

3-5　政府の貧困対策への収斂と制度化：アロヨ政権期

　アロヨ政権期以降、以上のようなコミュニティ開発やインフラ整備といった国軍の開発任務は、政府が貧困対策の包括化を推進するなかで、それに組み込

第8章　国軍の国内安全保障における役割

表 8-1　国軍の工兵部隊によって完成したインフラ整備プロジェクト

年	1986	1987	1988	1989	1990	1991	1992	1993	1994
道路（キロメーター）	28.8	69.4	104.9	181.7	154.1	77.5	113.9	N/A	255.2
橋梁（リニアメーター）	N/A	175.8	N/A	317.7	67	79.7	291.5	N/A	123
学校（棟）	N/A	N/A	N/A	36	2	6	10	N/A	150

出典：Renato S. de Villa, "National Defense and Security," Jose V. Abueva and Emerlinda R. Roman, eds., *The Aquino Administration: Record and Legacy (1986-1992), President Corazon C. Aquino and her Cabinet*, U.P. Public Lectures on the Aquino Administration and the Post-EDSA Government (1986-1992), Volume 1, University of the Philippines Press, 1992, p. 98, Lisandro C. Abadia, "The Demand of the Future," *Fookien Times Philippines Yearbook 1993*, 1993, p. 230, Renato DeVilla, "Securing Economic Growth," *Fookien Times Philippines Yearbook 1995-96*, 1996, p.100 より筆者作成。
注：1994年は陸軍工兵旅団のみの数字。小数点以下第2位を四捨五入して記載。

まれる形で制度化が進んだ。

　アロヨ政権下、政府の貧困対策を体現する取り組みとして「Kapit-Bisig Laban sa Kahirapan（KALAHI）」が打ち出された。KALAHIは、すべての政府機関が貧困削減対策に焦点を当て、対策を加速、収斂、拡大させる戦略的取り組みを包括するプロジェクトであり、あらゆる貧困削減活動における、政府諸機関ならびに社会各セクターの連携の制度化が謳われている。KALAHIでは、主体となる政府機関のひとつとして国軍が明記され、国軍と他の政府諸機関が協力して貧困対策と国内安全保障作戦の強い結び付きを維持することが謳われている。[52] そしてKALAHIの下、国軍将兵で構成される上述のSOTが、他の文民機関の職員を加える形で、コミュニティ開発チーム（Community Development Team：CODE Team）に改変された。また、政府機関の貧困対策と国軍が実施するSOTやACCORDなどが収斂して、地域住民に対するコミュニティ開発計画や生活改善計画が実施されるなど、C-H-C-Dのなかでも開発局面に力点が置かれた。

　コミュニティ開発に加え、インフラ整備における国軍の任務も収斂と制度化が図られた。2006年8月には主に遠隔地や紛争地で開発計画を実施するKalayaan Barangay Program（KBP）が開始された。KBPは、これまでも実施されてきた遠隔地や紛争影響地のインフラ整備で国軍を含む諸政府機関の協力を制度化するものであり、バランガイをベースとした復旧・開発の促進や、反政府勢力の影響を受ける地域への基本的サービス提供の促進などにより、戦闘

で荒廃した地域や政府の手の届きにくい地域を開発地域に変え平和をもたらすことを意図したものである。計画では、教育省、公共事業道路省、農業省、社会福祉開発省などが拠出する資金をプールし、対象となるバランガイで国軍工兵部隊が実施する、校舎、灌漑施設、電化設備、保健医療施設、農村と市場をつなぐ道路などの諸インフラの建設や修繕に支出する。KBPは、政府の文民部門の資金と国軍の能力の結合を具現化した計画であると言える。[53]

こうした開発関連任務とそれに関わる諸機関との連携を制度化するため、そして国軍の開発遂行能力を向上させ、国家開発への貢献を促進するため、国軍は2007年9月に国家開発支援司令部（National Development Support Command：NDSC）を設置した。NDSCは陸海空軍の部隊が構成する統合司令部のうちのひとつで、指揮下に三軍の工兵部隊が置かれ、社会経済発展に資する環境を物理的・心理的に作り出す比較的規模の大きい開発プロジェクトの実施を任務とする。他にも、上部機関から割り当てられた開発プロジェクトの計画、指示、監督、調整、実施および、基礎インフラ整備等の開発プロジェクトの、紛争、低開発、困窮地域での実施、さらには他の政府機関との連携促進を任務としている。また当司令部は、優先プロジェクトの選定、実施、モニタリングなどにおいて、政府諸機関やNGOと密接に協働しているのに加え、開発プロジェクトの周知のため広報活動も行っている。[54]

当初は、反乱鎮圧作戦が実施されている地域の開発プロジェクトを担当することが意図されていたが、後に、作戦実施地域以外で実施されるプロジェクトを請け負う権限が政権によって付与された。[55] NDSCが遂行するプロジェクトのなかでも先述のKBPは主要プロジェクトとなっており、2010年7月時点で**表8-2**のような実績を残している。

プロジェクトの内容を一部紹介すると、NDSCは2005年から2009年の間に、全国に531の校舎、366の水道システム、482の農村と市場をつなぐ道路、160の電化設備、9の歩道橋、その他18の遊歩道や公衆トイレを建設した。また、2009年1月から2011年1月の間に、全国に179の保健センターを建設した。[56]

以上みてきたように、反乱鎮圧作戦と開発計画（貧困対策）の一体化、開発分野における国軍任務の制度化・拡大が一貫して行われてきた。コミュニティ

表8−2 国軍によるKalayaan Barangay Programの成果（2010年7月時点）

年　度	対象バランガイ	実施プロジェクト	完　了	継続案件
2006–2007	367	501	501	0
2008	234	658	633	25
2009	199	580	521	58
合　計	800	1739	1655	83

出典：AFP National Development Support Command, *The AFP Peace Builder Magazine, nadescom*, The Official Publication of the AFP National Development Support Command, Midyear Issue 2010, p. 29.

やインフラの開発計画は、C-H-C-Dの諸段階のなかでも本来であれば文民機関が担当する任務であり、国軍はあくまでも支援や触媒としての役割を担うことになっている[57]。しかし、国軍部隊によって共産主義勢力の掃討が終わった村が、その後の開発プロジェクトの実施が不十分であったため同勢力の復帰を許した経験が過去に多数あり、その轍を踏まないために国軍の開発任務が重視されているのである。こうした理由から、国軍の開発任務の制度化・拡大が進められた。これに加え、結果的に、遠隔地や紛争影響地などでは国軍が事実上C-H-C-Dのすべての段階においてイニシアティヴをとる場合が多くなっているとされる[58]。理想としては、軍－民協力が広範に貫徹した反乱鎮圧作戦が目指されているが、実際は国軍が中心になっているのである。

また、国軍が反乱鎮圧作戦の民生任務の一環として開発任務に携わっているが、文民機関における熱意、意欲の欠如、安全保障政策の周知不徹底や、国軍の資金・物資不足、国軍とその他機関の連携不足などがあり、作戦全体の効果については議論がある[59]。ただし、そうしたなかでも、総合的アプローチとC-H-C-Dを重視する点についてはほぼ不変であり、国軍の民生任務・開発任務の効果と効率性を向上させるために試行錯誤が行われ、微調整や統廃合と名称変更が繰り返されてきた。開発任務を含む国軍の民生任務については、拡大・充実化が求められ、そして進められる傾向にある[60]。

4 開発任務の影響——国軍の政治化と文民優位の侵食

4-1 国軍の政治化

　国軍が開発任務に携わることは、政軍関係や国軍の文民優位に対する認識にどのようなインパクトを持つのだろうか。

　反乱鎮圧作戦に付随する国軍の開発任務は、文民政府は無能であり国軍こそが国民の生活状況の改善に寄与しているという認識を国軍将校に抱かせることにより、国軍の政治志向を助長する。

　本章でみたような、国軍が取り組むコミュニティの組織化、医療・識字等の各種サービスの提供、小規模開発プロジェクトなどは、地方政府による住民サービスの提供が十分に機能していないため、地方政府機関の有用な代替とみなされ奨励されている[61]。遠隔地や紛争影響地などの極端な場合は、国軍の駐屯部隊がその地に存在する唯一の政府機関であり、例えば、陸軍駐屯地が近隣の村々に電気や水を供給し、薬品を提供し、災害時には村人の救援を行っている[62]。国軍将兵は、ともすれば戦闘任務よりも非戦闘任務に従事することが多いが、上述したC-H-C-Dによる反乱鎮圧作戦の過程では、国軍部隊が長期にわたり村落に滞在し住民と接触することになる。そして、バランガイ住民や文民職員と頻繁に接触するなか、一方で住民の貧困、社会的不平等、排除などの窮状、他方で文民政府機関の非効率・無能・怠惰による住民への基本的サービス提供の失敗を目の当たりにする。国軍幹部も懸念するが、村落共同体へ関与し住民が直面する問題に取り組むSOTのような手法は、文民政府よりも国軍の方が良い統治を実施できるとの認識を国軍将兵に抱かせたり、政府への批判的思考を生んだりすることとなり、国軍政治化の一要因となり得るのである[63]。

　ある陸軍の将校は、2010年発行の国軍広報誌に次のように記している。「仮に政府諸機関の効率性を評価するのであれば、陸軍がベストであり、効率的な事実上の保健省、環境資源省、内務自治省、公共事業道路省として挙げられるに値する、という見方が若手将校のあいだでは一般的である[64]」。また、2000年には、レイエス国軍参謀総長が「軍人精神でうまく運営できる組織は（国軍

の：筆者）他にもある」と述べるなど、国軍の能力や効率性に対する高い自己評価が度々発せられている。

　また、国軍の開発任務には、反政府武装勢力が構築した草の根の住民組織を掘り崩すために政府（国軍）に対する住民の信頼や支持を獲得するという目的があるが、これはいわば、国軍と反乱勢力による村落レベルの支持獲得合戦であり、そもそも政治的な要素を孕んでいる。国軍の作戦部門の将校は「反乱鎮圧任務とは政治だ」と述べるが、政府（国軍）への住民の支持をいかに獲得するかを考慮する任務は、支持を得られない政府や文民機関に対する視線を厳しいものとし、国軍将兵の政治に対する姿勢に影響を与えるのである。

　このように、開発任務には国軍を政治化し得る要素が存在する。第9章で検討するが、任務に由来する政治志向は確実に国軍将校に浸透している。

4-2　文民優位の侵食

　国軍が開発任務を含む反乱鎮圧作戦に携わることは文民優位にも影響を及ぼす。安全保障作戦の一環とはいえ、本来であれば文民機関が実施するような開発関連任務への国軍の関与が増加すれば、安全保障のみならず他分野の政策についても国軍の影響力が増大し、行政における様々な権限を必要以上に国軍に付与するものとなりかねない。

　ある退役少将によると、政府の「総合的アプローチ」の下でも、国軍が村落防衛の計画を作成し、現地の治安状況について文民機関にアドバイスをする。反乱鎮圧に関わる非戦闘任務の内容については、国軍自身が行う現場のニーズの評価に基づき概念化および設計されている。他方、文民政府当局は、どのような形態・性質の民生任務（開発）を実施するかの判断を、事実上国軍に委ねていると指摘される。

　また、作戦計画の作成と実行の両段階において、国軍は独自に行動し、国防省は計画を修正したり実施をモニタリングしたりすることはほとんどない。議会は予算審議の際に関与するだけであるが、それさえもさほど熱心ではないという状況である。

　本章で検討したように、国内安全保障政策の多くの局面で文民機関が国軍に

依存していることから、自ずと国軍が政策を主導するようになり、それにともない影響力は増大する。文民機関に能力や意思が欠如していることが国軍依存に拍車をかけ、現場での国軍の影響力をさらに高め、そして、国内安全保障政策に関わる意思決定における国軍の影響力がさらに強化されるのである。

4-3　国軍・文民機関双方の本来の役割への影響

開発任務を含む非戦闘任務に国軍が従事することは新しいことではない。法的に認められたものであるし、国軍将兵にも概ね受け入れられている。しかし、本来任務への悪影響の懸念も呈されている。

国軍幹部経験者が挙げるのは、まとめると次の3点である。第1に、国軍の開発任務従事は、国軍の一義的な任務である軍事作戦に用いるべき資源を他の目的に使用することであり、戦闘任務におけるパフォーマンスの低下や非効率な資源の利用、さらには将兵の士気低下をもたらすという点である。開発任務に加え、国軍は、組織犯罪対策、災害派遣、環境保護活動などの非戦闘任務に携わっているが、退役軍人で国防長官を務めた人物は1998年に、「これらの戦闘および非戦闘任務は、国軍のかなり限られた能力にとって課題となってきたし、これからも課題であり続けるだろう」と述べる。また、ある国軍幹部は、国軍はすでに物資不足に悩まされており、付加された任務はいっそうの重荷となると嘆く。[71] 第2に、開発任務という「ソフト」な任務に従事することで、個々の国軍将兵の戦闘任務を遂行する能力が低下するという懸念である。ある退役軍人は、1950年代のフク団の反乱の鎮圧以降、国軍が反乱勢力に勝利を収めることができていないことがその証左であると指摘する。[72] 第3に、国軍が開発任務に従事すればするほど、本来それを担当すべき地方の文民機関や指導者の能力が育たないし、能力を構築し国軍への依存から脱却すべき文民機関がその努力を怠る状況を生んできたという点である。[73] この領域における国軍への依存は続きそうである。

以上のような政軍関係へのインパクトや懸念の存在にもかかわらず、国軍は開発任務に携わり続けている。政府や国軍上層部において、こうした任務が国軍の政治化、能力・効率性の低下、文民政府に対する認識の変化などにどのよ

第 8 章　国軍の国内安全保障における役割

うな影響を及ぼすのかについて考慮されている様子はない。

註
1) Lisandro Abadia, "The AFP in the Nineties," *Fookien Times Philippines Yearbook 1991*, 1991, p. 74, pp. 242.
2) Arturo Enrile, "The Philippine Army: Toward a New Century," *Fookien Times Philippines Yearbook 1992*, 1992, p. 78, p. 266.
3) Abadia, op. cit., 1991, p. 242.
4) Renato S. de Villa, "National Defense and Security," Jose V. Abueva and Emerlinda R. Roman, eds., *The Aquino Administration: Record and Legacy (1986-1992), President Corazon C. Aquino and her Cabinet*, U. P. Public Lectures on the Aquino Administration and the Post-EDSA Government (1986-1992), Volume 1, Quezon City: University of the Philippines Press, 1992, pp. 102-103.
5) 国軍や政府だけではなく議員にも同じ認識があった。*Manila Chronicle*（以下、*MC*), July 6, 1992.
6) Philippine Constitution, Article XVI section 6.「国は、警察を設置、運営する。警察は、国家全体を管轄し、文民機構としての性格を有し、国家公安委員会により管理・運営される。管轄警察署にたいする地方執行機関の権限は、法律によって定められる。」邦訳は、萩野芳夫、畑博行、畑中和夫編『アジア憲法集』明石書店、2004年を参照。
7) 国軍からの警察の分離は実質的に国軍の役割縮小であり、民主主義の定着過程における課題のひとつであったが、1987年の新憲法に成文化されはしたものの、クーデタ未遂が相次いだ民主化直後の混乱期においては分離に着手する余裕はなかった。
8) Republic of the Philippines, Republic Act No. 6975, Section 12.
9) Lisandro Abadia, "At the Threshold of the 21st Century," *Fookien Times Philippines Yearbook 1992*, 1992, p. 256.
10) *Philippine Daily Inquirer*（以下、*PDI*), Oct. 4, 1992.
11) Republic of the Philippines, Republic Act No. 6975, Section 12.
12) 凶悪犯罪の増加への対応のため警察の人員が不足していたことも背景にあった。
13) *PDI*, Aug. 5, 1994.
14) *PDI*, Mar. 4, 1996, *Business World*（以下、*BW*), Sep. 5, 1996.
15) *PDI*, Apr. 13, 1996, Apr. 9, 1997.
16) *PDI*, Aug. 10, 1998.
17) Republic of the Philippines, Republic Act No. 8551, Section 3.
18) *PDI*, Feb. 26, 1998, *BW*, Feb. 26, 1998.
19) *BW*, Mar. 9, 1998.
20) *PDI*, Feb. 27, 1998, *BW*, Feb. 27, 1998. 1999年度予算では1993年以降初めてカフグの予算が増額された。*BW*, Dec. 10, 1998.

21) *BW*, Oct. 13, 1998.
22) Fortunato U. Abat, "National Defense" Jose V. Abueva, *et al.* eds., *The Ramos Presidency and Administration, Record and Legacy (1992-1998), President Fidel V. Ramos and his administration*, Second U. P. Public Lectures on the Philippine Presidency and Administration, Volume 1, University of the Philippines Press, 1998, p. 208.
23) Felipe B. Miranda and Ruben F. Ciron, *Development and the Military, in the Philippines: Military Perceptions in a Time of Continuing Crisis*, Quezon City: Social Weather Stations, 1988, pp. 27-28.
24) 国軍の開発参加については、Administrative Code of 1987に国防機関の社会経済開発支援が規定され国軍のインフラ開発への関与が明記されているように、法的根拠は存在する。Executive Order No. 292, instituting the Administrative Code of 1987, Book IV, National Defense, Department of National Defense, Chapter 1, Section 15, Chapter 6, Section 39.
25) Fidel V. Ramos, "The DND-AFP: Leading the People for Democracy," *Fookien Times Philippines Yearbook 1987-88*, 1988, pp. 240-241, Fidel V. Ramos, "Security, Development and Reconciliation," *Fookien Times Philippines Yearbook 1989*, 1989, p. 266.
26) Carlos L. Agustin, "The Armed Forces of the Philippines and Operations other than War," *National Security Review*, June 2009, National Defense College of the Philippines, p. 61.
27) Abadia, op. cit., 1991, p. 74.
28) Ramos, op. cit., 1988, pp. 240-241, Raymund Jose G. Quilop, "National Security and Human Security: Searching for their Nexus in the Philippine Setting," Raymund Jose G. Quilop, ed., *Peace and Development: Towards ending Insurgency*, Office of Strategic and Special Studies, Armed Forces of the Philippines, 2007, pp. 22-23.
29) Ramos, op. cit., 1989, p. 266. 現在の国軍の見解では、国軍がこうした任務を担うのは、他の機関の能力向上までの間であるとされている。国軍参謀本部民軍作戦室のロドルフォ・サンチアゴ陸軍大佐へのインタビュー。2012年9月13日、フィリピン、ケソン市、国軍アギナルド基地。
30) *BW*, July 6, 1998.
31) *Manila Standard*（以下、*MS*）, Jan. 21, 1999.
32) *MS*, July 9, 1999.
33) Republic of the Philippines, Cabinet Oversight Committee on Internal Security, "National Internal Security Plan," (Version 3.0) 2001.
34) Marilen J. Danguilan, *Bullets and Bandages: Public Health as a Tool of Engagement in the Philippines*, Research Paper No. 161, Boston: Harvard School of Public Health, 1999, pp. 13-15.

35) Col. Francisco N. Cruz Jr., "The Primacy of Civil Military Operations," *Tala*, Vol. XV, No. 2, Philippine Army, 2007, p. 10.
36) Col. Aurelio B. Baladad, "The Joint CMO Doctrine: A Short Introduction," *Army Journal*, 1st Quarter, Philippine Army, 2006, p. 18.
37) 陸軍民軍作戦大隊のシリリト・ソベハナ陸軍大佐へのインタビュー。2012年9月23日、フィリピン、ケソン市、国軍アギナルド基地。
38) 同上インタビューより。
39) Baladad, op. cit., 2006, pp. 19-21.
40) AFP SOT Center, *SOT Manual*, Office of the Deputy Chief of Staff for Operations, J3, Armed Forces of the Philippine, 2002, p. 10.
41) 2010年に発足したアキノ3世政権下で名称を「バヤニハン・チーム (Bayanihan Team)」に変更した。
42) AFP SOT Center, *op. cit.*, 2002, p. 32.
43) *Ibid.*, 2002, pp. 37-51.
44) Philippine Army, *Philippine Army ACCORD Handbook*, Kalayaan Publishing Inc., 1995.
45) Philippine Army, *Ibid.*, AFP SOT Center, *op. cit.*, 2002, p. 16.
46) AFP SOT Center, *op. cit.*, p. 22.
47) Danguilan, *op. cit.*, 1999, p. 30.
48) "The ALPS Program," *TALA Magazine*, Vol. XII, No. 2, 4th Quarter, 2004, pp. 17-18.
49) Buenaventura C. Pascual, *A Study of the Measures to Prevent Military Involvement in Political Destabilization*, Quezon City: National Defense College of the Philippines, 2007, pp. 75-76.
50) Philippine Army, "The Philippine Army: Still Going Strong at 111th Foundation Year," *Army Troopers Newsmagazine*, Vol. 1, No. 4, Mar. 2008, p. 8.
51) *Manila Bulletin*, July 19, 1992.
52) Memorandum Circular No. 33, Institutionalizing the Kapit-Bisig Laban sa Kahirapan (KALAHI) as the Government's Program for Poverty Reduction.
53) Lt Col. Lyndon J. Sollesta, "Special Report on Kalayaan Barangays Program (KBP) Projects in Bicol Region," *Army Troopers Newsmagazine*, Vol. 2, No. 12, Dec. 2009, p. 21, Quilop, op. cit., 2007, p. 23.
54) AFP National Development Support Command, *The AFP Peace Builder Magazine, nadescom*, The Official Publication of the AFP National Development Support Command, Midyear Issue 2010.
55) Ferozaldo Paul T. Regencia, *National Development Priority Area Projects: Prospects for Integration*, Quezon City: Armed Forces of the Philippines Command and General Staff College, 2008, pp. 60-71.

56) Dencio Severo Acop, "The Expanded Nontraditional Role of the AFP," *Prism*, Institute for National Strategic Studies, Vol. 3, No. 2, 2012, p. 105.
57) Angelo T. Reyes, "The AFP's Developmental Role: A Conceptual Basis," Delivered during AFP Command Conference on 13 June 1994.
58) Rey C. Ardo, "Military Dimension of National Security," Raymund Jose G. Quilop, ed., *Peace and Development: Towards ending Insurgency*, Office of Strategic and Special Studies, Armed Forces of the Philippines, 2007, pp. 14-15, Quilop, op. cit., 2007, pp. 23-24.
59) Joseph Raymond S. Franco, "Enhancing Synergy within the Defense Establishment," Raymund Jose G. Quilop, ed., *Peace and Development: Towards ending Insurgency*, Office of Strategic and Special Studies, Armed Forces of the Philippines, 2007, pp. 28-30.
60) Col. Roger C. Diaz, "Improving the AFP's Capability to Conduct Civil Military Operations (CMO)," *National Security Review*, National Defense College of the Philippines, Vol. XXII, No. 1, 2006. 開発任務・民生活動を強化するため、上述したNDSCに加え、2006年にCMO大隊が編成された。2012年9月の時点で、全国に11のCMO大隊が存在する。ソベハナ陸軍大佐への前掲インタビューより。
61) Rosalie Arcala Hall, "Exploring New Roles for the Philippine Military: Implications for Civilian Supremacy," *Philippine Political Science Journal*, 25 (48), 2004, p. 124.
62) Glenda M. Gloria, *We Were Soldiers: Military Men in Politics and the Bureaucracy*, Quezon City: Friedrich-Ebert-Stiftung, 2003, p. 16.
63) Pascual, *op. cit.*, 2007, p. 77.
64) "Applying Civil-Military Operations," *Army Troopers Newsmagazine*, July-Aug 2010, p. 33.
65) *PDI*, Jan. 23, 2000
66) 国軍参謀本部作戦局のイシドロ・プリシマ陸軍大佐へのインタビュー。2012年3月22日、フィリピン、ケソン市、国軍アギナルド基地。
67) Romulo Yap, "A review of the government's counter-insurgency strategies," *National Security Review* (August, 2007), p. 37.
68) Hall, op. cit., 2004, pp. 124-126
69) Pascual, *op. cit.*, 2007, p. 73.
70) Abat, op. cit., 1998, p. 194.
71) Jose Antonio Custodio, "In Search of a National Security Strategy," *OSS Digest*, 3rd and 4th quarter, Office of Strategic and Special Studies, Armed Forces of the Philippines, 1999, pp. 28-30.
72) Acop, op. cit., 2012, p. 109.
73) Dioscoro T. Reyes, *A Study on the Nature of Philippine Civil-Military Relations*

and Its Impact on National Security, Quezon City: National Defense College of the Philippines, 2004, pp. 161.

第 9 章

アロヨ政権期における反乱将校のクーデタ事件
―― 不変の介入の意向と拡大する介入の機会 ――

　マルコス体制下で政治化した国軍の象徴が、1980年代後半にクーデタを繰り返した若手将校グループのRAM (Reform the Armed Forces Movement) やYOU (Young Officers Union) であった（第2章）。彼らはマルコス政権崩壊のきっかけとなり、その後のアキノ政権期にクーデタを繰り返した。しかし、クーデタによる権力奪取の試みは成功せず、彼らの活動は次第に民主主義の枠内に組み込まれていった。ラモス政権下の恩赦によりクーデタの罪は許され、多くが国軍への復帰や政治キャリアの形成に成功した（第4章）。その後エストラダ政権下で亀裂を深め、「エドサ2」とその後の政治過程で分裂を決定的にした（第6章）。民主主義定着の障害となったRAM・YOUは、次第にフィリピンの民主政治の枠内に組み込まれていった。彼らは「改革」という看板こそ掲げ続けたが、機会主義的に立ち回り組織や自らの政治キャリアの維持に腐心した。フィリピンにおける政治的オルタナティヴを目指した若手将校たちは、結局、伝統的なエリート政治に回収されたようである。

　しかし、第7章で言及したように、2000年代のアロヨ政権期に、国軍若手将校が参加するクーデタ事件が複数回発生した。マルコス体制下で政治化したRAMやYOUのメンバーたちよりも若く、マルコス体制期には国軍への入隊はおろか士官学校にも入校していなかった世代の将校たちが、クーデタ計画で中心的役割を担ったのである。国軍将校を政治化したマルコス政権期や民主化直後の時代を国軍で過ごすことのなかった若手将校たちが、なぜ政治的に覚醒しクーデタを企てたのだろうか。アロヨ政権期のクーデタ事件は、民主化後の

第9章　アロヨ政権期における反乱将校のクーデタ事件

フィリピンにおける国軍と政治の関係のどのような特徴を映し出しているのだろうか。

1 国軍若手将校の不満——反乱の不変の要因

1-1　オークウッド事件

　2003年7月27日未明、「マグダロ（Magdalo）」と名乗る国軍若手将校・兵士の一団が、マニラ首都圏マカティ市のオークウッド・ホテルに乱入し、宿泊客を一時軟禁したうえで、ホテル周辺のショッピングモールに爆発物を仕掛けて立て篭もった。一団は、アントニオ・トリリャネス4世海軍大尉、ミロ・マエステロカンポ陸軍大尉、ジェラルド・ガンバラ陸軍大尉らをリーダーとし、フィリピン士官学校94年・95年組を中心とする若手将校および兵士およそ300名で構成されていた。

　マグダロは、反乱の目的をグループによる「政権奪取にあるのではなく、我々の不満を表明したいだけである」[1]として、声明で政府や国軍上層部に向け不満や要求を提示している。例えば、政府や国軍幹部の間に蔓延する腐敗を非難し、それらを許し除去できずにいるアロヨ大統領の辞任を要求している。また、モロ・イスラーム解放戦線や新人民軍に国軍幹部が武器弾薬を横流している、アメリカの軍事援助獲得を目的として国軍部隊がダバオ国際空港爆弾テロ事件を自作自演したなどとして、レイエス国防長官、コルプス国軍情報部長などの辞職を求めた。加えて、最前線で任務に就く若手将兵の劣悪な待遇や環境、腐敗し利己的な政治家などを批判し改革を要求した[2]。

　国軍幹部の汚職は、現役・退役国軍幹部たちが給与で賄えるとは思えない豪華な邸宅に住み、富裕層同様の暮らしぶりをしていることから容易に推し量れ、誰もが疑わないものとなっている。前線に届くはずの武器弾薬、医療品、燃料などが、輸送の途中で国軍幹部の手で換金され彼らの懐に入り、兵士のもとには届かないというケースは少なくない[3]。前線の兵士たちが穴の開いたブーツを履き、旧式で故障しがちな銃を手に、十分な食事もなく命懸けで戦闘している一方で、国軍幹部は贅沢な暮らしに耽っているのである[4]。

233

マグダロの反乱事件は早期に収束した。結局、元国軍参謀総長らの説得工作で1日のうちにマグダロの将兵たちは投降し、一発の銃弾も発せられず事件は平和的に解決した。こうしたなか、若手将校たちの不満や要求は概ね正当性のあるものとして受け止められた。

1-2　国軍若手将校の反乱の要因

マグダロの若手将校たちがクーデタ計画の実行に及んだ理由は何であろうか。事件後、原因究明のため真相究明委員会（フェリシアーノ委員会）が組織され、2003年10月に政府に報告書が提出された。以下、フェリシアーノ委員会の報告書に基づいて、マグダロの要求や反乱の要因を検討したい。

マグダロの将校たちは、ホテルを占拠している間に様々な要求を発していたが、報告書は彼らの要求を次の諸点に関連するとまとめている[5]。①国軍や国家警察を含む政府の腐敗、②腐敗し利己的な政治家、③国軍と国家警察要員の賃金格差、④現場の部隊・兵士まで届かない資金、⑤資金を操作し昇進やおいしいポストを享受する強力な「経理担当一族（comptroller family）」、⑥陸軍の戦闘手当と空軍の飛行手当の格差、⑦国軍内への政治やパトロネージの浸透、⑧国防長官による国軍への過剰な干渉、⑨国軍医療センターでの薬品の不十分な提供。これらは、政府・国軍上層部の腐敗、政治家の介入、将兵の待遇に対する不満に大別できる。

報告書は、こうした要求は根拠のないものではなく正当性のあるものだと認めたうえで、反乱の真の目的は、武力により権力を奪取し、ホナサン上院議員が作成した「国家再生計画」を実行することであったと断じている。この点については後述する。また報告書は、政治的変革の達成や不満の原因を正すために武力行使を厭わない姿勢は、RAM・YOUのメンバーにもみられた「救世主的強迫観念（messianic complex）」と称される特定の精神的原理を反映していると指摘する[6]。彼らが学んだフィリピン士官学校では理想主義を植え付けられ、それが後に現実世界での任務や生活との乖離や矛盾によって否定される。こうした経験が腐敗や汚職、現場での劣悪な待遇などの具体的な問題と結び付き、国軍内外のクーデタ首謀者による煽動や勧誘に応じやすい感情的衝動を若手国

第9章　アロヨ政権期における反乱将校のクーデタ事件

軍将校の間に生み出すのである。
　加えて報告書は、反乱が発生した根本的要因として次の4点を挙げている[7]。上述のマグダロの主張を短期的な要因とすれば、これらは中長期的要因と言えよう。
　① マルコスの戒厳令期以来の国軍の政治化。
　② 1980年代後半にクーデタ事件を繰り返した将兵に恩赦を与え、彼らの行為を法的に処罰することができなかったばかりか、国軍への復帰や政治社会への参入を認めたこと。
　③ 反乱鎮圧作戦で国軍が中心的役割を担うことで、政府の国軍への依存体質や文民機関の弱体化をもたらしていること。また、国軍将兵が文民機関の役割である開発関連任務に従事することで、国軍の政治力を強めるばかりか、社会的問題に晒されることによって国軍将兵を政治化していること。
　④ 政治家やその他の文民アクターが、自らの政治的野心や個人的利益の増進のために国軍の支持を請うたり国軍将兵を政治に引き入れたりすることが、国軍の政治化や若手の冒険主義の一因となっていること。
　こうした中長期的要因が存在し続ける背景、経緯、具体的状況などは、本書の各章で検討してきたとおりであり、③と④については、オークウッド事件が発生した2003年以降も状況は変わらない（第7、8章）。また、後述するが、②についても繰り返されることとなる。

1-3　13年前の勧告

　オークウッド事件の13年前、1989年12月のクーデタ未遂事件を受けて設置された真相究明委員会（ダビデ委員会）の最終報告書は、クーデタの参加者への聞き取りをもとに動機・原因を次のようにまとめている[8]。①政府による地方住民への基本的サービス提供の失敗、②汚職と腐敗、③（国軍に対する）過剰な政治の介入、政治家の人気取りの行動、政治家による偏った批判や侮辱行為、④国民の疎外や貧困を深刻にする官僚機構の無能、⑤管理能力に乏しい無責任な国軍上層部、⑥真の和解の欠如、⑦国軍や共産主義勢力が侵した人権侵害に

表9-1 フェリシアーノ、ダビデ両真相究明委員会の勧告の一部

フェリシアーノ委員会の報告書（2003年）	ダビデ委員会の報告書（1990年）
①司令官の適切な配慮。現場部隊の司令官は、クーデタ計画への参加勧誘の動きに対抗するため、常に部下に気を配る必要がある。	
②正当性のある不満に対して効果的に対応する必要がある。	・戦闘で負傷した兵士に対する医療支援提供に関する包括的プログラムの速やかな実施 ・任命委員会を含む議会や公務員による国軍将校への批判や不公平かつ侮辱的な扱いの速やかな停止 ・国会議員による国軍の輸送機材の使用禁止
③文民の国防長官。文民優位を制度化するのみならず、国軍の改革を成功させるためには、改革の対象となる国軍と長く深いつながりを持たない人物を任命する必要がある。	・国防長官ポストへの文民の任命による文民優位の確立
④国家情報調整局に初期の権能を戻し文民の長官を任命する。大統領は、国軍の情報機関とは異なる情報源を持つべきである。	・国家情報調整局局長ポストへの文民の任命 ・国軍の情報機関を補完し検証する国家情報調整局の諜報能力の整備
⑤法を犯したすべての者に法による処罰を与える。不処罰の文化を抑え覆すために、クーデタ計画に参加した将校、兵士、文民の支援者は、法に基づいて処遇されなければならない。	・クーデタ参加者に対する司法・社会復帰プログラムの施行 ・拘留者の警備強化 ・反乱派の指導者逮捕の取り組み強化 ・過去のクーデタを含む参加者に対する（再）調査 ・軍法会議の決定に対する不服申し立てへの速やかな対応 ・腐敗した「大物」将校の取り締まり ・人権侵害に加担した将兵に対する速やかで確固たる懲罰および訴追
⑥国軍の政治的中立性を守り尊重する。個人的、政治的な目的のために国軍の支援を求め利用することは国軍を政治化するため、政治指導者たちはこのような行為をやめなければならない。	・国軍参謀総長の秩序立った選定過程の順守 ・議会任命委員会における昇進審議が政治的目的により利用されないようなシステムの考案
⑦「交渉人」への明確な権限の付与。同種の事件が発生した際、さらなるクーデタ計画を招くような誤解の発生を避けるため、政府の交渉人には当局によって明確な権限が与えられるべきである。	

出典：Republic of the Philippines, *The Report of the Fact-Finding Commission: Pursuant to Administrative Order No. 78 of the President of the Republic of the Philippines, dated July 30, 2003*, October 2003, pp. 41-43, Republic of Philippine, *The Final Report of the Fact-Finding Commission*, 1990, pp. 509-528 より筆者作成。

対する不公平な対応、⑧良い政府の不在、⑨共産主義勢力や左派勢力に対する弱腰、⑩文民指導者の経済問題への対応の失敗。

第 9 章　アロヨ政権期における反乱将校のクーデタ事件

　こうしてみると、民主化直後の混乱や共産主義勢力の脅威という当時の状況を反映した⑥⑦⑨以外は、2003年のオークウッド事件の動機や原因とされるものと多くの共通点がある。

　また、クーデタ事件を繰り返さぬよう、フェリシアーノ委員会の報告書はしかるべき措置をとるよう勧告しているが、多くが1990年のダビデ委員会の勧告と同内容のものである。表9-1では、フェリシアーノ委員会の勧告項目と共通するものをダビデ委員会の勧告から抜粋している。これが意味することは、13年前の勧告への対応が不十分であったこと、さらに言えば13年にわたり、勧告が事実上無視か棚上げされてきたという現実である[9]。

　RAM や YOU とは異なり、マグダロをマルコス権威主義体制の副産物と考えることは難しい。RAM・YOU のメンバーは士官学校71年組や78年組を中心としていたが、マグダロのメンバーは士官学校94年・95年組を中心としている。マグダロを構成する若手将校たちが士官学校に入校した時、すでにマルコス政権は崩壊し、フィリピンは民主主義体制に移行していた。RAM・YOU のメンバーたちが将校候補生、若手将校としてキャリアを形成したマルコス戒厳令下とは状況が異なる。

　しかし、マグダロの将校たちが直面し不満の要因となった国軍内外の問題や社会的な問題は、20年前に RAM・YOU のメンバーが直面したものとほとんど同じものであった。当然のことであるが、若手将校の不満は権威主義体制であろうが民主主義体制であろうが、彼らを取り巻く国軍組織や政府そして社会に問題がある限りは生じるものである。付言すると、前線の国軍兵士の劣悪な待遇、政府や国軍上層部の腐敗、そして大多数の国民の困窮といった社会的問題などに対してマグダロが抱いた不満や怒りには、国民が概ね同情的であることが世論調査によって示されている[10]。

　国軍はマルコス政権下とその崩壊過程で政治化したと言われるが、民主化後も国軍将校を政治化する状況が存在することを、オークウッド事件が証明したことになる。クーデタ計画を事前に察知していた政府によって監視されたり兵舎からの外出を妨げられたりした結果、実行に参加できた将兵は300名ほどであった。しかし当初、計画にはおよそ2000名の将兵が参加する予定であったと

いう。このことは、立て篭もった300名の将兵が国軍内の不満分子の氷山の一角にすぎないことを示している。

2　政権転覆の企てとホナサンの影

　民主化して20年近く経ても、若手将校の多くに政治志向が醸成され得る状況があるわけだが、なぜマグダロのメンバーがクーデタ計画の決行という具体的な行動に出たのであろうか。なぜ中心メンバーがトリリャネスやガンバラだったのか。これを明らかにするには政治家の介在を検討しなければならない。

　マグダロの声明に込められた国軍若手将校の不満、要求は正当性のあるものとして受け止められたが、反乱の動機はそれだけではなかった。事件はRAMのメンバーでもあるホナサン上院議員やエストラダ元大統領の復権を狙う政治家が関与した、政権転覆の企てであったと考えられている。

　フェリシアーノ真相究明委員会は、事件は国軍若手将校が不満の表明を意図した突発的なものではなく、周到に計画された権力奪取の試みであったと結論付けている。計画は、クーデタ後の3日間だけエストラダを大統領に据え、その後直ちにホナサンやトリリャネスを含む15名からなる国家再生委員会を設置するというものであり、事実上、国軍を中核とする政権の樹立を目的としたものであった。

　事件前と事件中、エストラダ前大統領の関係者やホナサンに関係する組織がマグダロのクーデタ支援に動いていたことが、ふたりの関与の証左とされた。マグダロのリーダーたちやホナサンらは、アヨロ政権や国軍の腐敗を批判することで民衆の支持を得て、「エドサ1」や「エドサ2」の際のような民衆蜂起を発生させようと企てていた。そして、民衆蜂起の触媒とするため、エストラダ前大統領に近い政治家が民衆動員を試みていたのである。また、同様の目的で、ホナサンのガーディアン同胞団のメンバーおよそ200名が集結し、オークウッドへ向かったという事実があった。しかし、いずれも「人間の壁」の形成を阻止するため要所に配置された国家警察機動隊に阻まれるなどして大量の民衆動員は実現しなかった。

第 9 章　アロヨ政権期における反乱将校のクーデタ事件

　さらに、ホナサンの関与を明確に示す証拠があった。マグダロはオークウッド・ホテルに立て籠もる間に数回の記者会見を開き、スポークスマン役を担っていたガンバラが彼らの不満や要求を提示していた。そこでの要求のひとつに、「『国家再生計画』の実施」というものが含まれていたが、この「国家再生計画」はホナサンによって作成された政策綱領であった。そこには、平和秩序、経済、貧困、人口、汚職といった領域における諸問題を解決するための政策・戦略としてホナサンの主張が示されている[18]。ホナサンの「国家再生計画」についてアビナレスは、すでに手垢のついた政策を寄せ集めただけのもので目新しい見るべきものはないと指摘する一方、その中の国軍改革に関する項目については比較的充実していると評価している[19]。

　「国家再生計画」では、平和秩序領域の問題解決には国軍・国家警察の力が必要であるにもかかわらず、両組織は汚職にまみれた権力志向の幹部によって深刻に傷ついているとして、それを克服するための改革について多くの紙幅が割かれていた。例えば、准将より上位の階級の将校をすべて退役させること、国軍参謀総長を含む主要な指揮官ポストの任期を固定すること、国軍の監査制度・司法制度の改善、国軍と国家警察の再統合、給与増や諸手当充実などの若手将兵の待遇改善などといったように、国軍改革を求める理想主義的な若手将兵を引き付ける内容の改革が提言されていた[20]。

　国軍改革の項目が充実しているのは、「国家再生計画」の作成にマグダロのトリリャネスが深く関わっていたためである。トリリャネスは研修のため在籍していたフィリピン大学公共政策学部の大学院修士課程で国軍の汚職に関する論文をまとめており、その論文をホナサンのもとへ持ち込んだ。トリリャネスの論文を気に入ったホナサンはその論文のアイデアを取り入れトリリャネスとともに「国家再興計画」を完成させたのであった。トリリャネスはその「計画」をもとに若手将校の間で勉強会を重ね、マグダロの結成へと発展させた[21]。

　このように、ガーディアン同胞団や「国家再生計画」といったホナサンに深く関わるものが事件で目撃されたことにより、クーデタ計画へのホナサンの関与が強く疑われることとなった。真相究明委員会の調査やジャーナリストの取材でも、事件前に開催されたマグダロのクーデタ決行式にホナサンが出席し、

239

儀式の中心を担っていたことが明らかにされている。[22] 国軍改革を望む理想主義的な国軍若手将校を、ホナサンやエストラダ復権を狙う勢力が政権奪取の目的で利用したと理解できよう。

また、RAMの主要メンバーの多くは事件へのホナサンの関与を否定しない。例えば、ビビットはトリリャネスの言説にホナサンの気配を感じ取れると述べている。また、ホナサンの「国家再生計画」については、1990年以降RAMが政策綱領とした「議題」に上院議員になったホナサンがほとんど取り組んでこなかったことを挙げ、冷淡である。[23]

1980年代のクーデタ事件をホナサンとともに主導したRAMのメンバーのほとんどは、すでに彼を見限っていた。RAM設立時のメンバーで依然としてホナサンと行動をともにしていたのはタカ派とされるトゥリンガンとマラハカンのみであった。[24] その他のメンバー、マリガリグ、マティリャノ、ロブレス、プルガナン、リムなどはホナサンから距離を置いていただけでなく、なかには批判する者もいた。マリガリグやプルガナンは、ホナサンが上院議員に当選して以降、他のメンバーと疎遠になり彼らを顧みることがなくなったと憤慨する。[25]

マリガリグは、RAMの主要メンバーは過去のクーデタ事件において政治家の野心のために利用されたと感じており、ホナサンは自身の政治的野心のためにもはやRAMのメンバーの支援を当てにすることはできないだろうと指摘する。[26]

RAM・YOUは、元々ホナサンの個人的な組織ではないし、分裂状態にある。そこで、新たな「仲間」を見つけなければならないホナサンが目を付けたのが若手将校であった。若手将校には理想主義的な者が多く、常に政府や国軍上層部に対する不満を抱えている。また、フィリピン士官学校の教員によると、ホナサンやRAM・YOUに対する崇拝は士官候補生の間で依然として強いとされることから、[27] 国軍の若手将校にも同様のことが考えられる。ホナサンはこうした状況を利用して若手将校に近づき、彼らの不満を煽って自らの政治闘争の駒としたのである。

第 9 章　アロヨ政権期における反乱将校のクーデタ事件

3　続くクーデタ事件

　オークウッド事件後、計画に参加したマグダロのメンバーは拘束され裁判に向けた手続きが進められた[28]。しかし、これで事件終結とはならなかった。2000年代半ば以降も、アロヨ大統領の正統性の欠如や信頼性の低下を背景に、国軍の一部によるクーデタ事件が繰り返された。

　2006年2月24日、アロヨ大統領は、国軍幹部によるクーデタ計画が発覚し、各地の国軍基地においても同様の動きがあるとして非常事態宣言を発令した。そして、クーデタ計画に関与したとして国軍レンジャー部隊のダニロ・リム准将らの拘束を指示し、国軍海兵隊のアリエル・ケルビン大佐の事情聴取を行った。

　反乱将校たちの計画は、2月24日の朝に国軍のレンジャー部隊と海兵隊の将兵、そして国家警察特殊部隊の隊員がエドサ通りに向けて行進し、通りでアロヨ大統領退陣を訴え街頭行動を起こしている市民グループ、ビジネスマンやカトリック教会の司祭などのグループ、反アロヨの政治家や団体などと合流して、アロヨ大統領からの支持を撤回する宣言を読み上げる。それに民衆が呼応して「エドサ1・2」のような状況を作り出し、国軍上層部や他の部隊の離反を促し、アロヨ政権を崩壊させる。そして彼らが選任する文民による政府を形成し、リムなど計画に参加する将校がその政府を監督する役割を担うというものであった。

　この計画にはリムやケルビンに加えて、海兵隊司令官のレナト・ミランダ少将といった国軍幹部の関与が見込まれており、展開によってはオークウッド事件よりも国軍の離反が大規模になる可能性があった。しかし、アロヨ大統領に忠誠的であった国軍最上層部（参謀総長と三軍司令官）が、離反を拒否したうえで反乱将校の機先を制したため同調する動きは拡大しなかった（第7章）。

　非常事態宣言発令の2日後、海兵隊の一部が海兵隊司令部に立て篭もる事件が発生した。上記のクーデタ計画への参加が疑われた海兵隊司令官ミランダを国軍上層部が解任したことに対して、海兵隊のケルビンがおよそ50名の兵士と

ともに行動を起こしたのであった。ケルビンは自身の行動をミランダを守るためであると説明する一方、市民に海兵隊司令部に集結するようメディアを通して訴えた。「エドサ1・2」のような民衆動員を実現し、他の国軍部隊が呼応して政権から離反することを期待したのである。その訴えに応じ、アキノ元大統領や数名の国会議員、左派系市民団体が基地へ向かったが、当局によって基地への進入を阻止された。結局、民衆動員は不発に終わり、事件はケルビンが撤退要請を受け入れるという形で幕を閉じた。

　この一連のクーデタ未遂事件の主体となったのはマグダロではない。1980年代後半に繰り返しクーデタ事件を起こしたホナサンやYOUのリムが首謀者であることが確実視されている。ケルビンもリムとともに1989年12月のクーデタ事件に参加したYOUのメンバーであった。ホナサン、リム、ケルビンは、ラモス政権下で反乱将兵に対する恩赦を得て国軍に復帰、あるいは政治社会に参入し、ホナサンは上院議員に当選、リムは国軍の准将、ケルビンは大佐に昇進していた。そうした彼らが再びクーデタ計画を率いたのである。今回は、ホナサンが様々なグループとのコネクションや資金源を提供し、YOUが民衆の支援者や国軍の実動部隊を提供する役割を担ったとみられている[29]。

　一方、マグダロのトリリャネスは、2007年5月に実施された選挙で上院議員に立候補した。彼は、「改革を追及するために立候補する。選挙は国の指導者に変化をもたらすため国民に唯一残された手段である」[30]と述べ、拘留されたまま野党から立候補し、結果、12名の当選者中11位で上院議員への当選を果たした。しかし、トリリャネスは当選後も釈放を認められず、クーデタを企てオークウッド事件を起こした容疑での裁判が続けられた。そのため、上院議員として活動することはできなかった。

　こうしたなか、またもクーデタ未遂事件が発生した。2007年11月29日、上述のクーデタ未遂事件で逮捕されそれぞれ公判中であったリムとトリリャネスなどが出廷中の法廷から脱走し、武器を携え合流した将兵とともにマカティ市内のペニンシュラホテルに立て篭もり、アロヨ大統領の辞任を訴えた。ここでも民衆動員を期待して国民に対する呼びかけが行われたが、結果的に十分な動員を行うことはできず、国軍や国家警察の強行突入を受け、立て篭もってから1

第9章　アロヨ政権期における反乱将校のクーデタ事件

日でリムやトリリャネスは投降した。

　これらの事件では、不満を持つ国軍将校と政治勢力の接近が相変わらずみられた。

　2006年2月のクーデタ計画が計画どおりに実行されれば、実働部隊となる予定だったのは、ミランダが司令官を務めケルビンが所属する海兵隊とリムが率いるレンジャー部隊であった。両組織にはアロヨ政権下で不満が蔓延していた。海兵隊では、2005年6月に疑惑が持ち上がった2004年の選挙結果操作に海兵隊が利用されたとの思いや、それについて議会で証言した海兵隊幹部のグダニやバルタンが政権から不当な扱いを受けたことが、若手将校たちを憤慨させていた（第7章）。レンジャー部隊でも、新たな政治システムの必要性を主張するチラシを配布した幹部将校が更迭され、この措置に若手将校が反発していた。[31] 反乱に参加する将兵を募る方からすれば、両組織からは多くの参加者が見込める状況であった。

　また、これらの組織には、反アロヨ勢力およびエストラダ元大統領の関係者からの資金提供があったことが指摘されている。海兵隊やレンジャー部隊の隊員が運営する協同組合事業に対して、エストラダ元大統領の義理の息子が理事長を務める慈善団体から、2005年12月と2006年1月に多額の寄付があった。クーデタ未遂事件の直前である。同慈善団体は、同じ時期にマグダロにも弁護士を通して多額の寄付金を渡していた。[32] クーデタ計画は多額の資金を必要とするが、国軍将兵だけでそれを賄うのは不可能であり、過去のどのクーデタ事件にも「スポンサー」の存在が確実視されている。

　加えて、2005年のアロヨ大統領の不正疑惑発覚以降、野党や退役軍人などから、国軍に対して大統領からの支持を撤回するよう求める働きかけが度々行われた。また、2007年11月の事件では、立て籠もりに政治家が参加していた。アロヨ政権後期には、政治家・政治勢力やそれと密接な関係がある国軍将校が、国軍内の不満分子や理想主義的な若手将校に接近し、直接あるいは間接的に、クーデタを煽動したり計画への参加を勧誘したりすることが半ば常態化していたのである。この時期に国軍内部で配布されたパンフレット『緊急要請：反乱と国軍の冒険主義の終焉に向けて』では、国軍の冒険主義（クーデタ計画）は

国軍内の状況のみによって引き起こされるわけではなく、国軍の外部の社会的・政治的勢力が国軍将兵を政治化しようとするために生じると指摘する[33]。この指摘は正鵠を射ており、クーデタ事件を発生させないためには、国軍改革のみならず、政治家・政治勢力の側が国軍将兵を政治に招き入れないことが重要なのである。

4 介入の機会の拡大と活用——国軍の政治介入の社会的容認

4-1 介入の機会の拡大と迎合：アロヨ大統領の信頼低下

　2006年と2007年の事件は、国軍内部の不満の存在を動機のひとつとしていた点や政治勢力の影が見え隠れした点、そしてアロヨ政権の打倒を目指していたという点でオークウッド事件と同じであるが、背景とする社会情勢は幾分変化していた。正統性を喪失し信頼を失墜させていたアロヨ大統領を辞めさせることができないもどかしさが、社会の側に国軍の政治介入を容認する雰囲気を醸成していたのである。反乱将校たちはこうした社会情勢を読み、拡大しつつある介入の機会として大いに活用しようとしていたことが窺える。具体的には、彼らの発する言葉が、国軍関連の問題から社会的に関心を集める大統領の正統性の問題を中心とした国民向けのメッセージへと変化していった。

　過去の「エドサ1・2」の経験から、国軍の行動と大衆動員が政権打倒には不可欠であることが広く認識されていた。マグダロやYOUなどの反乱将校による政権打倒の決起は、それに呼応する市民の動員を大いに期待したものであった。そして、アロヨ大統領への国民の信頼が低下し、正統性に大きな疑問符が付いた2005年以降は、大衆動員が期待できる状況であったと言える。

　アロヨ大統領は2004年5月の大統領選挙で当選を果たし、政権は2期目に入っていた。しかし、第7章で言及した大統領選挙に関わる不正疑惑発覚により、アロヨ大統領の正統性が大きく揺らいだ。これに加えて、2005年には、アロヨ大統領の親族が違法賭博フエテンの収益金を授受していた疑惑や農業対策資金の大統領による不正流用疑惑が表に出された。こうした疑惑により、アロヨ大統領に対する国民の支持率は下落を続け、大統領に対する辞任要求が議会

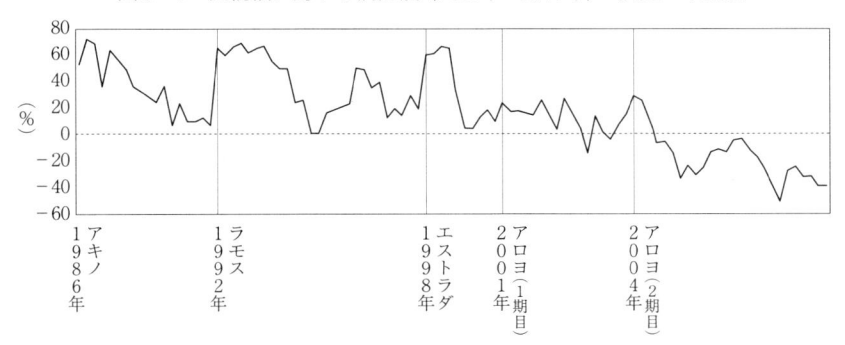

第9章　アロヨ政権期における反乱将校のクーデタ事件

図9-1　大統領に対する満足度（1986年〜2009年）：満足－不満足

出典：Social Weather Stations ホームページ、"Net Satisfaction Ratings of Presidents Philippines, May 1986 to Dec 2009"（http://www.sws.org.ph/　2013年10月19日アクセス）より筆者作成。

や市民の間で一気に強まっていく。野党陣営は攻勢を強め弾劾審議の手続きを開始し、市中では市民による大統領に対する抗議集会・デモが頻繁に繰り広げられるようになっていた。しかし、野党が提出した弾劾告発書は棄却され、市民による抗議行動には機動隊が差し向けられた。こうした大統領の対応が、さらに支持率の低下や不満の増大を招いた。図9-1を見ても、他の大統領と比べてアロヨ大統領への不満が異常なレベルにまで達していたことがわかる。

こうした状況を背景に、政治社会における反アロヨ勢力が政権打倒に向けた動きを活発化するなか、マグダロのメンバーをはじめとする一部の国軍若手将校たちもアロヨ政権打倒を声高に訴え始める。

2005年7月、YOUと関係があるとみられるYoung Officers Union of the New Generation（YOUng）と名乗るグループが声明を発表し、「アロヨ氏は一度のみならず約束を反故にした。腐敗、不道徳、権力への強欲が彼女を大統領職にとどまらせている」などと主張し、国軍将兵や国民に国家を救うためアロヨ政権打倒に力を結集するよう訴えた。

オークウッド事件を主導したマグダロであるが、事件の後、逮捕・拘留されていた将校の一部が、2005年12月と2006年1月に脱走し、アロヨ政権の打倒をメディアで訴えた。2006年1月に脱走したナサニエル・ラボンザ大尉とローレンス・サンフアン中尉は逃亡中にメディアの取材に応じ、自身の活動について

次のように語った。反アロヨの政治勢力による政治的混乱を政権打倒の機会とする、各セクターの代表で構成される移行評議会を形成する、「国家再生計画」に修正を加えたものをガヴァナンスの枠組みとする、軍事政権の樹立を目指しているわけではない、国軍幹部を引き入れるため接触している、そして、依然としてホナサンに敬意を払っていることを明言している[37]。また、2005年12月に脱走したニカノル・ファエルドン大尉は、自らのホームページを開設し、アロヨ大統領が辞任を拒否しているため政権を打倒する以外に方法はない、軍事政権を樹立するつもりではない、自分が政府に参加することはない、などの主張を展開した[38]。

　また、2006年2月のクーデタ未遂事件の際、リムは計画を決行する前に撮影したビデオで、アロヨ大統領自身の腐敗と彼女が国家の諸制度を腐敗させていることを批判し、自ら次のように政権打倒を宣言している。「法の支配、道徳、諸制度の高潔性、国家と国民の将来、そして我々の専門的キャリアが、偽りの大統領によって破壊されているときに、手をこまぬいているわけにはいかない。彼女とその仲間が政府を犯罪組織へと変貌させているときに、何もしないという余裕は我々にはない。我々は自らが不正義と抑圧の道具とされることを容認しない。我々は今こそ行動すべきである」。そして、「軍人として、我々は自身の政治権力を追及しない」と述べている[39]。

　さらに、2007年11月の事件の際、リムは次のように宣言している。「我々はアロヨ氏の辞任を求める国民に合流する。大統領は憲法を侵害し続け、国庫を略奪し、法の支配を軽視し、制度を堕落させ続けている。今こそ支持を撤回する時である。我々は正統性のない大統領を解任するため国民に合流する」。また、2004年の選挙不正疑惑に関与したとされる人物に対する政府の調査の不履行、大統領や政府高官の汚職、超法規的殺害などを政府の失敗の証左であると主張している[40]。

　2003年のオークウッド事件の際には、国軍将兵の不満の原因となる問題の改善が要求の前面に出され、アロヨ大統領には辞任を求めるという比較的控えめなものであった。一方、2005年以降は、アロヨ大統領の正統性の欠如、不正、汚職が社会の大きな関心事となったことで、反乱将兵の主張の内容では大統領

第 9 章　アロヨ政権期における反乱将校のクーデタ事件

に対する批判の色が圧倒的に濃くなり、政権打倒という目的が前面に出されるようになっていた。オークウッド事件の時とは異なり、マグダロの将校たちの声明やリムの主張では、国軍内部の問題にはほとんど触れられず、アロヨ大統領と政権の正統性の欠如や腐敗に焦点が当てられ、それらが政権打倒を正当化する根拠とされている。

　これは、国軍の反乱将校だけでは政権打倒は実現できず、より多くの国軍部隊の離反を促すためにも市民の大規模な参加が必要であるとの認識からであろう。リムやマグダロの将校たちは、アロヨ大統領の信頼失墜という社会情勢を読み、それに迎合する形で声明を出すことで、国軍将校のみならず国民一般から自らの行動に対する支持の獲得を目論んだ。言い換えれば、現下の社会情勢では国民の支持獲得が可能であると判断し、国民一般向けの「大義」を掲げ、「エドサ1・2」のような国民の動員・集結を目指したのであった。

　クーデタを企てる国軍将校と市民グループの指導者との協議は2003年7月のオークウッド事件直後から始まっていたとされる。市民グループに接触したのは国軍反乱将校の側からであった。彼らは市民グループと接触するなかで、政権打倒のためには国民の支持が必要であることと、一般の国民に関係のない国軍内の不満ばかり主張していても支持は得られないことを認識したのである。[41]

4-2　国軍の介入に対する社会的容認

　反乱将校が国民の支持を獲得しようと考えるなか、社会の側にも国軍の参加する政権打倒劇を容認、期待する雰囲気が広まっていた。

　アロヨ大統領への国民の信頼が失墜しているにもかかわらず、大統領が自ら辞める気配はないし、議会での弾劾審議の手続きが成就しそうにもない。一般論として、大統領制という政治システムは、たとえ大統領のパフォーマンスが劣悪で国民の支持を失っていても、大統領を任期途中で辞めさせることが難しいシステムである。こうしたなか、2005年後半以降、多くの国民が、法的手続きを軽視し、より強硬な手法での政権交代を容認する状況、すなわち国軍の介入を容認する状況となっていった。

　反アロヨのグループを率いるある人物は次のように述べている。2005年後半

表9-2 アロヨ政権打倒についての世論調査（2006年3月8日～14日に実施）

	アロヨ大統領が国軍のクーデタで解任されることは国にとって良いことだ。（％）	アロヨ大統領がピープル・パワーによって解任されることは国にとって良いことだ。（％）
強く同意する	14	23
いくらか同意する	22	25
どちらでもない	23	21
あまり同意しない	16	12
全く同意しない	20	15

出典：Social Weather Stationsホームページ, "First Quarter 2006 Social Weather Survey", 3 April 2006（http://www.sws.org.ph/ 2013年10月20日アクセス）より筆者作成。

にかけて、政治的手詰まりを打開するために、支援するまでとはいかないまでも、国軍の介入を奨励するということは、市民グループにとって徐々に容認できるものになっていた。議論はあったが、このアイデアをあからさまに拒否する勢力は、国軍を天敵とする共産党系組織も含めてなかった。そして2005年12月までには、ほとんどの市民グループが、政権打倒を実現するためには民衆の力と国軍の介入が調和して起こる必要があるとの現実を受け入れるに至っていた。カトリック教会や、以前であれば国軍の介入に否定的であった左派系のグループ・人物も、国軍の政治的役割が社会的に容認されるようになっていることを認めていた。[42]

 2006年2月のクーデタ未遂事件後に実施された世論調査の結果では（表9-2）、「アロヨ大統領が国軍のクーデタで解任されることは国にとって良いことだ」という問いに、同意を示したのが36％（「強く同意する」が14％、「いくらか同意する」が22％）であるのに対して、不同意を示したのも36％（「全く同意しない」が20％、「あまり同意しない」が16％）と、国軍によるクーデタに対しては賛否が拮抗している。しかし、「アロヨ大統領がピープル・パワーによって解任されることは国にとって良いことだ」という問いには、同意を示したのが48％（「強く同意する」が23％、「いくらか同意する」が25％）であるのに対して、不同意を示したのが27％（「全く同意しない」が15％、「あまり同意しない」が12％）であった。マルコス政権やエストラダ政権を崩壊させたピープル・パワー（「エドサ1・2」）で国軍が決定的な役割を担ったことを思い起こすと、後者の質問への

回答には、国軍の限定的な参加に対する容認が織り込まれていると考えるのが自然であろう。[43]

このように、アロヨ政権打倒における手詰まりから、限定的な国軍の介入が容認される社会情勢となっていた。すなわち、第１節で述べたような介入の意向に加えて、介入の機会が拡大していたのである。反乱将校たちはその機会を活用するために、上述したような国民向けの言説を用いたのであった。

4-3　憲法条項引用の定着化

以上のような反乱将校の動向に関連して、他に取り上げておきたいのが、憲法条項の引用についてである。

2001年1月の「エドサ2」の際に、エストラダ大統領への支持を撤回し政権崩壊を決定付けたレイエス国軍参謀総長（当時）は、憲法第2条第3項の「フィリピン国軍は国民と国家の守護者である」を引き自らの行為を正当化した（第6章）。同様に、アロヨ政権に対する反乱を起こした国軍将校たちもこの憲法規定を持ち出し、自らの行為を正当化したのであった。

2003年のオークウッド事件の首謀者のトリリャネスは、事件後の2004年に、国軍の政治介入を防ぐための政策提案文書を公表したが、そのなかで憲法規定が国軍の政治介入を認めていると述べている。彼によると、この規定の意図と精神は、国家の生存や国民の安寧にとって有害な、抑圧的で、腐敗し、無能な政府を打倒する憲法上の権能を国軍に与えており、こうした解釈には様々な疑義はあるものの、民主的に成立したエストラダ政権が打倒された「エドサ2」により誕生したアロヨ政権が最高裁判所や国際社会によって承認され正統性が与えられたことは、そうした解釈が認められたことになるという。[44]この文書では直接的に結び付けられてはいないが、トリリャネスは、アロヨ政権打倒のために自身が起こした国軍の介入は憲法によって正当化されると主張しているのである。

また、オークウッド事件に参加して拘留され脱走したファエルドンは、自身のホームページで、国軍が守護する対象である国家は国民を代表し国民に奉仕するからこそ守られるのであり、もはやそうした役割を果たさない現在の執政

府、議会、司法などの諸制度は国民の信頼は得られず、よって国軍が守護するに値しないと述べる。そしてアロヨ政権打倒を正当化するのである[45]。

2006年2月のクーデタ未遂事件を主導したリムは、大統領への支持撤回を宣言し国民に行動を呼びかけるために作成した録画映像で、アロヨによる憲法に反した不正な大統領職の占有を終わらせるため、「国民と国家の守護者」という憲法上の責務に基づき、我々はアロヨから支持を撤回すると述べている[46]。さらに2007年11月のペニンシュラホテル占拠事件の際も、「憲法により我々に負託された国民の守護者としての役割に基づき、アロヨを大統領職から追い落とすべく行動を起こした」と、声明で憲法条項を引いて自らの行動を正当化している[47]。

このように、反乱将校の間では、憲法規定を持ち出しクーデタを正当化することが定着化していたが、こうした思考は反アロヨの社会勢力にまで拡大していた。あるカトリック司教は、「大統領がすべての憲法上の選択肢を閉ざした。このような状況下では、国軍は、憲法により付与された国民の守護者としての役割を行使することができる。また、その役割は、必要な改革を行う市民を支援することにまで及ぶ」と、憲法条項適用を容認する趣旨の発言をしている[48]。クーデタを計画・実行、あるいは離反する側だけではなく、それを容認する側にも自らの態度を正当化する根拠が必要であり、憲法条項の引用はそれを提供する格好の手段なのである。

第6章でも述べたが、こうした引用は恣意性を排除できない。これが常態化して社会を巻き込む権力闘争に安易に用いられ、国軍のみならず、社会の側にも憲法条項を根拠とする国軍の介入を認める風潮が広がれば、国軍と政治の関係はより接近し、ひいては国軍の政治的影響力が益々増大するであろう。

5 アキノ3世政権下での恩赦

ラモス政権下の1990年代半ばに、RAMやYOUに対して恩赦が与えられ、反乱将兵が国軍・国家警察に戻ったり政治社会に参入したりしたことはすでに述べたが、2010年7月に発足したベニグノ・アキノ3世政権下でも、再び反乱

第 9 章　アロヨ政権期における反乱将校のクーデタ事件

将校たちに恩赦が与えられた。

　トリリャネスは2007年5月の選挙で上院議員に立候補し、およそ1100万票を集め当選した。彼が票を集めた理由としては、反アロヨ票の受け皿になったとの見方や、国民のために立ち上がる軍人あるいは抑圧的な指導者に対する果敢な抵抗のシンボルとなったとの指摘がある[49]。クーデタの首謀者が上院議員となるのはホナサン以来である。しかし、トリリャネスは当選後も釈放を認められなかったため、上院議員としての活動はできていなかった。他方、トリリャネスに続き、2010年の選挙で、リム、ケルビンが上院選に、3名のマグダロのメンバーが下院選に立候補したが、全員落選した。

　2003年のオークウッド事件以降、トリリャネスを含め101名の将校と185名の兵士が訴追されていた。2010年7月のアキノ3世政権発足までに、将校84名が罪状を認め国軍から除隊、将校11名が証拠不十分で起訴猶予、兵士184名が罪状を認め降格のうえで国軍に戻った[51]。トリリャネスやファエルドンを含む将校6名の裁判は継続中であった。2006年2月の事件に関しては、関与したとされる28名の将校のうち、リム、ケルビン、ミランダを含む将校9名の裁判が継続中であった[52]。

　こうしたなか、アキノ3世大統領は、「国民和解を促進するため」、裁判あるいは軍法会議にかけられている将兵へ恩赦を与える方針を打ち出した。大統領が2010年10月に「布告50」、11月には「布告75」を出し、上院と下院がそれを承認することによって恩赦が決定した。「布告75」では、2003年7月27日のオークウッド事件、2006年2月の海兵隊立て篭もり事件、2007年11月29日のペニンシュラホテル事件との関連で、刑法や軍法に違反した現役あるいは退役の国軍将兵、警察官、その支持者らに対して恩赦が与えられることになっている[53]。

　第1節で言及したように、2003年のオークウッド事件後に設置されたフェリシアーノ委員会の報告書は、「法を犯したすべての者に法による処罰を与える。不処罰の文化を抑え覆すために、クーデタ計画に参加した将校、兵士、文民の支援者は、法に基づいて処遇されなければならない」と勧告していたが、これが無視されたことになった。リムやケルビンは1980年代にクーデタ計画に

参加し、1990年代に恩赦を受けて国軍に戻っていた将校であるが、彼らが再びクーデタを企て、訴追され、そして恩赦を受けることになったのである。

　前政権下でアロヨ前大統領に極めて忠誠的だった元国軍参謀総長のエスペロンは、この恩赦について、「同じ将兵たちが将来再びクーデタを計画しないことを願う。恩赦を受けた者が常習者とならないことを願う」と、リムやケルビンを仄めかし皮肉を込めたコメントを述べている。また、あるカトリック司教は、「彼(トリリャネス)が問題解決のために選択した暴力的な手段が正当化、賞賛されているかのようで、国民に誤ったメッセージを送ることになる」と恩赦に対して懸念を表明している。リムやケルビンのように、1度恩赦を受けた者が再びクーデタ計画に参加したことを考慮すると、こうした懸念が生じるのは当然であろう。他方、大統領による恩赦付与の判断を審議した議会では、少数の議員が反対や疑問を呈したが、大勢は賛成か大統領権限を尊重するという消極的な賛成であった。

　恩赦を受ける側は依然として自らの行為を正当化している。リムは、「アロヨ政権に対するクーデタを後悔していない。我々はやったことを誇りに思う。たとえ抑圧者が政府であっても、軍人は国家を守るために常に覚悟を決めておくべきである。責務に忠実な軍人は、国家に奉仕し、国家を守るため、あらゆる形態の圧政と戦う」と述べる。また、議会の聴聞会で、仮に再びクーデタ事件が発生すればそれを支持するか、と問われ、「状況による」と答えている。トリリャネスも同様に、「他に方法はなかった。私の運命だった。」などと述べている。ふたりに反省している様子は窺えない。仮に、アキノ3世大統領あるいは将来の大統領がアロヨ前大統領のように正統性を喪失し国民の信頼を失った場合、彼らは再び決起するのであろうか。そしてその時、社会はどのような反応を示すのだろうか。

　民主化後のフィリピンで国軍部隊によるクーデタ事件が発生するのは、国軍の側のみならず、大統領、政府、議会、政治家、そして社会の側にも決して小さくない要因が存在するのである。

第 9 章　アロヨ政権期における反乱将校のクーデタ事件

註
1) *Philippine Daily Inquirer*（以下、*PDI*）, July 28, 2003.
2) Republic of the Philippines, *The Report of the Fact-Finding Commission: Pursuant to Administrative Order No. 78 of the President of the Republic of the Philippines, dated July 30, 2003*, Pasay City: Fact-Finding Commission, October 2003, pp. 20-21.
3) 国軍の武器弾薬が新人民軍やモロ・イスラーム解放戦線、政治家の私兵団などに売られているとの話もある。Ed Lingao, "Arming the Enemy," *I: The Investigative Reporting Magazine*, July-September 2003, pp. 9-12.
4) *Manila Standard*（以下、*MS*）, Aug. 1, 2003, *MS*, Aug. 3, 2003.
5) Republic of the Philippines, *op. cit.*, 2003, p. 21.
6) *Ibid.*, p. 36.
7) *Ibid.*, pp. 39-40.
8) Republic of Philippine, *The Final Report of the Fact-Finding Commission*, 1990, pp. 470-471
9) これはフェリシアーノ委員会の報告書も指摘するところである。Republic of the Philippines, *op. cit.*, 2003, p. 146.
10) Felipe B. Miranda, "Contemporary Public Opinion on Military Coups," *Newsbreak*, Supplement, Oct. 27, 2003, pp. 20-21.
11) *MS*, July 31, 2003.
12) Republic of the Philippines, *op. cit.*, 2003, p. 33.
13) Ricky S. Torre, "Conspiracy Theory," *Philippines Free Press*, Aug. 16, 2003, p. 2.
14) Republic of the Philippines, *op. cit.*, 2003, p. 14, Manny Mogato, "Powertrip," *Newsbreak*, Aug. 18, 2003, p. 20.
15) ガーディアン同砲団（Guardian Brotherhood）は、アキノ政権下の1980年代後半にホナサンが関与して設立された軍人と民間人からなる組織であり、1980年代後半の国軍の一部によるクーデタに深く関わっていた。2002年の時点で全国に8つのガーディアン組織が存在し、およそ50万人のメンバーがいるとされる。現在では、そのうちのひとつである Philippine Guardians Brotherhood Inc. がホナサンによって主導される組織となっており、「エドサ3」の際にアロヨ政権支持を表明した他のガーディアン組織とは距離を置いている。*Business World*（以下、*BW*）, May 9, 2001, *BW*, Oct. 31, 2002, Glenda M. Gloria, "The Shadow that was YOU," *Newsbreak*, Nov. 21, 2001, p. 20. 1980年代のガーディアンについては、Benjamin N. Muego, "Fraternal Organization and Factionalism within the Armed Forces of the Philippines," *Asian Affairs: An American Review*, Vol. 14, No. 3, Fall, 1987, p. 152.
16) Romeo T. Penaredondo, "The Truth Behind the Oakwood Munity," *TALA Magazine*, Vol. 11, 3rd QTR, 2003, p. 10.
17) Republic of the Philippines, *op. cit.*, 2003, p. 20.
18) Gregorio Honasan, *National Recovery Program*, p. 1.

19) Patricio N. Abinales, "Gringo to Our Rescue," *Newsbreak*, Sep. 29, 2003, p. 35.
20) Honasan, *op. cit.*, pp. 3-5.
21) Mogato, op. cit., 2003, p. 18.
22) Republic of the Philippines, *op. cit.*, 2003, p. 4, Criselda Yabes, *The Boys from the Barracks: The Philippine Military after EDSA*, Updated Edition, Pasig City: Anvil Publishing, Inc., 2009, pp. 254-255.
23) *PDI*, Aug. 17, 2003.
24) ホナサンの関与が疑われたのに加え、トゥリンガン、レガスピ、アコスタといった他の数名のRAMメンバーの関与も疑われた。*BW*, Aug. 12, 2003.
25) *PDI*, Aug. 16, 2003.
26) *PDI*, Aug. 17, 2003.
27) Frank Cimatu, "Before the Fall: Martial Law Babies Turn Messiahs," *Newsbreak*, Sep. 1, 2003, p. 12
28) 2005年半ばには、ガンバラやマエステロカンポを含めた13名のマグダロ将校が政府に帰順していた。トリリャネスは帰順を拒否し、マグダロの執行委員会委員長に就任していた。"Purge in Magdalo," *Newsbreak*, Dec. 5, 2005, p. 38.
29) Marites Danguilan Vitug and Glenda M. Gloria, "Failed Enterprise," *Newsbreak*, Mar. 27, 2006, pp. 13-15.
30) *PDI*, Dec. 9, 2006.
31) "The Rebels," *Newsbreak*, Mar. 27, 2006, p. 17.
32) Roel Landingin, "Easy Money," *Newsbreak*, Apr. 10, 2006, p. 14.
33) Office of Strategic and Special Studies Armed Forces of the Philippines, *A Call for Urgency: Towards Ending Insurgency and Military Adventurism*, December 2007, p. 12.
34) 鈴木有理佳「アロヨ大統領の信頼揺らぐ」アジア経済研究所編『アジア動向年報2006』アジア経済研究所、2006年、312-318ページ。
35) YOUngの実体は明らかではなく本当に存在するのかも疑われていた。
36) Lt. Col. Arsenio Alcantaraによる声明文の写しより。続く声明では、選挙不正疑惑との関連で、選挙管理委員会委員長の引き渡し、関与が疑われる国軍幹部の停職と訴追、マグダロのリーダーの釈放といった要求や、国軍将兵の不満が提示された。国軍内の不満とされるのは、粗末な住居、物資の横領、昇進における政治の介入、不満を議論する場の欠如、選挙不正への国軍の関与、軍事作戦への政治の介入などである。*PDI*, July 29, 2005.
37) "We are Reaching out to Our Senior Officers," *Newsbreak*, Mar. 13, 2006, pp. 14-15.
38) Nicanor Faeldon, "Personal Background," (http://www.pilipino.org.ph/statement_bogeyman.php　2006年2月13日アクセス。その後、ホームページは閉鎖された（2013年10月時点））。

39) ダニロ・リムの声明。Buenaventura C. Pascual, *A Study of the Measures to Prevent Military Involvement in Political Destabilization*, Quezon City: National Defense College of the Philippines, 2007 の Appendix。
40) *Manila Times*（以下、*MT*）, Nov. 30, 2007.
41) Miriam Grace A. Go, Aries Rufo, and Carmel Fonbuena, "Romancing the Military," *Newsbreak*, Mar. 27, 2006, pp. 18-19.
42) Ibid., pp. 18-20.
43) 同じ調査機関がオークウッド事件の後に実施した世論調査では、「反乱将兵の不満の要因が真実なら、政府に対して反乱を起こす十分な理由となる」という質問に対して、「はい」と回答したのが36％、「いいえ」と回答したのが64％であった。「どちらでもない」という選択肢がないため単純に比較はできないが、国軍による政権打倒への拒否感情が減少していることが窺える。Social Weather Stations ホームページ, "SWS September 2003 Survey", 30 September 2003（http://www.sws.org.ph/ 2013年10月20日アクセス）。
44) Antonio F. Trillanes IV, *Preventing Military Interventions*, A Policy Issue Paper, 2004, p. 9.
45) Nicanor Faeldon, "The Military is a Bogeyman,"（http://www.pilipino.org.ph/statement_bogeyman.php 2006年2月13日アクセス。その後、ホームページは閉鎖された（2013年10月時点））。
46) ダニロ・リムの声明。Pascual, *op. cit.*, 2007 の Appendix。*MT*, July 11, 2006.
47) *MT*, Nov. 30, 2007.
48) Go, Rufo, and Fonbuena, op. cit., 2006, p. 21.
49) *PDI*, May 16, 2007.
50) *PDI*, June 7, 2007.
51) 他、兵士1名が無許可の離隊状態。
52) *PDI*, Oct. 13, 2010.
53) Malacanan Palace, "Proclamation No. 75," 2010.
54) *PDI*, Oct. 13, 2010.
55) *PDI*, Dec. 23, 2010.
56) *PDI*, Oct. 13, 2010.
57) *PDI*, Nov. 18, 2010.
58) *PDI*, Dec. 22, 2010.

終　章

文民優位の逆説と改革の可能性

1　文民優位の逆説

1-1　文民優位の諸相

　民主化直後、アキノ政権は度重なるクーデタによる政権転覆の危機に直面し、アキノ大統領は政権存続のために国軍へ依存せざるを得なかった。大統領が国軍に依存する状況は、国軍の影響力行使・利益増進に有利となった。アキノは、政権の国内安全保障政策を国軍の要求どおり強硬路線に転換し、憲法で禁止されている準軍組織の動員を認め、国軍の意向を受け入れた人事を行い、政府機関のポストへの退役軍人の進出を認めるなど、国軍への譲歩を重ねた。換言すれば、政権の維持・安定化のために文民優位の多くの部分を犠牲にしたのである。民主化直後の政軍関係の再編期に、こうした政権の安定化と国軍の利益との「取り引き」が実施されたことは、後の文民優位のあり方に影響を与える様々な前例を作ることになった。

　とりわけ、国内安全保障ないしは反乱鎮圧作戦に関連する政策については、現在まで国軍が強い影響力を行使している。例えば、1998年にエストラダ大統領がイスラーム勢力に対する強硬路線に転換したのは、国軍や国防省の幹部が大統領や国家安全保障会議のメンバーを説得したからとされる[1]。また、アロヨ政権期の政治的殺害や人権侵害事件の多発は、国軍の共産主義勢力対策と関連している疑いが強いが、国軍の意向を受けた大統領が黙認していたとみられて

終　章　文民優位の逆説と改革の可能性

いる。加えて、準軍組織の解体は、国軍の反対により進んでいない。

　また、国軍掌握が政治的安定の達成に不可欠であるという状況下で、大統領がその手法のひとつとして文民ポストを配分することが常態化している。一般的に、現役・退役軍人を文民ポストに任命することで、部分的であれ国軍と政権が同様の利害を有することになり、政権の安定化に寄与する。こうした手法は政権の安定化に腐心する大統領にとって最も手っ取り早いものであることから、繰り返され、政軍関係の基調となっていく。とりわけラモス政権期やアロヨ政権期に顕著にみられた。

　他方、マルコス政権下で解体されていた議会の再生は、民主化後の文民優位を形作る様々な要素を提供した。1987年7月の議会の再生後も国内の共産主義勢力対策に関わる政策において国軍は議会政治の場で影響力を行使したが、1990年代に入り共産主義勢力の脅威が後退して以降、議会に対する影響力は低下した。脅威環境の変容を受けて国軍の優先課題となった国軍近代化計画においては議会の積極的な協力を得られたとは言い難い。共産主義勢力という国内脅威の衰退は、議会にとって数ある課題のなかでの安全保障政策に対する優先度の低下であった。共産主義勢力対策とは異なり、国軍近代化は議会を構成する政治家の利益とはかけ離れたものであった。議会の無関心や慢性的な財政難などにより、国軍の専門職業主義化に寄与するであろうとされる国軍近代化計画の推進は停滞を余儀なくされている。現在まで概して議会には、国防予算支出に厳しい傾向があり、予算決定権限を行使することで、議会は予算領域での国軍の影響力の抑制、すなわち文民優位の確立に成功している。

　また、大統領の人事権や議会任命委員会の権限行使をみても、昇進や任命などの国軍人事においては、文民優位が比較的確立されていると評価できる。しかし、その実態は国軍の政治化や政軍関係の歪をもたらし得るものであった。

　大統領による国軍人事や議会任命委員会における営みが示すように、国軍人事には、様々な局面で様々な人物の意図の下に、政治的意思やパトロネージが介入する余地や制度的誘因がある。選挙やそれを取り巻く制度など、民主主義の諸制度が、政治家と国軍将校の接近の誘因を生んでいるのである。こうした状況は、国軍将校たちの間では評判が悪く、尉官クラスの若手将校を対象に実

施されたアンケートでは、国軍内に存在する問題の最上位に位置付けられている[2]。また、別のアンケート調査では、将校の昇進プロセスから政治家の影響を排除することに52名中50名が賛成の回答をしている[3]。しかし、「名誉同期生」の慣行から窺えるように、上位階級の国軍将校の間では現状への順応が図られているし、政治家の側で制度改革や行動の抑制が進みそうな気配はない。

　こうした状況から窺えることは、真剣に改善を進める気のある関係者は少数であり、多数が両者の癒着関係を暗黙のうちに認めている、また、現状から利益を得ている政治家や将校が少なくない、ということであろう。国軍と政治の接近を促進したり若手将校の間に不満を生み出したりするにもかかわらず、国軍将校と政治家との癒着関係が生じる状況は改善されそうにはない。

　このように、文民優位は領域により程度の差がある。こうした状況下、大統領が大きな権限を有していることと政権の安定化を必要とする事情ゆえに、国軍利益の重要な媒体となっている。そのため、組織的利益の増進を図ろうとする国軍からの圧力を大統領が受けることとなる。そのような圧力が強まった際にそれにいかに対処するかは、フィリピンの大統領が直面し続ける重要な課題となろう。

　また、民主的政治過程の再生とそれへの国軍の対応は、将校が国軍利益の確保・増進のために、党派的思惑が充満する政治過程の諸局面において、交渉・説得などのため政治家と不断に接触する状況を生み出した。そのなかで国軍将校たちの間に、政治（家）に対する意識が醸成され、国軍と政治（家）の関係についての認識が形成されるのである。

1-2　国内安全保障における国軍の役割と文民優位

　1990年代初頭、国内脅威が後退したとの認識が優勢となり、それを背景として国軍の任務を伝統的な反乱鎮圧任務を中心としたものから対外防衛へと転換する試みが始められた。しかし、脅威に対する認識が1990年代末に再び変化し、任務転換という課題は霧消し、国軍が国内の反乱鎮圧任務を担うことが改めて確認された。

　また、ラモス政権の開発志向と1990年代前半の安全保障環境の変化は、国軍

終　章　文民優位の逆説と改革の可能性

の開発任務の制度化という動きをもたらした。国内脅威の後退により国軍の役割を対外防衛へと転換する動きが、国軍の役割の多目的化へと変容し、余剰資源の開発への投入とばかりに国軍の開発任務が制度化されたのであった。以降、国家の経済成長および国内安全保障の促進といったふたつの観点から国軍の開発任務の重要性が強調され、諸政権下で制度化と拡大が進められていく。

　そうしたなか、国軍と文民機構が協働するはずの国内安全保障政策において実際は国軍へ過度に依存していることや、国防省の多数のポストが退役・現役軍人によって占められることなどから、安全保障領域における文民優位は極めて脆弱なものとなっている。文民機関の能力向上や意識改革、安全保障政策に精通した文民職員の育成により、国内安全保障政策や国防省における国軍部隊・将兵への依存を減少させる必要がある。

　また、国軍は、国内安全保障任務に付随する非戦闘任務の一環として開発任務を担い続けているが、それは、国軍将兵の政治志向の涵養や、国軍の影響力の増大、文民機構の国軍への依存など、政軍関係に様々な悪影響を生じ得る。例えば、文民政府は無能であり国軍こそが国民の生活状況の改善に寄与しているという認識を国軍将校に抱かせることにより、国軍の政治志向を助長する。また、安全保障作戦の一環とはいえ、本来であれば文民機関が実施するような開発関連任務への国軍の関与が増加すれば、安全保障のみならず他分野の政策についても国軍の影響力が増大する。

　国内では依然として、共産主義勢力やイスラーム勢力の反政府武装闘争が続いており、戦闘や開発任務といった国軍の国内安全保障上の役割が減少する気配はない。また、反乱鎮圧作戦における国軍の開発任務を減少させるような文民機関の能力向上も直ちには期待できない。このように、国軍の役割やプレゼンスが拡大する契機は常に存在する。マルコス政権下での国軍の役割拡大が国軍の政治化をもたらしたが、国軍の役割が拡大する余地があるのはマルコス政権期に限られたことではない。

　アラガッパが指摘するように、統治における強制力（例えば、国内安全保障における武力の必要性）の程度が顕著になれば、軍部の規模や役割の拡大に寄与し、その拡大はたいてい権力配分を軍部に有利なものへと変化させ、軍部の政

治的影響力の増加をもたらし、他の国家機関にとっての損失となる[4]。また統治における強制力の比重は、国家とその政治システムが持つ正当性と反比例する[5]。これらは、武装反乱を根絶できず国軍の役割を縮小することができないフィリピンの状況を言い表していると言えよう。

1-3 政治における国軍の役割

上記のような統治のみならず、政治においても国軍は依然として役割を担っている。具体的には、政権交代と政権維持における役割である。こうした政治における役割は文民優位のあり方によって生じる面もある一方で、さらに国軍の影響力や政治志向を増大するという文民優位の溶解を帰結し得る。

エストラダ政権を崩壊させた「エドサ2」は、マルコス政権を崩壊させ民主化をもたらした「エドサ1」（二月政変）に続き、国軍が再び政権交代で決定的な役割を担った出来事であった。このイベントは政軍関係に大きなインパクトを与えるとともに、水面下に存在していたものを明らかにした。

第1に、「エドサ2」の過程が白日の下に曝したのは、国軍将校たちが依然として有する政治関与への志向である。動機やきっかけは様々であるが、少なからぬ数の将校が政権打倒という政治活動に関与し、最終的に国軍は組織的に政権から離反した。こうした政治関与については憲法条項の解釈による正当化がなされ、以後の政治介入正当化の「判例」を作った。

第2に、「エドサ2」の過程と帰結は、国軍を増長させ政治化を推進する要因となり得る。マルコス政権崩壊に国軍が重要な役割を果たしたことにより、国軍が政治関与の志向を強めたが、「エドサ2」は国軍が一役買ったという点で非常に似通っている。そして、国軍の果たした役割に対する自己評価は高い。自らの存在や役割が政権交代という大きな政治イベントや、あるいは政権の存続において重要であると自負することは、政治関与や文民優位への態度にも影響を及ぼす。

第3に、将校と政治家の個別的な関係が、政軍関係を形作る重要な要素だということである。そのような関係は人事などで国軍や国家警察に政治を浸透させ、組織を政治化したり、組織内部や政権と国軍の関係に歪を生じさせたりす

終　章　文民優位の逆説と改革の可能性

るなどの副産物を生む。そうした歪は、特定の状況下、とりわけ政治的危機時において表面化し、政治動向に一定の影響を与えるのである。

　政権維持における国軍の役割と政治家と将校の癒着関係が際立ったのがアロヨ政権期である。アロヨ大統領は、政権成立の経緯から生じる正統性の危機に直面し、政権誕生直後から政権を揺さぶる勢力に対処しなければならなかった。そのため、政権成立に貢献した将校たちの支持や忠誠を固めるために昇進や重要ポストへの任命という報奨を与える他に、個人的に近い関係にある、または忠誠的とみられ信頼できる将校で重要ポストを固める、あるいはポストで将校の忠誠を買う必要があった。重要ポストの任命においては、最終的に大統領個人への忠誠が重視された傾向が強いことは否定できない[6]。つまり、極めて政治的な人事手法により国軍との関係構築が取り組まれたのである。

　そして、大統領への忠誠が重視される状況下で、政治家と国軍将校の相互依存的な癒着関係が人事に反映される余地が広まる。こうした人事は、大統領が人事に持つ大きな権限により可能となるが、その権限は同時に、新たな忠誠を獲得し忠誠と報奨の関係を再生産することも可能とするのである。

　こうした手法は、手続き的には文民優位に基づいたものであるが、同時に、国軍への政治の浸透を必然的に生み出すものである。そしてアロヨ政権下で次のような悪循環を生み出した。国軍掌握のために政治的な人事を行うが、それが将校の間に不満を生み出す。その不満に付け込み、彼らを権力奪取計画の一員に取り込もうとする勢力による政権転覆の危険性が高まる。それを回避するため手っ取り早く国軍を掌握しようとし、自らと密接な関係にある将校で上層部を固める。そうした手法がまた一部将校の不満につながり、国軍の掌握を必要とする状況を生み出す、というものである。このような状況では、大統領の国軍上層部への依存が強まり、国軍の影響力が増大する。実際アロヨ大統領は、国軍に配慮するため、反乱鎮圧作戦における国軍の自律性を容認し、また、政治的殺害や人権侵害問題において国軍将兵を追及しなかった。

　こうした特徴を持つ大統領と国軍の関係は、アロヨ政権期に固有の現象なのであろうか。さらに言えば、政治化した政軍関係が今後変化し得るのであろうか。前者について言えば、制度的・慣習的・政治文脈的な要素は、アロヨ政権

期に限らず後の政権でも政軍関係に影響を及ぼすであろう。個別的な関係や忠誠に基づいた政治的な国軍人事は、誰が大統領になろうが程度の差こそあれ行われ得る。

　後者についてはさらに多角的な検討が必要であるが、現時点で言えることは、政軍関係が政治化する素地となる政治家と国軍将校の相互依存的な癒着関係はなくなりそうにない、ということである。[7]

　こうしたフィリピンの状況は、国軍人事における文民優位が逆説的に政軍関係を政治化しているものと考えることができる。政軍関係を長らく研究してきたサミュエル・ハンチントンが、「今後、新興民主主義国において政軍関係に問題が生じるとしたら、それは、軍からではなく、文民側からであるように思われる」[8]と指摘しているように、こうした現象はフィリピンに特有のものとは限らないと考えることができる。

1-4　反乱将兵とクーデタ事件

　1990年代に入り、RAMなどの国軍反乱派は、クーデタ成功の見込みがないことや世論がクーデタを容認しないことを悟り、民主制の枠内での活動に切り替えようと模索し始めた。また、政権の側にも、反乱将校たちを政治社会に統合しようとの動きが現れた。

　1992年に誕生したラモス政権期、開発のために政治的安定を追求したラモスの課題となったのは、共産主義勢力やイスラーム勢力との和平に加え、国軍掌握と国軍反乱派への対応であった。ラモス大統領は、国軍反乱派に恩赦を与え和平を結び、彼らを民主政治の枠内に統合することで政治的安定を達成した。

　しかし、恩赦や免責を付与して達成された政軍関係の安定は、政権と国軍の双方に文民優位の理念や原則が共有・内面化されたことによるものではなく、各々の実利に基づく打算によるものであった。民主化以降、種々の国軍改革が実施されているが、こうした状況下で実施される国軍改革は、果たしてどの程度の効果を持ち得るのであろうか。このような疑問をよそに、クーデタに参加した将兵を免責するという措置は現在まで踏襲され、民主化後のフィリピンにおける政軍関係の基調となっている。換言すれば、ラモス政権が前例を残し、

終　章　文民優位の逆説と改革の可能性

それが悪弊として繰り返されているのである。

　1990年代に入りRAM・YOUの活動は民主主義の枠内における合法的な政治関与へとシフトしたが、それはすなわち、政治家や政権と協調関係を築いたり、多数派形成に勤しんだり、党派的政治に関わったりすることであった。その中でRAM・YOUのメンバーの間に亀裂が生じ、それが「エドサ2」において表面化した。そして、「エドサ2」、「エドサ3」、その事後処理などの過程で、亀裂は決定的となった。

　しかし、2000年代のアロヨ政権期に、マグダロと称する国軍若手将校が参加するクーデタが複数回発生した。マルコス体制下で政治化したRAMやYOUのメンバーたちよりも若い世代の将校たちが、クーデタ計画で中心的役割を担うこととなったのである。

　1980年代後半に相次いだクーデタ事件と2000年代のクーデタ事件の動機や原因とされるものには多くの共通点があった。つまり、若手将兵たちがクーデタに参加する中長期的要因も短期的な動機も残存あるいは涵養されてきたのである。例えば、政府・国軍上層部の腐敗、将兵の待遇などに対する不満、反乱鎮圧作戦で国軍が中心的役割を担うことで国軍将兵を政治化していること、政治家が国軍将兵を政治に引き入れたりすることなどが、若手将校の反乱の一因となっている。また、真相究明委員会の勧告が求めた対応の実施は不十分で、勧告が事実上無視か棚上げされてきた。マグダロの将校たちが直面し不満の要因となった国軍内外の問題や社会的な問題は、20年前にRAM・YOUのメンバーが直面したものとほとんど同じものであった。国軍はマルコス政権下とその崩壊過程で政治化したと言われるが、民主化後も国軍将校を政治化する状況が存在することを、2000年代のクーデタ事件が証明したのである。

　国軍若手将校の不満が常態化し、伝統的な政治手法である国軍の政治利用が依然として用いられるフィリピンにおいては、政軍関係の不安定要素が容易に消滅しないどころか、それが再生産される素地があるとも言えそうである。

　また、2000年代のクーデタ事件では、一部国軍将校の政治志向や憲法条項による正当化、そして政治家の関与がみられたが、社会の側における介入の機会の拡大といった現象を見過ごすことはできない。アロヨ政権打倒における手詰

263

まりから、限定的な国軍の介入が容認される社会情勢となっていた。反乱将校たちは、アロヨ大統領の信頼失墜という社会情勢を読み、それに迎合することで国民一般向けの「大義」を掲げ、国軍将校のみならず、国民一般から自らの行動に対する支持を獲得し、「エドサ1・2」のような国民の動員・集結を目指したのであった。

　民主化後のフィリピンでは、領域によって程度は異なるが、曲がりなりにも文民優位が存在する。しかし、それは理念からはほど遠く、場合によってはその文民優位のあり方が国軍の政治関与を生じさせたり政治的影響力を増大させたりしているという、逆説的状況が存在するのである。
　権威主義体制の負の遺産としての国軍の存在が文民優位のあり方を規定する一方で、民主主義体制下で文民優位を担うのは、民主的に選出された文民の大統領や政治家であり、民主的価値を重んじる社会諸勢力であるが、政治的文脈、諸制度、政治文化などの諸要素によって規定される彼彼女らの行動が、同様の要素に規定される国軍の行動・志向と相俟って、文民優位のあり方に歪を生じさせているのである。
　このような文民優位の歪みを矯正することはできるのだろうか。容易なことではないが、可能性を感じさせる取り組みが実施されていることも事実である。最後にそうした取り組みを紹介しておきたい。

2 改革にむけて：アキノ3世政権下の取り組みと市民社会

2-1 治安部門改革と市民社会

　本書で検討した文民優位の歪みを含む政軍関係の問題は、「治安部門改革」の一環として改善に取り組まれている。治安部門改革とは、民主的規範やグッド・ガヴァナンスの原則に基づいて個人や共同体に安全な環境を創出できるよう、治安部門を改革することを意図した取り組みである。[9] 一般的に治安部門は、国家の実力組織としての軍部や警察および非国家アクターの武装組織を含む「治安アクター」、そして、治安アクターの文民・民主的統制を担う国会や

関係省庁などの公的組織から、治安アクターの行動を監視するマスメディアや市民社会といった民間組織を含む「監督アクター」のふたつから成る。また、治安部門改革においては、治安部門（治安アクターと監督アクターの双方）の治安維持および監督のための「能力向上」と人権や国民の福利に配慮する組織への「体質改善」が取り組みの両輪となる[10]。

　民主化後のフィリピンでは、治安アクターである国軍や国家警察に、非効率・腐敗・人権無視・抑圧的体質・政治関与志向がある、などの問題を抱えている。国軍や国家警察に対して、国内外の安全保障上の脅威に対応するための能力向上、安全保障政策に関わる説明責任・透明性の向上、および人権侵害や抑圧性向を改め民主的価値を注入したり政治介入志向を正したりする体質改善が求められている。長年こうした目的の下に様々な取り組みが実施されてきたが、いずれにおいても大きな進展がみられないのが現状である。その要因の一端に、治安アクターを監督すべき文民の監督アクターに能力や政治的意思が欠けていることが指摘できる。それどころか、本書で検討してきたように、国軍に政治が介入し、挙句の果てには政治に巻き込むなど、体質改善に逆効果となる行為が散見される。すなわち、歪を含む現状の文民優位のあり方を変えていかなければならない。フィリピンの治安部門改革には、治安アクターと監督アクター双方の能力向上・体質改善が必要なのである。

　民主化後の移行国では、軍部や警察などの体質改善に関する治安部門改革において、治安アクター自身や監督アクターの文民政府・議会に意思が欠如しているか、あっても動きが鈍いか失敗している場合が多い。それらを推進するには、暴力的抑圧に対する批判、人権尊重を強調した政策提言、規範遵守に対する監視・監督、逸脱行為の告発などを担う市民社会の役割が不可欠である。また、治安アクターの監督を担う国家機関に対する専門的見地からの提言、対話や政策議論の促進、政府の政策決定および実施過程の監視、不作為を質すための要請活動なども市民社会の重要な役割である[11]。そもそも治安の利害関係者の大多数は他ならぬ一般市民であるため、治安部門改革に関わる決定や実施のあり方は、国家上層部の政軍関係（政治指導者―軍幹部）における文民優位の問題に矮小化されるべきではない。

2010年7月に誕生したベニグノ・アキノ3世政権下のフィリピンでは、治安部門改革に市民社会が参加する取り組みが進められている。その中心的な取り組みは、国軍による国内安全保障作戦の遂行を市民社会組織が監視したり、利害関係者の間で対話を促進したりすることで、国軍の体質改善さらには市民社会の監視力強化を目指すというものである。開始されて間もない試みではあるが、市民社会の参加が狙いどおりに定着すれば、国軍をはじめとする治安アクターの体質改善、および監督アクターの能力向上に重要な貢献が期待できる。

　以下では、アキノ3世政権下のフィリピンにおいて、国軍をはじめとする治安アクターの体質改善に関連した取り組みに市民社会が参加しているケースを取り上げ、どのような取り組みが行われているのか、それはどのようにして可能になったのかを明らかにする。そして、フィリピンにおける治安部門改革の進展という観点からどのような可能性や課題があるのかを検討する。

2-2　アキノ3世政権と国軍の国内平和安全保障政策「バヤニハン」
フィリピンにおける治安部門改革と市民社会

　フィリピンではマルコス大統領の戒厳令下、国軍が、政治、経済、社会の各分野に役割を拡大させた。そして特権を享受すると同時に政治化し、民主化移行期に、クーデタなどで政治介入を繰り返した。こうした状況下、国軍の権力中枢からの撤退や役割の縮小に加えて、政治介入、汚職、人権侵害などの問題の解消を目的とした国軍改革が、民主主義定着期のフィリピンにおいて大きな課題となった。それは、人権規範の内面化や説明責任の向上を推進し、国軍を民主的社会に適合した組織に転換すること含む改革、つまり体質改善に焦点を当てた治安部門改革である[13]。

　そのため民主化以降、国軍の体質改善を目指した数々の取り組みが実施されてきた。例えば、汚職撲滅を目的とした国軍倫理規定の作成および国軍内での倫理規範・公的説明責任局の設置、国軍のプロフェッショナル化を目的とする軍事規範教育課程の導入、国軍や国家警察における人権・国際人道法の教育および監督機能強化を目的としたフィリピン人権委員会の創設などである[14]。

　しかし、こうした改革の成果には限界が見受けられる。現在のアキノ3世政

終　章　文民優位の逆説と改革の可能性

権下では発生していないが、2000年代には国軍の一部がクーデタ事件を繰り返した[15]。国軍の汚職も依然として「健在」である[16]。また、国軍の国内安全保障作戦に付随して起こる逸脱行為（住民に対する威嚇、物品・家畜・農作物の略奪、過剰攻撃による民間人死傷者の発生など）、および人権侵害、政治的殺害事件への国軍将兵の関与は、依然として大きな問題である。

　改革には国軍を監督する文民機関の能力強化が含まれるが、フィリピンでは、文民当局が国軍改革の実施状況を監督・検証するシステムはほとんど機能しておらず、改革の実施は国軍に委ねられていると言ってもよい。そのため、国軍将兵の逸脱行為や人権侵害事案が現場レベルで握りつぶされることも少なくない。また、国軍の行為を監督し逸脱を質すべき立場にある議会・政治家がそれを容認、黙認したり政治的に癒着したりしている場合もある。政治指導者たちの意思の欠如・不作為が問題改善の足枷となっているのである。

　このような状況のフィリピンにおいては、治安部門改革に際して、国軍の体質改善のこれまで以上の推進や議会等の文民監督機関の能力強化に加え、政策提言、諸規範の導入、監視・監督などの役割を担う市民社会の関与を促進することが求められる。しかし、民間研究機関と先進国・国際機関ドナーが国軍と共同でセミナーやシンポジウムを開催するようなことはあるが、治安部門改革に関する政策形成や監視活動に市民社会が関与したり影響を及ぼしたりすることはほとんどなかった[17]。そもそも、国防白書などの定期的な発行・公開は行われておらず、安全保障分野に関する情報が市民社会に届くことは稀であった[18]。

　そうしたなか、アキノ３世政権下では、極めて画期的な試みが進められている。治安部門改革への市民社会の関与が全国規模で実践されているのである。その根拠となっているのが、国軍の新しい国内平和安全保障計画「バヤニハン」である。

アキノ３世政権下の国内平和安全保障計画：バヤニハン

　アキノ３世政権下で策定された国軍の国内平和安全保障計画「バヤニハン(Bayanihan)」[19]は、「パラダイム・シフト」を謳っている[20]。「パラダイム・シフト」とは、国軍の国内安全保障作戦における目的を、敵を軍事的に殲滅することではなく「平和を勝ち取る」ことであると定め、人間中心の安全保障戦略に

シフトするものであり、主要利害関係者との協議やそれらの関与および民軍活動や開発活動に重点を置く。以下、バヤニハンの特徴となるアプローチ、原則、基本方針を見ておきたい[21]。

　バヤニハンはその計画段階から実施段階そして評価段階まで、次のふたつの戦略的アプローチに支えられる。第1に、「全国民的アプローチ」である。これは、国軍だけではなく、他の政府諸機関、市民社会組織、現地共同体など、すべての利害関係者の力を結集して活用することで、持続的な平和と安全を達成しようとするものである[22]。第2に、「人間中心／人間の安全保障アプローチ」である。これは、作戦の中心に人々の幸福を置き、現地共同体の現実やニーズに基づいた安全・安心を促進する方法を模索し、人権に一義的重要性を置くものである。

　このような戦略の遂行にあたり、国軍は次のふたつの戦略的原則に基づいて行動する。第1に、人権、国際人道法、法の支配の遵守である。国軍のすべての作戦や活動において、そして国軍総司令部から現場の小隊に至るまで、人権・国際人道法・法の支配の原則・概念・条項・精神を厳格に遵守することが不可欠であり、国軍上層部は、これらが表面的に守られるだけでなく国軍将兵に内面化されることを保証しなければならない。第2に、国内の平和と安全の追求におけるすべての利害関係者の関与である。最終目的の達成、計画の基本方針の実施において、国軍の全部隊は取組みを市民社会組織を含む他の利害関係者と密接に調和させる。

　計画の目的を達成するため、国軍は次の4つの基本方針に従う。第1に、すべての武力紛争の恒久的・平和的な収束に貢献する。第2に、武装勢力に対する集中的軍事作戦を遂行する。第3に、地域密着型の平和、開発の取り組みを支援する。第4に、国軍における治安部門改革を実施する。

　国軍の国内安全保障作戦において、武装勢力が存在する根本原因に焦点を当て開発活動に力を入れることや利害関係者と連携すること自体は新しいものではない。以前までの国軍の作戦計画でも、国軍と他の利害関係者との協調・連携は繰り返し提唱されてきた（第8章）。しかし、そうした協調は多くの場合、計画と実施の双方において国軍主導に終わっていた[23]。

終　章　文民優位の逆説と改革の可能性

　バヤニハンでとりわけ画期的であり特筆すべき点は、人権・国際人道法・法の支配の原則の遵守が明記されたことと、次項で述べるように、治安部門改革における市民社会の参加が明記されていることである。これまでも民軍作戦（CMO）では国軍部隊と市民社会組織の連携が実施されていたが、国軍主導の活動にNGOが協力するといった類のものであった。他方、バヤニハンの下で市民社会組織の参加は深化している。また、様々な利害関係者の参加推進が公開性を高めることにもつながっている。バヤニハンの文書は国軍のホームページで公開され、ダウンロードが可能となっている。こうした前例はない。

バヤニハンと治安部門改革：市民社会の役割

　治安部門改革への市民社会の参加であるが、バヤニハンでは基本方針の第4の点に明記されており、そこでは治安部門改革と市民社会の関係について次のように述べられている。

　まず、国軍にとって治安部門改革とは次の3つの目的を推進することである。第1に、国軍の能力の向上。第2に、国軍将兵のプロフェッショナリズム促進の基盤構築。ここで最も優先されるのは国軍のガヴァナンスを促進することである。すなわち、汚職や党派的政治への将兵の関与をなくすこと、人権、国際人道法、法の支配などの価値を内面化する取り組みを促進すること、そして国軍将兵に嫌疑がかかる人権侵害事件への対処に協力することである。第3に、利害関係者の関与の制度化。政策の実施段階のみならず、計画段階、評価段階のすべての過程における市民社会組織を含む利害関係者の関与を制度化し、透明性、説明責任、グッド・ガヴァナンスの確保、向上に取り組む。[24]

　第1の点については文字どおり能力向上の観点からの治安部門改革、第2の点は、体質改善の観点からの治安部門改革である。そして重要なのは第3の点である。ここには治安部門改革への市民社会の参加が明記されており、市民社会は、国内平和安全保障計画の形成、実施、評価の各段階に参加することになった。

　また、国軍将兵が市民社会組織の関与の下で進められる諸活動に参加することで、意識改革、人権規範の内面化、説明責任の向上などを促進する要素を含んでいることが重要である。つまり、国軍将兵が市民社会による監視の対象と

なるだけではなく、市民社会組織との協働を主体として進めるなかで、国軍将兵に諸規範・諸価値が浸透・定着することが期待されるのである[25]。

軌道に乗ればフィリピンにおける治安部門改革の画期となる市民社会の参加は、今のところ計画倒れにならず実施されている。治安部門改革への市民社会の参加は一般的にもフィリピンの経験からも容易なことではないが、なぜアキノ3世政権下で可能となったのであろうか。

2-3　改革の背景：国家の応答性

先駆的取り組み

アキノ3世政権前から、治安部門改革の要素を含む取り組みを国軍と市民社会組織が共同で実施する試みが、ミンダナオ島の紛争地域で行われていた。

国軍と市民社会組織が治安部門改革で協力するというアイデアは、2004年頃にそれぞれの組織に属する改革マインドを持つ個人のイニシアティヴによって生まれた。ミンダナオの紛争地に駐屯する国軍部隊の司令官とミンダナオ島のカガヤン・デ・オロに拠点を置き平和構築などに取り組んできたNGOのBalay Mindanaw Foundation, Inc.（BMFI）のメンバーが、公式・非公式に平和構築などについて議論を重ねていた。そのなかで、国軍、市民社会組織、研究者が各々で実施するイニシアティヴを統合して新たなモデルを形成し、それによる国軍将兵の平和構築および紛争管理能力の形成を通して治安部門改革を追及するというアイデアが生まれたのである[26]。こうしたアイデアが、国軍将兵を対象とした研修ワークショップの開催という形で具現化した。

その後、2007年頃から、BMFIやInstitute for Autonomy and GovernanceなどのNGOが、国軍地方部隊幹部の協力を得て、国軍将兵向けの研修プログラムを開発し、セミナーを開催して将兵に受講させる取り組みを始めていた。研修内容は、ミンダナオ紛争の歴史・要因、和平プロセス、人間の安全保障、人権、国際人道法、平和構築を目的とする民軍活動、共同体開発における国軍の役割などであった[27]。

このような取り組みは、国軍将兵の平和構築・紛争管理能力の向上を目的としていたが、国軍との協調関係をBMFIなどのNGOが築く意図は、ミンダナ

終　章　文民優位の逆説と改革の可能性

オ地域における紛争と平和を認識する国軍のパラダイムの転換、国軍内に平和教育を制度化する政策の形成、武功に基づく従来の昇進制度の転換などを通して国軍の体質を改善することにあった[28]。実際、研修内容は、人権・国際人道法の尊重、人間の安全保障の重視など、体質改善を目的とする治安部門改革の要素を多分に含んだものであった。

　これは地方レベルの取り組みであったが、中央でも、治安部門改革に関心を持つ市民社会組織、研究機関、政府・国軍関係機関、国際的組織などが参加する治安部門改革の調査研究活動やセミナー、シンポジウムの開催、シンクタンクが参加する「治安部門改革指標」の作成などが行われていた[29]。ただし、これらに参加する市民社会組織はシンクタンクや研究機関が主であった。

　上述したように、ミンダナオ地域では、いくつかのNGOと国軍部隊が協調して、治安部門改革に関わる課題に個別的に取り組んできた。まさに治安部門改革への市民社会の参加が実践されてきたのである。しかし、これらの協調的取り組みはミンダナオ地域といった地方レベルに限定されたものであり、中央政府、国軍上層部、市民社会の多くの部分を巻き込む形で実施されてきたものではなかった[30]。先述の研修ワークショップでの実践を、国軍のあらゆるレベルの訓練プログラムに導入させることが試みられたこともあったが、結実することはなかった[31]。

　しかし、こうした取り組みにより蓄積された経験が、新たに就任したアキノ3世大統領の政策スタンスと融合し活かされるのである。

アキノ3世大統領の政策スタンス

　アキノ3世大統領は大統領選挙中から、安全保障の最大の目標は国家の安定や安全だけではなく国民の安全と幸福であると述べていたが[32]、こうした彼の考えは、大統領就任後に策定された政権の安全保障政策の指針をまとめた『国家安全保障政策』や国軍の方針にも反映された。

　『国家安全保障政策』には、焦点を当てる重要要素として、1）ガヴァナンス、2）基本的サービスの提供、3）経済再建と持続的発展、4）治安部門改革、の4つが、大統領の指示により明記された[33]。安全保障の概念を包括的に定義し人々の安全を中心に据える大統領の方針は、人間の安全保障アプローチで

271

あると評価される。[34]

　また大統領は、国軍の作戦計画について、「武装勢力を追撃するかわりに、我々は人々のニーズや軍事作戦がコミュニティに与える影響を重視する」と述べた。[35]こうした大統領の指示で、バヤニハンに「人間中心／人間の安全保障アプローチ」が採用されたのであった。[36]さらに大統領は、国軍に作戦遂行時における人権尊重を強く指示し、それを受けて国軍は、国軍将兵向けの『人権ハンドブック』の作成・配布、国軍人権局の強化、各部隊への人権担当将校の配置などを進めた。[37]

　大統領は、政府諸機関が安全保障関連の計画やプロジェクトを実施する際、『国家安全保障政策』を参照することを指示し、国家安全保障に関する政策および戦略の作成と実施にすべての利害関係者が活発に参加するよう求めた。[38]

　アキノ3世政権は、あらゆる政策において政府機関の説明責任や透明性の向上、および参加型ガヴァナンスの推進を保証しようと努めており、政府諸機関はプロジェクトの策定過程における諮問役や実施段階での監督役として市民社会組織の参加を進めている。[39]国内安全保障政策も例外ではなく、こうした政権の方針の下で市民社会の参加が強調されたのである。

　政権の『国家安全保障政策』では、治安部門改革が4つの柱のひとつに位置付けられたが、具体的には次の点を目指すとされている。[40]第1に、治安部門に対する文民統制と監督の強化である。これには、国防および法執行機関の改革に加え、政府や立法府さらには市民社会組織の治安部門に対する監督機能、監督能力の強化を含む。第2に、治安部門のプロフェッショナル化である。これには、国軍、国家警察、その他の治安部門要員の、憲法および法により付与された機能や責任に関わる訓練プログラムの設計、および、人権、国際人道法、エスニシティに対する配慮、先住民の権利等に対する適応力養成を含む。

　このように、人間の安全保障の重視や市民社会の参加といったアキノ政権の全体的な方針の下、治安部門改革においても市民社会の参加や体質改善に力を入れることが明確に打ち出された。

国軍の「改革志向」と方針転換

　中・長期的にみれば、反政府武装勢力とりわけ新人民軍などの共産主義勢力

終　章　文民優位の逆説と改革の可能性

の兵力は減少しているが、長年にわたる攻勢にもかかわらず、根絶できるめどが立っていないのが事実である。そうしたなか、国軍内にも変化が必要であるとの認識が広まっており、人間の安全保障アプローチや市民社会の参加といったアキノ３世政権の方針を受け入れる土壌が存在した。

アキノ３世政権以前から、国軍内では、国内の安全保障問題は構造的要因に深く根ざしており、国軍による軍事的解決策だけでは問題に十分対応できないため、すべての利害関係者による補完的・協調的努力が必要であるとの認識が広まっていた[41]。例えば、バシランやマギンダナオ、スールーといったミンダナオ地域の紛争地で長く任務に就く国軍幹部の認識は次のようなものであった。

反政府勢力が存在する構造的要因とは、不平等、貧困、教育へのアクセス欠如による無知、不公平、文化的不和、疾病である。こうした問題を解決できなければ住民は政府に見捨てられたと感じ、民衆基盤の拡大を企てる反政府勢力の格好の餌食になる。これらの問題は軍事的対応では解決できず、多数の利害関係者による多次元的で持続的な非軍事の介入によって対応されるべきである。大規模な軍事力は、避難民、付随的被害、人権侵害などを生み出すため、こうしたタイプの紛争には適していない。軍事行動が非戦闘員に与える被害は、住民を敵に回し状況を悪化させる。住民の目には国軍が悪役として映るであろう。反政府勢力と戦うために、国軍は住民の保護を含んだ、より効果的な方法を検討しなければならない[42]。

さらに、これらの国軍幹部は、軍事的対応に変えて、市民社会組織、人権活動家、研究者、教会、伝統的指導者など、様々な社会セクターと密接に協働するアプローチを提唱すると同時に、そのアプローチでは、人権、文化的感受性、宗教的寛容を厳守することを強調した[43]。

アキノ３世政権誕生後、こうした認識は国軍最上層部でも共有されるようになっていた。政権発足直後に大統領に任命された国軍参謀総長のリカルド・デイヴィッドは「ただ単に敵を殲滅するだけではなく、国民のために平和を勝ち取ることを考慮して、我々は自らの憲法上の責務を果たさなければならない」と述べている[44]。具体的な方針としては、国軍参謀本部作戦局の将校が述べるように、反政府勢力への民衆の支持を生み出す土壌となる、貧困、汚職、ガヴァ

ナンスの機能不全などに対する不平・不満を正当なものであると認め、それらは軍事的には解決できないため非軍事の活動に力点を置き民心の掌握を目的とするというものである[45]。こうした認識が、バヤニハンの「パラダイム・シフト」をもたらした。

　人権侵害についても国軍は、「(国軍の：筆者)『捜索し、制圧し、殲滅する』といった軍事的行動様式は、明らかに市民的諸権利や市民生活における適正手続の精神と相容れないものである。大方の場合、(アロヨ政権期の：筆者)国内安全保障作戦は、行動や判断において国軍将兵が間違いを起こす状況を作り出してきた[46]」と自らの問題を認めている。また、他の幹部将校は、紛争地で兵士が住民に対する不正行為に手を染めることで国軍が「問題の一部」となっていることを認め、国軍が「解決策の一部」となるためには住民に歩み寄らなければならないと考えていた[47]。

　加えて、2009年2月と2011年2〜3月に実施された2回の世論調査のいずれにおいても、「国軍が最も腐敗した国家機関である」との結果が出たことが国軍内の改革志向を刺激した[48]。

　このような状況を前に、当時国軍参謀総長だったエドゥアルド・オバンは次のように述べる。「国軍が人権侵害組織と認識されないために、良いイメージを創り出す努力をしなければならない。国民に真に愛され、国民のための真の国軍であるために、人権尊重は不可欠である[49]」。さらには、「世論調査で、最も腐敗している政府機関のリストのトップに国軍が位置付けられたとき、我々は自尊心を失った。こうした喪失感の経験は、我々の改革の動機となり、改革課題を積極的に追及する推進力となった[50]」と述べている。国軍の人権侵害や腐敗が問題となるなか、イメージ改善を進めることが必要であった。そのためには、アキノ3世政権下で進められる改革に対して協力姿勢を示すこと、すなわち国軍将兵の素行を改善し、国軍が人権や法の支配の規範に基づいて行動する組織に自ら変わろうとする努力を示すことが不可欠であった。

　人間の安全保障アプローチの採用や市民社会組織との協調は、アキノ3世大統領が推し進めたものではあるが、国軍内にそれを受容する素地があったことが、アキノ3世政権下の取り組み進展に寄与しているのである。

終　章　文民優位の逆説と改革の可能性

アキノ3世大統領の国軍人事

　国軍内での改革志向の高まりを政権への協力にまで押し上げるのに必要だったのが、アキノ3世大統領の国軍人事であった。

　前政権末期、アロヨ前大統領は人事によって国軍上層部を自らに近い将校（忠誠的な将校）で固めていた（第7章）。こうした状況下、国内安全保障において政策転換を目指すアキノ3世大統領は、自らの方針に国軍が協力するよう、国軍の掌握とともに政権の方針に親和的な将校を重要ポストに配置する必要があった。

　まず大統領は、彼の母親であるコラソン・アキノが大統領の時代に大統領警護隊司令官を務め、数々のクーデタ事件のなかで一貫して政権を守ったヴォルテル・ガズミンを国防長官に選んだ。ガズミンはアキノ3世に近いことに加え、退役軍人であることから国軍とのパイプ役も期待できる人物である。続いてアキノ3世は、アロヨ前大統領に近い国軍幹部を脇に追いやる人事を行った[51]。例えば、アロヨ前大統領の下で出世階段を上り彼女に極めて近いとされたデルフィン・バンギット国軍参謀総長に大統領就任前から圧力をかけ早期退役に追い込み[52]、大統領就任後、後任としてデイヴィッドを任命した。デイヴィッドはコラソン・アキノ政権期に大統領警護隊でガズミンの部下だった将校である[53]。2011年3月にはデイヴィッドの後任にエドゥアルド・オバンを任命した。現アキノ3世政権下での治安部門改革に市民社会組織の一員として参加し国軍幹部とのパイプもある人物の評価では、デイヴィッドやオバンは改革志向を持っており、デイヴィッドの国軍参謀総長任命が改革推進の転機となったという[54]。

　そして2011年11月の人事では、バヤニハンの作成に中心人物として関わった将校のエマニュエル・バウティスタを陸軍司令官に任命した。バウティスタは、国軍参謀本部の作戦局長だった際に、バヤニハンの概念化から作成推進に中心的な役割を担っていた。大統領は、そうしたバウティスタが改革を推進できると考えて選んだと指摘される。陸軍司令官へのバウティスタの任命は、彼が任命候補11名の将軍のうち最も若いことから、抜擢人事であったと言える[55]。その後、2013年1月に大統領はバウティスタを国軍参謀総長に任命した。

275

また、現場レベルの部隊司令官人事でも、改革に積極的な将校が重要ポストに任命されている[56]。後述するように、バヤニハンの実施においては市民社会組織が監視役を担うが、市民社会組織の活動が円滑に進められ実効性を有するには、現場レベルの国軍部隊司令官の理解、協力が欠かせない。以上のように、人事によって国軍内に大統領の政策に足並みを揃える布陣が形成された。
　アキノ3世政権下において治安部門改革に市民社会の参加が進められた背景・要因には、以前から存在した地方での国軍部隊と市民社会組織の小規模な協働の経験、アキノ3世政権の誕生や国軍の認識・方針の変化、国軍人事による布陣形成などがあった。そしてもうひとつ欠かせないのが、次節で言及する市民社会の姿勢である。

2-4　市民社会の参加
バヤニハンの作成段階・参加の具現化
　アロヨ前政権下の2009年半ば、アテネオ・デ・マニラ大学政治学部の研究ユニット Working Group on Security Sector Reform（WG-SSR）は平和と安全保障について国軍メンバーと学術的対話を促進する会合を開催し、その後もいくつかの研究プロジェクトを通して国軍と関わっていた。その後、アキノ3世政権成立後の2010年半ばに、WG-SSR は国軍が作成を進める新しい国内安全保障計画について市民社会組織や研究者から意見を募る会合を開催した。会合は、バギオ、ダバオ、バコロド、ザンボアンガ、マニラ首都圏などの都市で開催され、市民社会組織のメンバーや国軍将校が参加した。こうした一連の会合における意見交換で集められた情報・資料は、国軍参謀本部の作戦局をとおして国軍上層部に提出された。その後も引き続き WG-SSR は、国軍の新たな国内安全保障計画、すなわちバヤニハンの作成過程で公式の諮問協議会に活発に参加した[57]。こうした過程について当時の国軍参謀総長は、「バヤニハンは、国軍将校、政府機関職員、研究者、市民社会組織のメンバーらが合同で参加した会議の成果である。参加者たちは社会各方面の代表であり、国家の平和と安全保障の利害関係者の代表である」と評価する[58]。
　このように、国軍の国内平和安全保障計画バヤニハンの作成には、市民社会

終　章　文民優位の逆説と改革の可能性

組織が深く関与した。その成果として、例えば、人間の安全保障アプローチの採用、人権や国際人道法の尊重といった文言が作戦計画に盛り込まれたことが挙げられる。[59]

　バヤニハンは2011年1月に発効するが、その後も国軍と市民社会組織の対話は継続された。WG-SSR は、2011年に実施した平和と安全保障に関するいくつかの研究に基づき、安全保障の利害関係者が国軍によるバヤニハンの実施を監視するというアイデアを、非公式に国軍将校に提案した。改革志向の国軍将校数名との一連の非公式対話のなかで、こうしたアイデアは具体化していった。すなわち、党派的に中立の市民社会主導の組織が、国軍がどのようにバヤニハンを実施しているのかを監視するというものである。これが、次項で述べる市民社会主導の監視組織バンタイ・バヤニハン（Bantay Bayanihan）結成の契機となった。2011年9月、WG-SSR は他の市民社会組織とともに、かかるアイデアを公式に国軍参謀総長のオバンに提示した。[60]

バンタイ・バヤニハン

　治安部門改革への市民社会の参加の具現化として、バヤニハンの実施局面で市民社会組織が監視の役割を担うこと、加えて、利害関係者の対話空間の提供や評価の役割を担うことが制度化された。具体的にそれらを担うのが、バンタイ・バヤニハンという NGO やシンクタンクのネットワークである。バンタイ・バヤニハンの創設は、人権、国際人道法、法の支配、説明責任、グッド・ガヴァナンス、文民の関与などの諸原則・諸価値が、国軍等の作戦行動に埋め込まれることを保証・促進することを目的としている。そしてそれを確認するために、市民社会組織や研究者、中央・地方政府の文民機関をはじめとする各方面の利害関係部門からの対話パートナーが、バヤニハンの実施段階に制度的に参加すること、および、これらの関係者の活発な関与、協調、監督活動のための対話空間として機能することを目的としている。そうすることで、紛争地域における和平交渉や平和構築、さらには治安部門の民主化などに寄与すると考えられている。また、その他の国防改革に関連する諸課題について、市民社会の討論や市民の認識、関与を促進する対話空間となることを目指している。[61]

　さし当たってのバンタイ・バヤニハンの役割は次の5点である。第1に、関

係者・関係組織の間でバヤニハンの実施および現地共同体の安全ニーズに関連する問題を提起しあう対話空間、経路の提供。第2に、バヤニハンの実施に関連した定期的な評価あるいは検証の実施。第3に、国軍参謀総長をはじめ軍管区、師団、旅団の各司令官へのバヤニハンの実施に関連した提言。第4に、地方政府の平和秩序評議会や地方議会および中央の政府機関や議会に提出する、和平や紛争の動態や治安部門改革に関する政策提言の作成。第5に、パートナーとなり得る他の利害関係者に対するバンタイ・バヤニハンおよび国軍の監視という概念の周知、である[62]。

バンタイ・バヤニハンは、ナショナル・レベルと地域／州・レベルで招集される。地域／州・レベルでは、それぞれの地域や州における国軍の統合軍管区、歩兵師団、旅団、大隊、および地方自治体関係機関、地方平和秩序評議会などを対話パートナーとし、監視の役割も、ローカルNGOと現地国軍部隊との協力の下で実施される。現在は、スールー、バシラン、ザンボアンガ、ダバオ、ミサミス・オリエンタル、マギンダナオ、ラナオ、ネグロス、タルラック、パンパンガ、ブラカンなどの地域・州およびマニラ首都圏に参加NGOを持つ[63]。バンタイ・バヤニハンは国軍部隊と協力して、バヤニハンの実施状況を監視・評価する役割を担う。

2-5 可能性と課題

治安部門改革に市民社会が参加する試みはまだ始まったばかりであるため、ここでは暫定的に、市民社会が参加することによる効果、可能性、課題に言及したい。

第1に、バヤニハンの作成に市民社会アクターが参加したことで、作戦文書に人権尊重や国際人道法順守などの規範が記述された。これを記述したのはWG-SSRの研究者であり、これまでの国軍の作戦文書にはみられなかった文言である[64]。

第2に、実施と評価の過程に市民社会組織ネットワークの参加が制度化されたことで人権侵害等の逸脱行為に一定の歯止めが期待できる[65]。また、国軍内の人権規範や民主的規範の欠如が、紛争アクター間の軋轢や不信、さらには民衆

終　章　文民優位の逆説と改革の可能性

の政府に対する不信・不満を生じさせてきた経験を鑑みれば、このような取り組みが紛争地の緊張緩和に与える示唆は大きいと考えられる[66]。

　第3に、市民社会アクターによる提案や治安部門との協議の場・対話空間が制度化されていることは、さらなる改革の進展に寄与するであろう。例えば、現在市民社会組織が、国軍将校の昇進や勲章授与の判断基準に、平和構築や人権尊重に対する取り組み実績を加えようとの画期的な提案をし、国軍とそれについての協議が進められている[67]。これが実現すれば、国軍将校個人の最も重要な関心事である昇進や勲章授与によって、規範の遵守が動機づけられることになり意義は大きい。国軍将兵と市民社会アクターとの日常的な接触が増加する対話空間の創出は、制度化が進み持続性を持てば、長期的な観点から人権規範の内面化、説明責任の向上などに寄与することが期待される。

　文民優位の状態を理念や原則に近づけるのは、なにも政治家だけの役割ではない。市民社会も治安部門改革などに参加することでそうした役割を担い得るし、担うべきである。ただし留意しておきたいのは、フィリピンで治安部門改革への市民社会の参加が進展したのは、アキノ3世政権の方針や国軍の意識の変化といった国家の側の変化、言い換えれば国家が応答的になったことが契機であった[68]。まさにここに課題を見出せる。

　国家の応答性が大きな要因となったこの変化は、国家の側、すなわち大統領や国軍指導部に志向上のあるいは人的な変化が生じれば、その行方を左右されかねないものであると言える。国家アクターの気が変わり国家の応答性が減少した場合、市民社会との関係が崩れ、試みがとん挫したり改革が形だけのものとなったりする可能性は否定できない。つまり、治安部門改革への市民社会の参加が定着したものとなるとは限らないのである。国軍組織の閉鎖性を鑑みれば、そうした可能性は決して低くはない。

　こうした類の改革は、従来の国軍の作法からすると極めて異質なものであり、国軍内に不満を生じさせているとも言われる。すべての国軍幹部がバヤニハンが謳う「パラダイム・シフト」を受容しているわけではなく、国軍内には「平和を勝ち取る」というソフトな路線に対する反発もある[69]。アキノ3世大統

領はそうした潜在的な反対勢力に気を配りながら現在の国軍の協力姿勢を維持しなければならない。そしてそれは、国軍利益への譲歩や改革の妥協、停滞にもつながりかねない。例えば、アロヨ前政権時代に人権侵害や政治的殺害に関与したとされる将校が依然として逮捕されておらず、国軍関係者が匿っているとの指摘さえあるが[70]、そうした将校の処罰についてのアキノ3世大統領の対応は鈍いと言わざるを得ない。国軍への配慮であろう。国内外の人権団体からは、人権侵害の加害者とされる国軍将兵に対する訴追や処罰の動きが鈍い、人権状況に改善はみられないとの批判がなされている[71]。

また大統領は、政権成立直後の国軍人事で、アロヨ派の将校の排除と自らに近い将校の任命という政治的な人事を行った。改革の推進のために必要であったとはいえ、国軍への政治の介入に他ならない。さらに、国軍参謀総長を短期間で入れ替える人事を禁止する法案への署名を拒否するなど、文民優位の歪みの要因となる人事については従来の大統領の作法と大きな違いはなく、改革に踏み出せていない。

そして付言しておきたいのは、治安部門改革の根拠となるバヤニハンが、反乱鎮圧作戦における国軍の開発任務を重視していることである。国軍や文民当局の間では、開発任務が国軍将兵の政治化を帰結してきたという認識はあるが、文民機構の無能力や国軍の余剰資源の活用などを理由に[72]、国軍の開発任務を減少させたり廃止したりするつもりはないようである。

註
1) エストラダ政権の国家安全保障会議議長アレクサンダー・アギーレのコメント。Dioscoro T. Reyes, *A Study on the Nature of Philippine Civil-Military Relations and Its Impact on National Security*, Quezon City: National Defense College of the Philippines, 2004, pp. 89-90 で引用。
2) Ma. Cecilia J. Pacis, *Selected National Security Factors Impinging on Civil-Military Relations: Would the Military Intervene in the Future?*, Quezon City: National Defense College of the Philippines, 2005, p. 104.
3) Jovenal D. Narcise, "A Study on the Confirmation of AFP Officers Promotion by the Commission on Appointments," Commandant's Paper, Armed Forces of the Philippines, Quezon City: Joint Service Command and Staff College, 1995, pp. 38-42.
4) Muthiah Alagappa, "Investigating and Explaining Change: An Analytical

終　章　文民優位の逆説と改革の可能性

Framework", Muthiah Alagappa, ed., *Coercion and Governance: The Declining Political Role of the Military in Asia*, Stanford: Stanford University Press, 2001, p. 57.
5）　Ibid, p. 59.
6）　アロヨ政権の官房長官エドゥアルド・エルミタは、任命にはいくつかの要素が考慮されるが最も重要なのは忠誠である、と語っている。*Philippine Daily Inquirer*（以下、*PDI*), Jan. 25 2006.
7）　第 5 章参照。アロヨ大統領が行った国軍参謀総長が短期間のうちに目まぐるしく変わる人事については、問題を避けるため、ある上院議員が、参謀総長は 3 年、三軍司令官は 2 年という任期の固定化を目的とする法案を提出した。しかし、そうした法案は、現在でも議会で成立する兆しはない。*PDI*, Sep. 4, 2002.
8）　サミュエル・ハンチントン「政軍関係の改革」L. ダイアモンド、M. F. プラットナー編、中道寿一監訳『シビリアン・コントロールとデモクラシー』刀水書房、2006年、50ページ（Larry Diamond and Marc F. Plattner, eds., *Civil-Military Relations and Democracy*, Baltimore: Johns Hopkins University Press, 1996).
9）　*OECD DAC Handbook on Security Sector Reform: Supporting Security and Justice*, Paris: Organization for Economic Cooperation and Development, 2007, p. 21.
10）　上杉勇司、藤重博美、吉崎知典編『平和構築における治安部門改革』国際書院、2012年、26-27ページ。
11）　例えば、ポスト共産主義国家やポスト権威主義国家における治安部門改革では、市民社会が参画することが改革の推進に不可欠であると考えられている。Marina Caparini, Philipp Fluri and Ferenc Molnar, eds., *Civil Society and the Security Sector: Concepts and Practices in New Democracies*, Berlin: Lit Verlag, 2006. その他、治安部門改革における市民社会の役割につては次を参照。Eden Cole, Kerstin Eppert, and Katrin Kinzelbach, eds., *Public Oversight of the Security Sector: A Handbook for Civil Society Organizations*, United Nations Development Programme, 2008, pp. 21-22.
12）　本章で「市民社会組織」という場合、NGO、民間シンクタンク、大学等研究機関、マスメディア、宗教組織などの非国家主体の集合体あるいは個体を指す。
13）　国軍に必要な改革には能力や効率性の向上もあるが、本章では市民社会の役割が重視される体質改善に焦点を当てる。
14）　Caroline G. Hernandez, "Rebuilding Democratic Institutions: Civil-military Relations in Philippine Democratic Governance," Hsin-Huang Michael Hsiao, ed., *Asian New Democracies: The Philippines, South Korea and Taiwan Compared*, Taipei: Taiwan Foundation for Democracy and Center for Asia-Pacific Area Studies, 2008, pp. 46-47.
15）　2001年1月のエストラーダ政権崩壊とアロヨ政権の誕生に国軍が一役買った他、アロヨ政権下では、2003年7月、2006年2月、2007年11月に、国軍の一部によるクー

デタ未遂事件が発生している。
16) Glenda M. Gloria, Aries Rufo and Gemma Bagayaua-Mendoza, *The Enemy Within: An Inside Story on Military Corruption*, Quezon City: Public Trust Media Group, Inc, 2011.
17) Aries A. Arugay, "Civil Society's Next Frontier: Security Sector Reform (SSR) Advocacy in the Philippines," paper presented at the 5th ISTR Asia-Pacific Conference, Manila, Philippines, October 2007.
18) Rommel Banlaoi, "Challenges of Security Sector Transformation in the Philippines: A Policy Recommendation for the New Aquino Administration," *Autonomy & Peace Review*, Volume No. 6, Issue No. 2, April-June 2010, "Security Sector Transformation: Praxis from the Ground" Institute for Autonomy and Governance, Konrad Adenauer-Stiftung, pp. 50-51.
19) 正式には、「Internal Peace and Security Plan Bayanihan」であり、国軍将校の間では「IPSP-Bayanihan」と称されている。
20) バヤニハンは2011年1月1日に発効し、アキノ政権が終わる2016年6月まで適用される。
21) 本項の記述は、Armed Forces of the Philippines, *Internal Peace and Security Plan "Bayanihan"*, General Headquarters, Armed Forces of the Philippines, 2010. に負っている。
22) アロヨ政権期は「全政府的アプローチ」であり、市民社会アクターの役割は従属的なものであった。
23) Francisco N. Cruz Jr., "Quike War Strategy: Ending the Insurgency by 2010," AFP Civil-Military Operations School, Civil Relations Service, Armed Forces of the Philippines, 2010, p. 10.
24) Armed Forces of the Philippines, *op. cit.*, 2010, pp. 33-34, Gen. Eduardo SL. Oban Jr., "Winning the Peace through 'Bayanihan'," *OSS Digest*, 2/3 Qtr. 2011, Office of Strategic and Special Studies, p. 12.
25) 実際、市民社会組織のメンバーもこうした効果を念頭に置いている。
26) Ariel C. Hernandez and Belle Garcia Hernandez, "Building Capacity on Conflict Management and Peace Building for the Military," Balay Mindanaw Foundation, Inc. (http://www.balaymindanaw.org/bmfi/about/programs-military.html 2012年6月28日アクセス).
27) Institute for Autonomy and Governance, *Choosing Peace: Security Sector Reform from the Ground, Institute for Autonomy and Governance*, 2011, pp. 5-7. このような活動に国軍予算は配分されていないため、AusAID や Konrad Adenauer-Stiftung といった海外ドナーが資金を提供した。
28) "BMFI to hold peace policy forum with Mindanao's key military officials," Balay Mindanaw Foundation, Inc. (http://www.balaymindanaw.org/bmfi/newsupdates/

2010/02forum.html　2013年2月13日アクセス).
29) Institute for Strategic and Development Studies, *Developing Security Sector Reform Index in the Philippines: Towards Conflict Prevention and Peace-Building*, Updated SSRI Baseline and Proposed National Security Sector Reform Agenda, pre-publication version, Quezon City, Institute for Strategic and Development Studies with the United Nations Development Programme, the Office of the Presidential Adviser on Peace Process and the Commission on Human Rights of the Philippines.
30) Jose Jowel Canuday, "Not Hawks, Not Doves: The Modern Philippine Military as Conflict Managers," *Autonomy & Peace Review*, Volume No. 6, Issue No. 3, July-September 2010, "Soldiers as Peacemakers, Peacekeepers and Peacebuilders," Institute for Autonomy and Governance, Konrad Adenauer-Stiftung, p. 89.
31) Institute for Autonomy and Governance, *op. cit.*, 2011, p. 7.
32) Speech of Sen. Benigno S. Aquino III, Peace and Security Forum, April 22, 2010, Mandarin Oriental Hotel, Press Release (http://www.senate.gov.ph/press_release/2010/0422_aquino2.asp　2012年11月5日アクセス).
33) Memorandum Order. 6, Directing the Formulation of the National Security and National Security, 2010.
34) Julio Amador III, "National Security of the Philippines under the Aquino Administration: A Human Security Approach," *Korean Journal of Defense Analysis*, Vol. 23, No. 4, December 2011.
35) *PDI*, Dec. 22, 2010.
36) Oban Jr. op. cit., 2011, p. 13.
37) *PDI*, Aug. 3, 2010.
38) Amador III, *op. cit.*, 2011, p. 527.
39) Roland E. D. Holmes, *Between Rhetoric and Reality: The Progress of Reforms under the Benigno S. Aquino Administration*, V. R. F. Series, No. 476, July 2012, Institute of Developing Economies, Japan External Trade Organization, pp. 11-13.
40) Republic of the Philippines, *National Security Policy 2011-2016: Securing the Gains of Democracy*, Republic of the Philippines, 2010, p. 27.
41) 反政府勢力が存在する構造的問題に国軍や政府が着目することは特に新しい事ではない。以前から、紛争地の社会経済状況の改善など、人心掌握を意図した民軍作戦が実施されていた（第8章）。
42) LtGen. Ben D. Dolorfino, "Soldiers as Peacemakers, Peacekeepers and Peacebuilders," *Autonomy & Peace Review*, Volume No. 6, Issue No. 3, July-September 2010, "Soldiers as Peacemakers, Peacekeepers and Peacebuilders," Institute for Autonomy and Governance, Konrad Adenauer-Stiftung, pp. 27-28. Cecilia T. Ubarra, "Forging the Peace in Buliok: Colonel Ben Deocampo Dorolfino & the 2nd Marine Brigade (A Case Study)," *Autonomy & Peace Review*, Volume No. 6,

Issue No. 2, April-June 2010, "Security Sector Transformation: Praxis from the Ground," Institute for Autonomy and Governance, Konrad Adenauer-Stiftung, p. 159. Balay Mindanaw Foundation Inc. and Eastern Mindanao Command, Armed Forces of the Philippines, *Soldiers for Peace: A Collection of Peacebuilding Stories in Mindanao*, Balay Mindanaw Foundation Inc., 2010, p. 5.

43) Canuday, *op. cit.*, 2010, p. 59.
44) Philippine Coalition for the International Criminal Court, *Building Bridges for Peace*, 2011, p. 42 で引用されている。
45) 国軍参謀本部作戦局のイシドロ・プリシマ陸軍大佐へのインタビュー。2012年3月22日、フィリピン、ケソン市、国軍アギナルド基地。
46) Philippine Coalition for the International Criminal Court, *op. cit.*, 2011, p. 41 で引用されている。
47) "BMFI leads Mindanao generals engage in peace building," Balay Mindanaw Foundation, Inc.（http://www.balaymindanaw.org/bmfi/newsupdates/2006/08peace.html 2013年2月13日アクセス）。
48) 2011年3月に民間調査機関のPulse Asia によって実施された調査では、回答者の48.9％が、政府機関の中で最も腐敗している組織として国軍を挙げた。2位の国家警察（26.6％）を大きく引き離しての首位である。*PDI*, Mar. 29, 2011.
49) Oban Jr. *op. cit.*, 2011, p. 16.
50) "AFP Reforms (Excerpt from the speech of CSAFP Gen. Eduardo SL Oban Jr. at the Senate, 12 May 2011)," *AFP Bayanihan News: For Peace and Progress*, Vol. 1, No. 1, Armed Forces of the Philippines, Camp General Emilio Aguinaldo, May 2011, p. 1.
51) *PDI*, Aug. 14, 2010.
52) *PDI*, June 11, 2010.
53) *PDI*, June 12, 2010.
54) アテネオ・デ・マニラ大学政治学部助教、ジェニファー・サンチアゴ・オレタ氏へのインタビュー。2012年3月23日、フィリピン、ケソン市、アテネオ・デ・マニラ大学。加えて、バンギットは改革に熱心ではなかったと評価する。
55) *PDI*, Nov. 9, 2011.
56) オレタ氏へのインタビュー。前掲、2012年3月23日。
57) *Working Group on Security Sector Reform*, Ateneo de Manila University, School of Social Sciences, Department of Political Science.
58) Oban Jr. *op. cit.*, 2011, p. 8.
59) オレタ氏へのインタビュー。前掲、2012年3月23日。
60) Addressing Armed Conflict through Collaborative Efforts: Focus on the AFP's Internal Peace and Security Plan (IPSP) Bayanihan, May 30-31, 2012, Leong Hall Auditorium, Ateneo de Manila University での配布資料。

終　章　文民優位の逆説と改革の可能性

61) "Deles lauds civil society-led 'Bantay Bayanihan," The Office of the Presidential Adviser on the Peace Process (OPAPP), 1 December 2011（http://www.opapp.gov.ph/news/deles-lauds-civil-society-led-bantay-bayanihan　2013年2月20日アクセス）、オレタ氏へのインタビュー。前掲、2012年3月23日。
62) Addressing Armed Conflict through Collaborative Efforts: Focus on the AFP's Internal Peace and Security Plan (IPSP) Bayanihan, May 30-31, 2012, Leong Hall Auditorium, Ateneo de Manila University での配布資料の、"Bantay Bayanihan (Lacating the initiative in the broader frame of SSR)"。
63) 前掲の配布資料。
64) オレタ氏へのインタビュー。前掲、2012年3月23日。
65) バンタイ・バヤニハンを構成する市民社会組織のメンバーによると、以前であればもみ消されていたような人権侵害事案で、国軍兵士が処罰されるケースがあったという。Balay Mindanaw Foundation Inc. のアイ・ヘルナンデス氏へのインタビュー。フィリピン、カガヤン・デ・オロ市、2012年9月10日。また、国軍の人権局の将校によれば、国軍兵士による人権侵害は減っているらしい。国軍人権局長のドミンゴ・トゥアタン陸軍准将へのインタビュー。2012年9月12日、フィリピン、ケソン市、国軍アギナルド基地。
66) 小規模な諍いがエスカレートし大規模な武力衝突に発展するケースが少なくないミンダナオ島の紛争地帯において、直に住民と接することの多い国軍将兵が住民の権利を尊重した振る舞いをできるか否かは、持続的な平和にとって極めて重要なことである。
67) ヘルナンデス氏へのインタビュー。前掲、2012年9月10日。
68) 国軍内で改革志向が強まったきっかけをオークウッド事件にもとめる見方もある。*PDI*, July 27, 2013.
69) *PDI*, July 10, 2012.
70) *PDI*, Dec. 29, 2011.
71) *PDI*, July 1, 2011.
72) 国軍参謀本部民軍作戦室のロドルフォ・サンチアゴ陸軍大佐へのインタビュー。2012年9月13日、フィリピン、ケソン市、国軍アギナルド基地。

参考文献

日本語文献

浅野幸穂、福島光丘編（1988）『アキノのフィリピン　混乱から再生へ』アジア経済研究所。

浅野幸穂（1992）『フィリピン：マルコスからアキノへ』アジア経済研究所。

五十嵐誠一（2011）『民主化と市民社会の新地平：フィリピン政治のダイナミズム』早稲田大学出版部。

池端雪浦、生田滋（1977）『東南アジア現代史Ⅱ』山川出版社。

伊藤述史（1999）『民主化と軍部：タイとフィリピン』慶應義塾大学出版会。

岩崎育夫（2001）『アジア政治を見る眼：開発独裁から市民社会へ』中央公論新社。

ウェーバー、マックス著、世良晃志郎訳『支配の社会学Ⅰ』創文社、1960年。

上杉勇司、藤重博美、吉崎知典編（2012）『平和構築における治安部門改革』国際書院。

粕谷祐子（2007）「フィリピンでの民主主義の定着と超憲法的政権交代をめぐる市民意識」小林良彰、富田広士、粕谷祐子編『市民社会の比較政治学』慶應義塾大学出版会、211-227ページ。

片山裕（1998）「ラモスは何を変えたか」五百旗頭真編『「アジア型リーダーシップ」と国民形成』TBSブリタニカ、203-226ページ。

川中豪（1994）「ラモス政権の国内和平政策と反政府勢力の動向」『アジアトレンド』1994－Ⅰ、アジア経済研究所、59-77ページ。

――― （1995）「政治、経済ともに安定を回復」『アジア動向年報』アジア経済研究所、292-339ページ。

――― （1997）「フィリピン：『寡頭支配の民主主義』その形成と変容」岩崎育夫編『アジアと民主主義：政治権力者の思想と行動』アジア経済研究所、103-140ページ。

――― （2001）「フィリピン：エドサ2の政治過程」『アジ研ワールド・トレンド』No. 70、アジア経済研究所、6-10ページ。

――― （2001）「フィリピン：代理人から政治主体へ」重冨真一編『アジアの国家とNGO：15カ国の比較研究』明石書店、136-155ページ。

――― （2004）「フィリピンの大統領制と利益調整」日本比較政治学会編『比較のなかの中国政治』日本比較政治学会年報6号、157-180ページ。

―――（2005）「ポスト・エドサ期のフィリピン：民主主義の定着と自由主義的経済改革」川中豪編『ポスト・エドサ期のフィリピン』アジア経済研究所、11-62ページ。
木村昌孝（1999）「1998年フィリピン下院議員選挙と政党名簿制の導入」『茨城大学地域総合研究所年報』32号、1999年、1-20ページ。
―――（2002）「フィリピンの中間層生成と政治変容」服部民夫、船津鶴代、鳥居高編『アジア中間層の生成と特質』アジア経済研究所、169-200ページ。
日下渉（2013）『反市民の政治学：フィリピンの民主主義と道徳』法政大学出版局。
ジャノビッツ、M. 著、張明雄訳（1968）『新興国と軍部』世界思想社。
鈴木有理佳（2001）「『ピープル・パワー』ふたたび：フィリピンの政変」『アジ研ワールド・トレンド』No. 66、アジア経済研究所、35-38ページ。
―――（2006）「アロヨ大統領の信頼揺らぐ」『アジア動向年報2006』アジア経済研究所、312-335ページ。
武田康裕（2002）『民主化の比較政治：東アジア諸国の体制変動過程』ミネルヴァ書房。
谷川榮彦、木村宏恒（1977）『現代フィリピンの政治構造』アジア経済研究所。
田巻松雄（1993）『フィリピンの権威主義体制と民主化』国際書院。
玉田芳史（2008）『民主化の虚像と実像：タイ現代政治変動のメカニズム』京都大学学術出版会。
中西嘉宏（2009）『軍政ビルマの権力構造：ネー・ウィン体制下の国家と軍隊1962-1988』京都大学学術出版会。
西田令一（1989）『新フィリピン事情：崩壊と誕生』日中出版。
西村謙一（2001）「エストラダ政権崩壊の政治力学」『海外事情』49巻4号、104-118ページ。
野沢勝美（1987）「1986年のフィリピン：アキノ政権安定化への苦闘」『アジア動向年報』アジア経済研究所、228-298ページ。
萩野芳夫、畑博行、畑中和夫編（2004）『アジア憲法集』明石書店。
ハンチントン、サミュエル（2006）「政軍関係の改革」『シビリアン・コントロールとデモクラシー』L. ダイアモンド、M. F. プラットナー編、中道寿一監訳、刀水書房、40-51ページ。
ピータース、B. ガイ（2007）『新制度論』土屋光芳訳、芦書房。
藤原帰一（1989）「民主化過程における軍部：A・ステパンの枠組みとフィリピン国軍」日本政治学会編『近代化過程における政軍関係』岩波書店、141-158ページ。
―――（1990）「フィリピン政治と開発行政」福島光丘編『フィリピンの工業化：再建への模索』アジア経済研究所、39-61ページ。

―――（1993）「冷戦の二日酔い：在比米軍基地とフィリピン・ナショナリズム」『アジア研究』39巻2号、アジア政経学会、67-83ページ。

本名純（2013）『民主化のパラドクス：インドネシアにみるアジア政治の深層』岩波書店。

松下冽（2012）『グローバル・サウスにおける重層的ガヴァナンス構築：参加・民主主義・社会運動』ミネルヴァ書房。

松永努（1992）「ラモス新政権が引きずる重い足かせ」『世界週報』6月9日、71ページ。

山根健至（2011）「忠誠と報奨の政軍関係：フィリピン・アロヨ大統領の国軍人事と政治の介入」『東南アジア研究』48巻4号、京都大学東南アジア研究所、392-424ページ。

―――（2013）「フィリピンにおける『参加型治安部門改革』の試み：アキノ政権下の国内平和安全保障計画と市民社会の役割」『アジア・アフリカ研究』53巻2号、1-21ページ。

吉川洋子（1987）「マルコス戒厳令体制の成立と崩壊―近代的家産制国家の出現―」河野健二編『近代革命とアジア』名古屋大学出版会、53-118ページ。

英語文献

Abat, Fortunato U., (1998) "National Defense," Jose V. Abueva, *et al.* eds., *The Ramos Presidency and Administration, Record and Legacy (1992-1998), President Fidel V. Ramos and his administration*, Second U. P. Public Lectures on the Philippine Presidency and Administration, Volume 1, Quezon City: University of the Philippines Press, pp. 193-209.

Abinales, Patricio N., (1987) "The August 28 Coup: The Possibilities and Limits of the Military Imagination," *Kasarinlan*, Vol. 3, No. 2, pp. 11-18.

―――, (1996) *The Revolution Falters: The Left in the Philippine Politics After 1986*, Ithaca: Cornell Southeast Asia Program Publications.

―――, (1998) *Images of State Power: Essays on Philippine Politics from the Margins*, Quezon City: University of the Philippines Press.

―――, (2003) "Gringo to Our Rescue," *Newsbreak*, September 29, p. 35.

―――, (2005) "Life after the Coup: The Military and Politics in Post-Authoritarian Philippines," *Philippine Political Science Journal*, Vol. 26, No. 49, pp. 27-62.

―――, (2010) "The Philippines in 2009: The Blustery Days of August," *Asian Survey*, 50 (1), 2010, pp. 218-227.

Acop, Dencio Severo, (2012) "The Expanded Nontraditional Role of the AFP," *Prism*,

参考文献

Institute for National Strategic Studies, Vol. 3, No. 2, pp. 99-114.
Aguero, Felipe, (1995) *Soldiers, civilians, and democracy: post-Franco Spain in comparative perspective*, Baltimore: Johns Hopkins University Press.
―――, (1997) "Toward Civilian Supremacy in South America," Larry Diamond, Marc F. Plattner, Yun-han Chu, and Hung-mao Tien, eds., *Consolidating the Third Wave Democracies: Themes and Perspectives*, Baltimore: The Johns Hopkins University Press, pp. 177-206.
Agustin, Carlos L., (2009) "The Armed Forces of the Philippines and Operations other than War," *National Security Review*, June 2009, National Defense College of the Philippines, pp. 58-68.
Alagappa, Muthiah, ed. (2001) *Coercion and Governance: The Declining Political Role of the Military in Asia*, Stanford: Stanford University Press.
―――, (2001) "Investigating and Explaining Change: An Analytical Framework," *Coercion and Governance: The Declining Political Role of the Military in Asia*, Stanford: Stanford University Press, pp. 29-66.
Alcala, Noemi, (1995) "AFP Modernization: Investment, Not Expense," *Philippine Free Press*, Dec. 30, pp. 28-29.
Almario, Manuel F., (1995) "The Dreams of Honasan and RAM," *Philippine Graphic*, August 28, pp. 12-15.
Almonte, Jose T., (1994) "The Politics of Development in the Philippines," *Kasarinlan*, Vol. 9, No. 2 & 3, 1993-1994. pp. 107-117.
Alvia, Eric Jude O., (1992) "An Emerging Military Vote: Myth or Fact?" *Philippine Political Monitor*, March, pp. 7-9.
Amador III, Julio, (2011) "National Security of the Philippines under the Aquino Administration: A Human Security Approach," *Korean Journal of Defense Analysis*, Vol. 23, No. 4, December, pp. 521-536.
Amnesty International, (2006) *Philippines: Political Killing, Human Rights and the Peace Process*.
Anderson, Benedict, (1988) "Cacique Democracy in the Philippines: Origins and Dreams," *New Left Review*, No., 169, May/June, pp. 3-31.
Aquino III, Benigno S., (2010) Speech of Sen. Benigno S. Aquino III, Peace and Security Forum, April 22, 2010, Mandarin Oriental Hotel, Press Release (http://www.senate.gov.ph/press_release/2010/0422_aquino2.asp　2012年11月5日アクセス).
Arcala, Rosalie B., (2002) "Democratization and the Philippine Military: A Comparison of the Approaches Used by the Aquino and Ramos Administrations in Re-

imposing Civilian Supremacy," PhD dissertation, Northeastern University.

Arillo, Cecilio T., (1991) "Giving Peace a Chance," *Philippine Graphic*, October 28, pp. 6-7.

Arugay, Aries A., (2007) "Civil Society's Next Frontier: Security Sector Reform (SSR) Advocacy in the Philippines," paper presented at the 5th ISTR Asia-Pacific Conference, Manila, Philippines, October.

―――, (2011) "The Military in Philippine Politics: Still Politicized and Increasingly Autonomous," Marcus Mietzner, ed., *The Political Resurgence of the Military in Southeast Asia: Conflict and Leadership*, London: Routledge, pp. 85-106.

Asian Development Bank, Key Indicators for Asia and the Pacific、各年版（http://www.adb.org/publications/series/key-indicators-for-asia-and-the-pacific　2013年3月18日アクセス）.

Avila, John Laurence, (1990) "A Gathering Crisis in the Philippines," *Southeast Asian Affairs 1990*, pp. 257-273.

Bajao, Adonis R., (2009) "Philippine Counterinsurgency Programs from Marcos to Arroyo: A Study in National Security Administration," PhD Dissertation, National College of Public Administration and Governance, University of the Philippines.

Banlaoi, Rommel C. (2010) *Philippine Security in the Age of Terror: National, Regional, and Global Challenges in the Post-9/11 World*, Boca Raton: CRC Press.

―――, (2010) "Challenges of Security Sector Transformation in the Philippines: A Policy Recommendation for the New Aquino Administration," *Autonomy & Peace Review*, Volume No. 6, Issue No. 2, April-June 2010, "Security Sector Transformation: Praxis from the Ground," Institute for Autonomy and Governance, Konrad Adenauer-Stiftung, pp. 11-68.

Balay Mindanaw Foundation Inc. and Eastern Mindanao Command, Armed Forces of the Philippines, (2010) *Soldiers for Peace: A Collection of Peacebuilding Stories in Mindanao*, Balay Mindanaw Foundation Inc.

Bello, Walden and John Gershman, (1990) "Democratization and Stabilization in the Philippines," *Critical Sociology*, 17, Spring, pp. 35-56.

Berlin, Donald L., (1982) "Prelude to Martial Law: An Examination of Pre-1972 Philippine Civil-Military Relations," Ph. D. dissertation, University of South Carolina.

―――, (2008) *Before Gringo: History of the Philippine Military 1830 to 1972*, Pasig City: Anvil Publishing.

"BMFI to hold peace policy forum with Mindanao's key military officials," Balay

Mindanaw Foundation, Inc. (http://www.balaymindanaw.org/bmfi/newsupdates/2010/02forum.html　2013年2月13日アクセス).
"BMFI leads Mindanao generals engage in peace building," Balay Mindanaw Foundation, Inc. (http://www.balaymindanaw.org/bmfi/newsupdates/2006/08peace.html　2013年2月13日アクセス).
Brillantes Jr., Alex B., (1994) "Decentralization: Governance from Below," *Kasarinlan*, Vol. 10, No. 1, pp. 41-47.
Budd, Eric, (2005) "Whither the Patrimonial State in the Age of Globalization?" *Kasarinlan*, Vol. 20, No. 2, pp. 37-55.
Canuday, Jose Jowel, (2010) "Not Hawks, Not Doves: The Modern Philippine Military as Conflict Managers," *Autonomy & Peace Review*, Volume No. 6, Issue No. 3, July-September, "Soldiers as Peacemakers, Peacekeepers and Peacebuilders," Institute for Autonomy and Governance, Konrad Adenauer-Stiftung, pp. 53-90.
Canoy, Reuben R., (1981) *The Counterfeit Revolution: Martial Law in the Philippines*, 2nd edition, Manila, Philippines.
Caparini, Marina, Philipp Fluri and Ferenc Molnar, eds., (2006) *Civil Society and the Security Sector: Concepts and Practices in New Democracies*, Berlin: Lit Verlag.
Caoili, Olivia C., (1993) *The Philippine Congress: Executive-Legislative Relations and the Restoration of Democracy*, Quezon City: UP Center for Integrative and Development Studies.
Carbonell-Catilo, Ma Aurora, Josie H. De Leon and Eleanor E. Nicolas, (1985) *Manipulated Elections*.
Carbonell, Waldy, (1991) "Executive Interview with Gringo Honasan: 'We Reserve the Option to again Impose the Armed Threat'", *Philippine Graphic*, December 16, pp. 13-14, p. 47.
Cartujano, Dinna Anna Lee L., (2004) "Prescription: A Civilian Secretary of National Defense?" A Policy Paper, National College of the Public Administration and Governance, University of the Philippines.
Casper, Gretchen, (1995) *Fragile Democracies: The Legacies of Authoritarian Rule*, Pittsburgh: University of Pittsburgh Press.
Center for Investigative Journalism and Asahi Shimbun, (1990) "Interview: Capt. Carlos Maglalang", *Midweek*, June 6, pp. 18-22.
Cimatu, Frank, (2003) "Before the Fall: Martial Law Babies Turn Messiahs," *Newsbreak*, Sep. 1, p. 12.
Clad, James and John Peterman, (1987) "Forces for Change," *Far Eastern Economic*

Review, 26, November, p. 36.
――, (1988) "Strings and brass," *Far Eastern Economic Review*, June, 16, pp. 36-38.
Cole, Eden, Kerstin Eppert, and Katrin Kinzelbach eds., (2008) *Public Oversight of the Security Sector: A Handbook for Civil Society Organizations*, United Nations Development Programme.
Coronel, Sheila S., (1990) "RAM: From Reform to Revolution," *Kudeta: The Challenge to Philippine Democracy*, Manila: Philippine Center for Investigative Journalism, pp. 50-85.
――, (1993) *Coups, Cults & Cannibals: Chronicle of a Troubled Decade, 1982-1992*, Metro Manila: Anvil Publisher.
――, ed., (1998) *Pork and Other Perks: Corruption & Governance in the Philippines*, Pasig City: Philippine Center for Investigative Journalism.
――, Yvonne T. Chua, Luz Rimban and Booma B. Cruz, (2004) *The Rulemakers: How the Wealthy and Well-Born Dominate Congress*, Pasig City: Philippine Center for Investigative Journalism.
Croissant, Aurel, David Kuehn, Paul Chambers and Siegfried O. Wolf, (2010) "Beyond the fallacy of coup-ism: conceptualizing civilian control of the military in emerging democracies," *Democratization*, Vol. 17, No. 5, pp. 950-975.
Danguilan, Marilen J., (1999) *Bullets and Bandages: Public Health as a Tool of Engagement in the Philippines*, Research Paper No. 161, Boston: Harvard School of Public Health.
De Borja, Quintin R., (1969) "Some Career Attributes and Professional Views of the Philippine Military Elite," *Philippine Journal of Public Administration*, Vol. 13, No. 4, pp. 399-414.
De Castro, Renato Cruz, (1999) "Adjusting to the Post-U. S. Bases Era: The Ordeal of the Philippine Military's Modernization Program," *Armed Forces and Society*, Vol. 26, No. 1, Fall, pp. 119-138.
――, (2004) "Congressional Intervention in Philippine Post-Cold War Defense Policy, 1991-2003," *Philippine Political Science Journal*, 25 (48), 2004, pp. 79-106.
"Deles lauds civil society-led 'Bantay Bayanihan," The Office of the Presidential Adviser on the Peace Process (OPAPP), 1 December 2011 (http://www.opapp.gov.ph/news/deles-lauds-civil-society-led-bantay-bayanihan　2013年2月20日 アクセス).
Desch, Michael C., (1999) *Civilian Control of the Military: The Changing Security Environment*, Baltimore: The Johns Hopkins University Press.

参考文献

De Villa, Renato S., (1992) "National Defense and Security," Jose V. Abueva and Emerlinda R. Roman, eds., *The Aquino Administration: Record and Legacy (1986-1992), President Corazon C. Aquino and her Cabinet*, U. P. Public Lectures on the Aquino Administration and the Post-EDSA Government (1986-1992), Volume 1, Quezon City: University of the Philippines Press, pp. 89-103.

Diaz, Col. Roger C., (2006) "Improving the AFP's Capability to Conduct Civil Military Operations (CMO)," *National Security Review*, National Defense College of the Philippines, Vol. XXII, No. 1, pp. 67-81.

Dolorfino, Lt Gen. Ben D., (2010) "Soldiers as Peacemakers, Peacekeepers and Peacebuilders," *Autonomy & Peace Review*, Volume No. 6, Issue No. 3, July-September, "Soldiers as Peacemakers, Peacekeepers and Peacebuilders," Institute for Autonomy and Governance, Konrad Adenauer-Stiftung, pp. 21-52.

Doronila, Amando, (2001) *The Fall of Joseph Estrada: The Inside Story*, Pasig City: Anvil Publishing.

Eaton, Kent, (2003) "Restoration or Transformation?: Trapos versus NGOs in the Democratization of the Philippines," *The Journal of Asian Studies*, Vol. 62, No. 2, pp. 469-496.

Faeldon, Nicanor, "Personal Background" (http://www.pilipino.org.ph/statement_bogeyman.php　2006年2月13日アクセス).

―――, "The Military is a Bogeyman" (http://www.pilipino.org.ph/statement_bogeyman.php　2006年2月13日アクセス).

Finer, Samuel E., (2002) *The Man on Horseback: The Role of the Military in Politics*, New Brunswick: Transaction Publishers.

Fitch, J. Samuel, (1998) *The Armed Forces and Democracy in Latin America*, The Baltimore: Johns Hopkins University Press.

Gloria, Glenda M., (1990) "YOU: The Soldier as Nationalist," *Kudeta: The Challenge to Philippine Democracy*, Manila: Philippine Center for Investigative Journalism, pp. 132-137.

―――, (2000) "The Silence of the RAMs: 1989 Coup Plotters, Where are They Now," *Filipinas*, February, pp. 47-52.

―――, (2001) "RAM Generals Fight over LTO," *Newsbreak*, Vol. 1, No. 25, pp. 9-10.

―――, (2001) "The Shadow that was YOU," *Newsbreak*, November 21, 2001, pp. 19-20.

―――, (2001) "Ebdane: luck, skills & style," *Newsbreak*, Vol. 1, No. 42, p. 20.

―――, (2002) "The Commander," *Newsbreak*, August 19, pp. 20-23.

―――, (2002) "Class Power," *Newsbreak*, August 19, 2002, pp. 22-23.

———, (2003) *We Were Soldiers: Military Men in Politics and the Bureaucracy*, Quezon City: Friedrich-Ebert-Stiftung.

———, (2004) "Split Loyalities," *Newsbreak*, June 21, p. 25.

———, (2005) "The Restless Marines," *Newsbreak*, Sep. 26, p. 11.

———, (2005) "War Games," *Newsbreak*, Sep. 26, pp. 10-11.

———, (2005) "Take Life," *Newsbreak*, Nov. 7, p. 11.

———, (2006) "What Difference a Year Makes," *Newsbreak*, June 19, p. 16.

———, Aries Rufo and Gemma Bagayaua-Mendoza, (2011) *The Enemy Within: An Inside Story on Military Corruption*, Quezon City: Public Trust Media Group, Inc...

Go, Miriam Grace A., Aries Rufo, and Carmel Fonbuena, (2006) "Romancing the Military," *Newsbreak*, March 27, pp. 18-21.

Gob, Emmanuel D., (1994) *The Perceptions of the Officers Corps on the New AFP Officers' Promotion System: An Analysis*, Quezon City: National Defense College of the Philippines.

Goldberg, Sherwood D., (1976) "The Bases of Civilian Control of the Military in the Philippines," Claude E. Welch Jr., ed., *Civilian Control of the Military: Theory and Cases from Developing Countries*, New Yourk: State University of New York Press, pp. 99-122.

Goodman, Louis W., (1996) "Military Roles Past and Present," Larry Diamond and Marc F. Plattner, eds., *Civil-Military Relations and Democracy*, Baltimore: The Johns Hopkins University Press, pp. 30-43.

Guineden, Darra, (1998) "Orly's Game of the Generals," *Philippine Graphic*, September 14, p. 18.

Gutierrez, Eric, (1994) *The Ties that Bind: A Guide to Family, Business and Other Interests in the Ninth House of Representatives*, Pasig City: Philippine Center for Investigative Journalism, Institute for Popular Democracy.

Hall, Rosalie Arcala, (2004) "Exploring New Roles for the Philippine Military: Implications for Civilian Supremacy," *Philippine Political Science Journal*, 25 (48), pp. 107-130.

Hawes, Gary, (1987) *The Philippine State and the Marcos Regime: The Politics of Export*, Ithaca: Cornell University Press.

Hedman, Eva-Lotta E., and John T. Sidel, (2000) *Philippine Politics and Society in the Twentieth Century: Colonial Legacies, Post-Colonial Trajectories*, London: Routledge.

Hernandez, Ariel C., and Belle Garcia Hernandez, "Building Capacity on Conflict

参考文献

Management and Peace Building for the Military," Balay Mindanaw Foundation, Inc.（http://www.balaymindanaw.org/bmfi/about/programs-military.html　2012年6月28日アクセス）．
Hernandez, Carolina G., (1979) "The Extent of Civilian Control of the Military in the Philippines 1946-1976," Ph. D. dissertation, New York: State University of New York at Buffalo.
─── , (1985) "The Philippines," Zakaria Haji and Harold Crouch, eds., *Military-Civilian Relations in South-East Asia*, Singapore: Oxford University Press, pp. 157-196.
─── , (1985) "The Philippine military and civilian control: under Marcos and beyond," *Third World Quarterly*, Vol. 7, No. 4, pp. 907-923.
─── , (1987) "Towards Understanding Coups and Civilian-Military Relations," *Kasarinlan*, Vol. 3, No. 2, p. 1, pp. 16-24.
─── , (1997) "The Military and Constitutional Change: Problems and Prospects in a Redemocratized Philippines," *Public Policy*, Vol. 1, No. 1, pp. 42-61.
─── , (2005) "Institutional Responses to Armed Conflict: The Armed Forces of the Philippines," A Background paper submitted to the Human Development Network Foundation, Inc. for the Philippine Human Development Report.
─── , (2008) "Rebuilding Democratic Institutions: Civil-military Relations in Philippine Democratic Governance," Hsin-Huang Michael Hsiao, ed., *Asian New Democracies: The Philippines, South Korea and Taiwan Compared*, Taipei: Taiwan Foundation for Democracy and Center for Asia-Pacific Area Studies, pp. 39-56.
Holmes, Roland E. D., (2012) *Between Rhetoric and Reality: The Progress of Reforms under the Benigno S. Aquino Administration*, V. R. F. Series, No. 476, July, Institute of Developing Economies, Japan External Trade Organization.
Honasan, Gregorio, (1991) "Excerpts from Gringo Interview: 'Our Armed Base in still within the AFP'," *Philippine Free Press*, Vol. 83, No. 45, p. 15, p. 42.
─── , *National Recovery Program*.
Honna, Jun, (2003) *Military Politics and Democratization in Indonesia*, London: Routledge.
Hunter, Wendy, (1997) *Eroding Military Influence in Brazil: Politicians Against Soldiers*, Chapel Hill: The University of North Carolina Press.
Huntington, Samuel P., (1957) *The Soldier and the State: The Theory and Politics of Civil-Military Relations*, Cambridge: Harvard University Press（市川良一訳（1978）『軍人と国家　上・下』原書房）．

―――, (1968) "Civil-Military Relations," David L. Sills, ed., *International Encyclopedia of the Social Sciences Vol. 2*, Macmillan, pp. 487-495.
Hutchcroft, Paul D., (1991) "Oligarchs and Cronies in the Philippine State: The Politics of Patrimonial Plunder," *World Politics*, 43, April, pp. 414-450.
―――, (1998) *Booty Capitalism: The Politics of Banking in the Philippines*, Ithaca: Cornell University Press.
―――, (1999) "After the Fall: Prospects for Political and Institutional Reform in Post-Crisis Thailand and the Philippines," *Government and Opposition*, Vol. 34, No. 4, pp. 473-497.
Hutchinson, Greg, (2001) "Military Machinations," Ellen Tordesillas and Greg Hutchinson, *Hot Money, Warm Bodies: The Downfall of President Joseph Estrada*, Pasig City: Anvil Publishing, pp. 177-194.
Ilano, Alberto, (1988) "The Philippines in 1988: On a Hard Road to Recovery," *Southeast Asian Affairs 1988*, pp. 249-263.
Institute for Autonomy and Governance, (2011) *Choosing Peace: Security Sector Reform from the Ground*, Institute for Autonomy and Governance.
Institute for Strategic and Development Studies, *Developing Security Sector Reform Index in the Philippines: Towards Conflict Prevention and Peace-Building*, Updated SSRI Baseline and Proposed National Security Sector Reform Agenda, pre-publication version, Quezon City, Institute for Strategic and Development Studies with the United Nations Development Programme, the Office of the Presidential Adviser on Peace Process and the Commission on Human Rights of the Philippines.
Institute for Strategic Studies, Military Balance、各年版.
Isberto, Ramon, (1990) "Are Rebel of the Left and Right Converging?" *Midweek*, June 6, p. 23.
Jimenez, Raffy S., (2002) "To Extend or Not," *Newsbreak*, May 13, pp. 6-7.
Jose, Ricardo Trota, (1992) *The Philippine Army 1935-1942*, Quezon City: Ateneo De Manila University Press.
Karp, Jonathan, (1992) "The uncertain victor," *Far Eastern Economic Review*, 18, June, pp. 18-20.
Kerkvliet, Benedict J., (1977) *The Huk Rebellion: A Study of Peasant Revolt in the Philippines*, Berkeley: University of California Press.
Kessler, Richard J., (1989) *Rebellion and Repression in the Philippines*, New Haven: Yale University Press.

参考文献

Lande, Carl H., (1971) "The Philippine Military in Government and Politics," Morris Janowitz and Jacques van Doon, eds., *On Military Intervention*, Rotterdam: Rotterdam University Press, pp. 387-400.
―――, (1986) "The Political Crisis," John Bresnan, ed., *Crisis in the Philippines: The Marcos Era and Beyond*, Princeton: Princeton University Press, pp. 114-144.
Landingin, Roel, (2006) "Easy Money," *Newsbreak*, April 10, p. 14.
Laquian, Aprodicio A. and Eleanor R. Laquian, (2002) *The Erap Tragedy: Tales from the Snake Pit*, Pasig City: Anvil Publishing.
Lingao, Ed, (2003) "Arming the Enemy," *I: The Investigative Reporting Magazine*, July-September, pp. 9-12.
Linz, J. Juan and Alfred Stepan, (1996) *Problems of Democratic Transition and Consolidation: Southern Europe, South America, and Post-Communist Europe*, Baltimore: The Johns Hopkins University Press（荒井祐介、五十嵐誠一、上田太郎訳『民主化の理論：民主主義への移行と定着の課題』一藝社、2005年）.
Lopez, Antonio, (1994) "A Rebel's Life," *Asiaweek*, August 31, pp. 52-59.
Lorenzo, Guillermo R., (1991) *An Assessment of "Lambat Bitag" as a Counter Insurgency Plan*, Quezon City: National Defense College of the Philippines.
Luckham, Robin (1991) "Introduction: The Military, the Developmental State and Social Forces in Asia and Pacific: Issues for Comparative Analysis," Viberto Selochan, ed., *The Military, the State, and Development in Asia and the Pacific*, Boulder: Westview Press, pp. 1-49.
Martin, Raphael, (2003) "My Mistah," *Newsbreak*, September 29, pp. 9-10.
Maynard, Harold W., (1976) "A Comparison of Military Elite Role Perceptions in Indonesia and the Philippines," Ph. D. dissertation, The American University.
McBeth, John, (1990) "Who are YOU?" *Far Eastern Economic Review*, June 7, pp. 24-26.
―――, (1990) "A Fighting Chance," *Far Eastern Economic Review*, July 19, pp. 19-20.
―――, (1991) "Lost Leaders," *Far Eastern Economic Review*, February 21, pp. 10-11.
―――, (1993) "Broken Toys," *Far Eastern Economic Review*, September 9, p. 29.
McCoy, Alfred W., (1988) "RAM Boys: Reformist officers and the romance of violence," *Midweek*, September 21, pp. 29-33.
―――, (1994) "'An Anarchy of Families': The Historiography of State and Family in the Philippines," Alfred W. McCoy, ed., *An Anarchy of Families: State and Family in the Philippines*, Ateneo de Manila University Press, pp. 1-32.
―――, (1999) *Closer than Brothers: Manhood at the Philippine Military Academy*,

Pasig City: Anvil Publishing Inc.

Migdal, Joel S., (1988) *Strong Societies and Weak States: State-Society Relations and State Capabilities in the Third World*, Ithaca: Princeton University Press.

Mijares, Primitivo, (1986) *The Conjugal Dictatorship of Ferdinand and Imelda Marcos I*, 2nd ed., San Francisco: Union Square.

Miranda, Felipe B., (1985) "The Military," R. J. May and Francisco Nemenzo. eds., *The Philippines after Marcos*, London: Croom Helm, pp. 90-109.

———, and Rubin F. Ciron, (1988) "Development and the Military in the Philippines: Military Perceptions in a Time of Continuing Crisis," Soedjati Djiwanjono and Yong Mun Cheong, eds., *Soldiers and Stability in Southeast Asia*, Singapore: Institute of Southeast Asian Studies, pp. 163-212.

———, and Ruben F. Ciron, (1988) *Development and the Military, in the Philippines: Military Perceptions in a Time of Continuing Crisis*, Quezon City: Social Weather Stations.

———, (1992) *The Politicization of the Military*, UP Center for Integrative and Development Studies, Quezon City: University of the Philippines Press.

———, (1996) *The Philippine Military at the Crossroads of Democratization*, SWS Occasional Paper, Quezon City: Social Weather Station.

———, (2003) "Contemporary Public Opinion on Military Coups," *Newsbreak*, Supplement, Oct. 27, pp. 19-22.

Mogato, Manny, (2003) "Powertrip," *Newsbreak*, August 18, p. 20

Muego, Benjamin N., (1987) "Fraternal Organization and Factionalism within the Armed Forces of the Philippines," *Asian Affairs: An American Review*, Vol. 14, No. 3, Fall, pp. 150-162.

———, (1992) "Civilian Rule in the Philippines," Constantine P. Danopoulos, ed., *Civilian Rule in the Developing World: Democracy on the March?*, Boulder: Westview Press, pp. 209-224.

Nemenzo, Francisco, (1987) "A Season of Coups: Reflections on the Military in Politics," *Kasarinlan*, Vol. 2, No. 4, pp. 7-9.

———, (1988) "From Autocracy to Elite Democracy," Aurora Javate-De Dios, Petronilo Bn. Daroy and Lorna Kalaw-Tirol, eds., *Dictatorship and Revolution: Roots of People's Power*, Metro Manila: Conspectus, pp. 221-268.

Nordlinger, Eric A., (1977) *Soldiers in Politics: Military Coup and Governments*, Englewood Cliffs: Prentice-Hall.

Nun, Jose, (1967) "The middle-class military coup", Claudio Veliz, ed., *The Politics of*

Conformity in Latin America, London: Oxford University Press, pp. 66-118.
OECD, (2007) *OECD DAC Handbook on Security Sector Reform: Supporting Security and Justice*, Paris: Organization for Economic Cooperation and Development.
Pacis, Ma. Cecilia J., (2005) *Selected National Security Factors Impinging on Civil-Military Relations: Would the Military Intervene in the Future?*, Quezon City: National Defense College of the Philippines.
Pascual, Buenaventura C., (2007) *A Study of the Measures to Prevent Military Involvement in Political Destabilization*, Quezon City: National Defense College of the Philippines.
Patiño, Patrick and Djorina Velasco, (2006) "Violence and Voting in post-1986 Philippines," Aurel Croissant, Beate Martin, Sascha Kneip, eds., *The Politics of Death: Political Violence in Southeast Asia*, Münster: LIT Verlag, pp. 219-250.
Philippine Coalition for the International Criminal Court, (2011) *Building Bridges for Peace*.
Pinches, Michael, (1997) "Elite Democracy, Development and People Power: Contending Ideologies and Changing Practices in Philippine Politics," *Asian Studies Review*, Vol. 21, No. 2-3, pp. 104-120.
Pion-Berlin, David, (1997) *Through Corridors of Power: Institutions and Civil-Military Relations in Argentina*, University Park: The Pennsylvania State University Press.
Pobre, Cesar P., (2000) *History of the Armed Forces of the Filipino People*, Quezon City: New Day Publisher.
Porter, Gareth, (1987) *The Politics of Counterinsurgency in the Philippines: Military and Political Options*, Philippine Studies Occasional Paper No. 9, Honolulu: Center for Philippine Studies Center for Asian and Pacific Studies University of Hawaii.
"President Honasan?" *Asiaweek*, October 27, 1993, pp. 30-31.
"Purge in Magdalo," *Newsbreak*, Dec. 5, 2005, p. 38.
Pye, Lucian W., (1962) "Armies in the process of political modernization", John J. Johnson, ed., *The Role of the Military in Underdeveloped Countries*, Princeton: Princeton University Press, pp. 69-89.
Ramos, Fidel V., (1993) "Philippine 2000: Our Development Strategy," *Kasarinlan*, Vol. 9, No. 2 & 3, pp. 118-124.
―――, (1993) *A Call to Duty: Citizenship and Civic Responsibility in a Third World Democracy*, Manila: The Friend of Steady Eddie.
―――, (1994) *Time for Takeoff: The Philippines is Ready for Competitive Performance in the Asia-Pacific*, Manila: The Friend of Steady Eddie.

―――, (1995) *From Growth to Modernization: Raising the Political Capacity and Strengthening the Social Commitments of the Philippine State*, Manila: The Friend of Steady Eddie.

"Rebels to Senga: Lead the Coup," (2006) *Newsbreak Online*, Jul. 4 (http://newsbreak.com.ph/index.php?option=com_content&task=view&id=3760&Itemid=88889259 2010年6月29日アクセス).

Reyes, Dioscoro T., (2004) *A Study on the Nature of Philippine Civil-Military Relations and Its Impact on National Security*, Quezon City: National Defense College of the Philippines.

Rivera, Temario, (1994) *Landlords and Capitalists: Class, Family and State in Philippine Manufacturing*, Quezon City: University of the Philippines.

Salazar, Zeus A., (2006) *President ERAP: A Sociopolitical and Cultural Biography of Joseph Ejercito Estrada, Volume 1: Facing the Challenge of EDSA II*, translated into English by Sylvia Mendez Ventura, San Juan, Metro Manila: RPG Foundation, Inc.

Santos, Soliman M. Jr., (2010) "DDR and 'Disposition of Forces' of Philippine Rebel Groups (Overview)," Soliman M. Santos, Jr. and Paz Verdades M. Santos, eds., *Primed and Purposeful: Armed Groups and Human Security Efforts in the Philippines*, Geneva: Small Arms Survey, Graduate Institute of International and Development Studies, pp. 139-161.

Santos, Stephante D., (1990) "All about YOU," *Midweek*, May 30, pp. 11-13.

Schnabel, Albrecht and Hans-Georg Ehrhart, eds., (2005) *Security Sector Reform and Post-Conflict Peacebuilding*, Tokyo: United Nations University Press.

Servando, Kristine, (2010) "Some famous PMA adoptees are illegitimate," *Newsbreak Online*, March 2 (http://newsbreak.com.ph/index.php?option=com_content&task=view&id=7607&Itemid=88889066 2010年5月3日アクセス).

―――, (2010) "Record number of PMA adoptees running in polls," *Newsbreak Online*, March 4 (http://newsbreak.com.ph/index.php?option=com_content&task=view&id=7617&Itemid=88889066 2010年5月3日アクセス).

Scott, James C., (1972) "Patron-Client Politics and Political Change in Southeast Asia," *American Political Science Review*, Vol. 66, No. 1, pp. 91-113.

Selochan, Viberto (1989) *Could the Military Govern the Philippines?*, Quezon City: New Day Publishers.

―――, (1991) "The Armed Forces of the Philippines and Political Instability," Viberto Selochan, ed., *The Military, the State, and Development in Asia and the Pacific*,

Boulder: Westview Press, pp. 83-119.

Sidel, John T., (1999) *Capital, Coercion, and Crime: Bossism in the Philippines*, Stanford: Stanford University Press.

Silliman, G. Sidney, and Lela Garner Noble, eds., (1998) *Organizing for Democracy: NGO's, Civil Society and the Philippine State*, Honolulu: University of Hawaii Press.

Simons, Lewis M., (1987) Worth Dying For, New York: William Morrow（鈴木康雄訳『アキノ大統領誕生：フィリピン革命はこうして成功した』筑摩書房、1989年）.

Skocpol, Theda, (1985) "Bringing the State Back In: Strategies of Analysis in Current Research," Peter B. Evans, Dietrich Rueschemeyer and Theda Skocpol, eds., *Bringing the State Back In*, Cambridge: Cambridge University Press, pp. 3-37.

Social Weather Stations, (1988) *Public Reactions to the August 28, 1987 Coup Attempt*, A Social Weather Report, Quezon City: Social Weather Stations.

―――, (1989) *Survey of Public Opinion on the December 1, 1989 Coup Attempt*, SWS Occasional Paper, December, Quezon City: Social Weather Stations.

―――, "SWS September 2003 Survey," 30 September 2003（http://www.sws.org.ph/ 2013年10月20日アクセス）.

―――, "Net Satisfaction Ratings of Presidents Philippines, May 1986 to Dec 2009,"（http://www.sws.org.ph/ 2013年10月19日アクセス）.

―――, "First Quarter 2006 Social Weather Survey," 3 April 2006（http://www.sws.org.ph/ 2013年10月20日アクセス）.

Stepan, Alfred, (1973) "The New Professionalism of Internal Warfare and Military Role Expansion," Alfred Stepan, ed., *Authoritarian Brazil: Origins, Policies, and Future*, New Haven: Yale University Press, pp. 47-65.

―――, (1988) *Rethinking Military Politics: Brazil and the Southern Cone*, Princeton: Princeton University Press（堀坂浩太郎訳『ポスト権威主義：ラテンアメリカ・スペインの民主化と軍部』同文舘、1989年）.

Tasker, Rodney, (1986) "A Delicate Balance," *Far Eastern Economic Review*, 11 December, pp. 50-51.

Tiglao, Rigoberto D., (1990) "Rebellion from the Barracks: The Military as Political Force", *Kudeta: The Challenge to Philippine Democracy*, Manila: Philippine Center for Investigative Journalism, pp. 1-23.

―――, (1992) "Man of the Makati Club," *Far Eastern Economic Review*, 28, May, pp. 14-15.

―――, (1992) "Corporate Cabinet," *Far Eastern Economic Review*, 9, July, p. 11.

———, (1993) "Man in Motion," *Far Eastern Economic Review*, November, 18, pp. 26-27.

———, (1995) "Let's Try the Front Door," *Far Eastern Economic Review*, May 11, 1995, p. 25.

Timberman, David G., (1987) "The Philippines in 1986," *Southeast Asian Affairs*, pp. 239-263.

———, (1991) *A Changeless Land: Continuity and Change in Philippine Politics*, Singapore: Institute of Southeast Asian Studies.

The Editors, (2008) "Current Data on the Indonesian Military Elite, September 2005 – March 2008," *Indonesia*, 85, April, pp. 79-121.

"The Rebels," *Newsbreak*, March 27, 2006, p. 17.

Thompson, Mark R., (1996) *The Anti-Marcos Struggle: Personalistic Rule and Democratic Transition in the Philippines*, Quezon City: New Day Publishers.

———, (1998) "The Marcos Regime in the Philippines," H. E. Chehabi and Juan J. Linz, eds., *Sultanistic Regimes*, Baltimore: The Johns Hopkins University Press, pp. 206-229.

Thompson, W. Scott, (1992) *The Philippines in Crisis: Development and Security in the Aquino Era 1986-92*, New York: St. Martin's Press.

Torre, Ricky S., (1998) "On the Defensive," *Philippine Free Press*, September 12, p. 2.

———, (2003) "Conspiracy Theory," *Philippines Free Press*, August 16, pp. 2-4.

Ubarra, Cecilia T., (2010) "Forging the Peace in Buliok: Colonel Ben Deocampo Dorolfino & the 2nd Marine Brigade (A Case Study)," *Autonomy & Peace Review*, Volume No. 6, Issue No. 2, April-June, "Security Sector Transformation: Praxis from the Ground," Institute for Autonomy and Governance, Konrad Adenauer-Stiftung, pp. 147-200.

"Unlad Bayan: To Build, Not to Destroy," *Philippine Free Press*, Dec. 30, 1995, pp. 26-27.

Trillanes IV, Antonio F., (2004) *Preventing Military Interventions*, A Policy Issue Paper.

Vallejera, Jayvee, (2000) "Playing with Fire," *Philippine Free Press*, Vol. 91, No. 52, p. 10.

Velasco, Ma. Anthonette C. and Angelito M. Villanueva, (2000) *Reinventing the Office of the Secretary of National Defense*, Quezon City: National Defense College of the Philippines.

Vitug, Marites Danguilan, (1992) "Ballots and Bullets: The Military in Elections," Lorna

Kalaw-Tirol and Sheila S. Coronel, eds., *1992 & Beyond: Forces and Issues in Philippine Elections*, Manila: Philippine Center for Investigative Journalism, pp. 79-93.

Vitug, Marites Danguilan, and Glenda M. Gloria, (2006) "Failed Enterprise," *Newsbreak*, March 27, pp. 12-15.

Weeks, Gregory, (2003) *The Military and Politics in Postauthoritarian Chile*, Tuscaloosa: The University of Alabama Press.

Weekley, Kathleen, (2001) *The Communist Party of the Philippines 1968-1993: A Story of Its Theory and Practice*, Quezon City: The University of the Philippines Press.

Welch, Claude E. and Arthur K. Smith, (1974) *Military Role and Rule*, North Scituate: Duxbury Press.

Welch, Claude E., (1976) "Civilian Control of the Military: Myth and Reality," *Civilian Control of the Military: The Theory and Cases from Developing Countries*, New York: State University of New York Press, pp. 1-41.

"We are Reaching out to Our Senior Officers," *Newsbreak*, March 13, 2006, pp. 14-15.

"What's the Mission?" *Asiaweek*, May 11, 1994, p. 31.

Working Group on Security Sector Reform, Ateneo de Manila University, School of Social Sciences, Department of Political Science.

Wright, Martin, ed., (1988) *Revolution in the Philippines?: Keesing's Special Reports*, Harlow: Longman.

Wurfel, David, (1988) *Filipino Politics: Development and Decay*, Ithaca: Cornell University Press（大野拓司訳（1997）『現代フィリピンの政治と社会：マルコス戒厳令体制を超えて』明石書店）.

Yabes, Criselda, (2009) *The Boys from the Barracks: The Philippine Military After EDSA*, Updated Edition, Pasig City: Anvil Publishing, Inc.

Yap, Romulo, (2007) "A review of the government's counter-insurgency strategies," *National Security Review*, August, pp. 33-52.

Zamora, Fe B., (1987) "Ramos & RAM: On a Collision Course," *Sunday Inquirer Magazine*, September 6, pp. 8-9.

政府機関・議会：資料・法令

Abadia, Lisandro, (1991) "The AFP in the Nineties," *Fookien Times Philippines Yearbook 1991*, p. 74, pp. 240-244.

―――, (1992) "At the Threshold of the 21st Century," *Fookien Times Philippines*

Yearbook 1992, p. 74, p. 256.

―――, (1993) "The Demand of the Future," *Fookien Times Philippines Yearbook 1993*, p. 76, pp. 228-230.

Cabinet Oversight Committee on Internal Security, (2001) "National Internal Security Plan" (Version 3.0).

Commission on Appointments, (1992) *The Mandate to Confirm, Eighth Congress, July 1987 to June 1992*.

―――, (2004) *Pursuing the Mandate: 12th Congress July23, 2001-June 30, June*.

―――, *Journal of Commission on Appointments, various issues*.

Commission on Audit, *Annual Audit Report*, 各年度版.

Commission on Elections, (1991) Resolution No. 2320.

―――, (2006) Resolution No. 7747.

―――, (2010) Resolution No. 8741.

Coordinating Council of the Philippine Assistance Program, Office of the President, Republic of the Philippines, (1993) "Medium-Term Philippine Development Plan 1993-1998."

Department of National Defense, *Annual Report 1989*.

―――, (2006) *Transforming while Performing: Significant Accomplishments, August 2004 to November 2006*.

―――, (2010) *Press Release*, Feb., 21, Office for Public and Legislative Affairs.

De Villa, Renato S., (1992) "Quantum Leap towards Peace and Stability," *Fookien Times Philippines Yearbook 1992*, p. 72, pp. 252-256.

―――, (1993) "National Stability and Unity," *Fookien Times Philippines Yearbook 1993*, p. 74, p. 228.

―――, (1996) "Securing Economic Growth," *Fookien Times Philippines Yearbook 1996*, pp. 98-100.

―――, (1998) "Bridges of Reconciliation," *Fookien Times Philippines Yearbook 1997*, p. 75.

Enrile, Arturo, Army Chief, (1992) "The Philippine Army: Toward a New Century," *Fookien Times Philippines Yearbook 1992*, p. 78, p. 266.

Executive Order No. 292, instituting the Administrative Code of 1987, Book IV, National Defense, Department of National Defense.

Fact-Finding Commission, (1990) *The Final Report of the Fact-Finding Commission*.

―――, (2003) *The Report of the Fact-Finding Commission: Pursuant to Administrative Order No. 78 of the President of the Republic of the Philippines, dated July 30,*

参考文献

2003, Pasay City: Fact-Finding Commission, October.

Ileto, Rafael M., Secretary of National Defense, (1987) "At the Crossroads," *Fookien Times Philippines Yearbook 1986-87*, p. 58, p. 251.

Independent Commission to Address Media and Activist Killings, Created under Administrative Order No. 157, Manila, 2006.

Malacanan Palace, "Proclamation No. 75," 2010.

―――, Memorandum Circular No. 33, Institutionalizing the Kapit-Bisig Laban sa Kahirapan (KALAHI) as the Government's Program for Poverty Reduction.

―――, Memorandum Order. 6, Directing the Formulation of the National Security and National Security, 2010.

National Amnesty Commission, (2000) *Amnestiya*, Special Issue, Fourth Quarter.

Philippine House of Representatives, "Record of the House of Representatives," various issues.

Philippine Senate, *History of the Bills and Resolutions 1992-1995*, Vol. 3, Ninth Congress.

―――, *History of Bills and Resolutions*, 10th Congress, 1995-1998, Vol. 3.

―――, "Journal of the Senate," various issues.

―――, "Record of the Senate," various issues.

Ramos, Fidel V., (1986) "The NAFP: Its First Hundred Days," *Fookien Times Philippines Yearbook 1985-86*, pp. 76-77, p. 298.

―――, (1988) "The DND-AFP: Leading the People for Democracy," *Fookien Times Philippines Yearbook 1987-88*, p. 54, pp. 240-243.

―――, (1989) "Security, Development and Reconciliation," *Fookien Times Philippines Yearbook 1989*, p. 62, pp. 264-270.

―――, Secretary of National Defense, (1991) "A New Era of Peace and Stability," *Fookien Times Philippines Yearbook 1991*, p. 72, pp. 250-254.

―――, President of Republic of the Philippines, (1993) "State of the Nation," *Fookien Times Philippines Yearbook 1993*, pp. 26-27, pp. 238-240.

Republic of the Philippines, (1935) The Constitution of the Republic of the Philippines.

―――, (1973) 1973 Constitution of the Republic of the Philippines.

―――, (1987) Philippine Constitution.

―――, (1990) Republic Act No. 6975.

―――, (1995) Republic Act No. 7898.

―――, (1996) Republic Act No. 8186.

―――, (1998) Republic Act No. 8551.

―――, (2002) Republic Act No. 9188.
―――, (2010) *National Security Policy 2011-2016: Securing the Gains of Democracy*.

国軍・国家警察：資料・広報雑誌

Ang Tala, August, 1988.

"AFP Reforms (Excerpt from the speech of CSAFP Gen. Eduardo SL Oban Jr. at the Senate, 12 May 2011)," *AFP Bayanihan News: For Peace and Progress*, Vol. 1, No. 1, Armed Forces of the Philippines, Camp General Emilio Aguinaldo, May 2011, p. 1, p. 3.

AFP National Development Support Command, (2010) *The AFP Peace Builder Magazine, nadescom*, The Official Publication of the AFP National Development Support Command, Midyear Issue.

AFP SOT Center, (2002) *SOT Manual*, Office of the Deputy Chief of Staff for Operations, J3, Armed Forces of the Philippine.

Alcudia, Cpt. Ronald Jess S., (2006) "CMO Evolution: Towards Mission Relevance," *Army Journal*, 1st Quarter, Philippine Army, pp. 27-30.

"Applying Civil-Military Operations," (2010) *Army Troopers Newsmagazine*, July-Aug., Philippine Army, pp. 32-33.

Ardo, Rey C., (2007) "Military Dimension of National Security," Raymund Jose G. Quilop, ed. *Peace and Development: Towards ending Insurgency*, Office of Strategic and Special Studies, Armed Forces of the Philippines, pp. 11-18.

Armed Forces of the Philippines, (1987) Staff Memorandum Number 05-87, "Mission, Functions and Organization of the Liaison Office for Legislative Affairs, GHQ, AFP," 16 July 1987.

―――, (2008) *In Defense of Democracy: Countering Military Adventurism*, A Proposed AFP Policy Paper, Quezon City: Office of Strategic and Special Studies, Armed Forces of the Philippines.

―――, (2010) *Internal Peace and Security Plan "Bayanihan"*, General Headquarters, Armed Forces of the Philippines.

Armed Forces of the Philippines Campaign Plan "Kaisaganaan", Letter of Instructions 14/97, 1997.

Baladad, Col. Aurelio B., (2006) "The Joint CMO Doctrine: A Short Introduction," *Army Journal*, 1st Quarter, Philippine Army, pp. 18-23.

Balaoing, Col. Cristolito P., (1999) "Defense Planning: Challenges for the Philippines," *Philippine Military Digest*, Vol. IV, No. 1, January-March, pp. 22-54.

参 考 文 献

Buenaflor, Maj. Gen. Jaime B., (2007) "The NDSC will Deliver," *Army Troopers Newsmagazine*, Vol. 1, No. 2, Philippine Army, p. 16.

Cruz Jr., Col. Francisco N., (2007) "The Primacy of Civil Military Operations," *Tala*, Vol. XV, No. 2, Philippine Army, pp. 10-11.

―――, (2010) "Quike War Strategy: Ending the Insurgency by 2010," AFP Civil-Military Operations School, Civil Relations Service, Armed Forces of the Philippines.

Custodio, Jose Antonio, (1999) "In Search of a National Security Strategy," *OSS Digest*, 3rd and 4th quarter, Office of Strategic and Special Studies, Armed Forces of the Philippines, pp. 28-30.

Esperon Jr., Hermogenes C., (2006) "Perspective from the Military," *OSS Digest*, 4th Quarter, Office of Strategic and Special Studies, Armed Forces of the Philippines, pp. 3-9.

Franco, Joseph Raymond S., (2007) "Enhancing Synergy within the Defense Establishment," Raymund Jose G. Quilop, ed. *Peace and Development: Towards ending Insurgency*, Office of Strategic and Special Studies, Armed Forces of the Philippines, pp. 27-42.

Kakilala, Col. Joselito E., (2008) "Walking the Talk for Peace and Development," *Tala*, Vol. XVI, No. 3, Philippine Army, pp. 4-7.

Letter of Instruction: 42/94 "Unlad Bayan".

Narcise, Jovenal D., (1995) "A Study on the Confirmation of AFP Officers Promotion by the Commission on Appointments," Commandant's Paper, Armed Forces of the Philippines, Quezon City: Joint Service Command and Staff College.

Oban Jr., Gen. Eduardo SL., (2011) "Winning the Peace through 'Bayanihan'," *OSS Digest*, 2/3 Qtr. 2011, Office of Strategic and Special Studies, pp. 7-17.

Office of Strategic and Special Studies, Armed Forces of the Philippines, (2007) *A Call for Urgency: Towards Ending Insurgency and Military Adventurism*, December.

OG7 PA Research Staff, (2009) "Enhanced CMO to Better Serve the People Across the Land," *Army Troopers Newsmagazine*, Vol. 2, No. 10, Philippine Army, pp. 12-15.

Penaredondo, Romeo T., (2003) "The Truth Behind the Oakwood Munity," *Tala Magazine*, Vol. 11, 3rd QTR, Philippine Army, pp. 9-10.

Philippine Army, (1995) *Philippine Army ACCORD Handbook*, Kalayaan Publishing Inc.

―――, (2008) "The Philippine Army: Still Going Strong at 111th Foundation Year," *Army Troopers Newsmagazine*, Vol. 1, No. 4, March, Philippine Army, pp. 2-9.

"Philippine Army One Cohesive Force Fighting Towards A Secured and Stable Future," (2002) *Tala Magazine*, AFP 2002 Anniversary Issue, Vol. 10, Last QTR, Philippine Army, pp. 21-25.

Philippine Military Academy, (1989) *The Academy scribe*, 2nd ed. Baguio City: Philippine Military Academy.

PNP News Release, (2001) "PNP Officials Face Probe," PNP Public Information Office, March 1.

Quilop, Raymund Jose G. (2003) "The Political Economy of Armed Forces Modernization Program: The Case of the AFP Modernization Program," *OSS Digest: A Forum for Security and Defense Issues*, January-June, Office of Strategic and Special Studies, Armed Forces of the Philippines, pp. 4-7.

―――, (2007) "National Security and Human Security: Searching for their Nexus in the Philippine Setting," Raymund Jose G. Quilop, ed., *Peace and Development: Towards ending Insurgency*, Office of Strategic and Special Studies, Armed Forces of the Philippines, pp. 19-25.

Regencia, Ferozaldo Paul T., (2008) *National Development Priority Area Projects: Prospects for Integration*, Quezon City: Armed Forces of the Philippines Command and General Staff College.

Reyes, Angelo T. (1994) "The AFP's Developmental Role: A Conceptual Basis," Delivered during AFP Command Conference on 13 June 1994.

Sollesta, Lt Col. Lyndon J., (2009) "Special Report on Kalayaan Barangays Program (KBP) Projects in Bicol Region," *Army Troopers Newsmagazine*, Vol. 2, No. 12, Dec., Philippine Army, pp. 21-22.

"The ALPS Program," (2004) *Tala Magazine*, Vol. XII, No. 2, 4th Quarter, Philippine Army, pp. 17-18.

定期刊行物

『アジア動向年報』
Asiaweek
Business Daily
Business World
Far Eastern Economic Review
Malaya
Manila Bulletin
Manila Chronicle

参 考 文 献

Manila Standard
Manila Times
Philippine Daily Inquirer
Philippine Free Press
Philippine Graphic
Philippine Star

国軍ホームページ（すべて2010年 6 月30日アクセス）

北部ルソン統合軍管区　http://www.afp.mil.ph/Nolcom/Index.htm
中部統合軍管区　http://www.centcom.ph/
陸軍第 1 歩兵師団　http://www.army.mil.ph/Army_Sites/INFANTRY%20DIVISIONS/1IDWebpage/cg,1id.htm
陸軍第 4 歩兵師団　http://www.diamondtroopers.com/lineage1.html
陸軍第 5 歩兵師団　http://www.army.mil.ph/Army_Sites/INFANTRY%20DIVISIONS/5ID_latest/index.html
陸軍第 6 歩兵師団　http://www.kampilantroopers.com/Lineage.html
陸軍第 7 歩兵師団　http://www.army.mil.ph/Army_Sites/INFANTRY%20DIVISIONS/7ID/lineage_of_commanders.htm
陸軍第 8 歩兵師団　http://8idlineage.blogspot.com/
陸軍第 9 歩兵師団　http://www.army.mil.ph/Army_Sites/INFANTRY%20DIVISIONS/9ID/COMMANDERS.htm

　　　　　　　あ と が き

　本書は、2007年9月に立命館大学大学院国際関係研究科に提出した博士論文「ポスト・マルコス期フィリピンにおける軍と政治：権威主義体制の残滓・エリート民主主義・国家」に、博士論文提出後に執筆・刊行した下記3篇の論文を加えて、大幅に加筆・修正したものである。また、刊行にあたっては、立命館大学の学術図書出版推進プログラムの助成を受けた。
・「フィリピン国軍将校の昇進過程と任命委員会：任命委員会の資料にみる将校と政治家の関係を中心に」『立命館国際地域研究』26号、2008年、113-122ページ。
・「忠誠と報奨の政軍関係：フィリピン・アロヨ大統領の国軍人事と政治の介入」『東南アジア研究』48巻4号、京都大学東南アジア研究所、2011年、392-424ページ。
・「フィリピンにおける『参加型治安部門改革』の試み：アキノ政権下の国内平和安全保障計画と市民社会の役割」『アジア・アフリカ研究』53巻2号、2013年、1-21ページ。

　筆者がフィリピンの政治を研究し始めたのは大学院に入学してからである。幅広く東南アジア諸国の政治を勉強していた筆者がフィリピンに注目するきっかけとなったのは、2001年1月の「エドサ2」であった。民主的に選出された大統領が、国民の抗議行動と国軍の離反で失脚したのである。もともと東南アジア政治における軍部の役割に興味を持っていた筆者は、この「エドサ2」を契機に民主化後のフィリピンの国軍と政治の関係を研究テーマに選択した。その後、現在まで幾度となくフィリピンに足を運び研究を続けるとともに、人や社会の魅力と奥深さを折に触れて感じている。
　2007年に博士論文を提出したが、書籍化に際しては、2010年の大統領選挙と政権交代を見届けたうえで、それまでの過程と新政権成立後の展開を必要に応

じて反映させたいと考えた。そうした作業を行ったため、博士論文提出から本書の刊行までに長い時間がかかってしまった。

　筆者が本書を完成させるまでに多くの方々のご指導とご支援を賜った。まず、大学院修士課程から博士号取得までの間、研究指導教官として筆者をお導きくださった立命館大学国際関係学部の松下冽教授には、公私にわたり大変な御厚情を賜った。研究の行き詰まりに多々直面した筆者であったが、松下先生が時折かけていただいた声により研究を続けることができ、なんとか本書の完成にこぎつけることができたと考えている。松下先生の助言と支援、そして筆者を気長に暖かく見守っていただいた寛大さなくしては、本書の完成はなかったであろう。また、立命館大学国際関係学部の本名純教授の助言や支援も、本書を完成させるにあたり欠かせないものであった。本名先生には博士論文の副査を担当していただいたことに加え、先生が代表を務める研究プロジェクトにも参加させていただいている。また、地域研究のスペシャリストである本名先生には、筆者が書いた雑誌論文へのコメントに加え、地域研究に従事する者の姿勢、心得、手法など、様々なことを助言していただいている。そして、アテネオ・デ・マニラ大学のジェニファー・サンチアゴ・オレタ先生、フィリピン大学のカロリーナ・ヘルナンデス先生、ノエル・モラダ先生、筆者を受け入れフィリピンにおける研究活動を全般的に支えていただいたフィリピン大学第三世界研究所の方々、とりわけ研究所長（当時）のテレサ・エンカルナシオン・タデム先生にもご御礼を申し上げたい。紙幅の都合で名前に言及することができないが、上記の方々の他にも筆者が研究を進めていくうえでお世話になった方々は数知れない。こうした方々のご指導・ご協力がなければ、筆者が研究を進め本書を刊行することは不可能であった。また、出版を引き受けていただいた法律文化社の小西英央様にも非常にお世話になった。

　最後に、自分勝手に好きなことをし続けてきた私を支え暖かく見守ってくれている妻、両親に、心からの感謝の気持ちを込めて本書を捧げたい。

山根　健至

索　引

【A-Z】

ACCORD……218-200
ALPS……219-220
Balay Mindanaw Foundation, Inc.……270
CAFGU……61, 80-81, 84, 207-208
CARES……219-220
CHDF……57-58, 61, 80
KALAHI……221
Kalayaan Barangay Program（KBP）……221, 223
Lambat Bitag……111-112, 210, 214, 216
MEDCAP……220
RAM（国軍改革運動）……42-47, 55-57, 60, 65-70, 100, 103-108, 119, 167-170, 172, 232, 234, 237-240, 250
Unlad Bayan……111-112, 212, 218
YOU（青年将校連盟）……56, 66-70, 103-107, 119, 167-170, 172, 232, 237, 240, 242, 250

【あ　行】

アキノ、コラソン……1, 14, 75, 78, 107, 131-132, 143, 157-158, 162, 165, 210, 242
アキノ、ベニグノ……40, 43-44
アキノ3世、ベニグノ……4, 139, 199, 250-251, 266-267, 271, 273
アバット、フォルトゥナト……62, 153, 158, 171, 208
アバディア、リサンドロ……67, 89, 110, 143, 159, 171, 204
アメリカ……27-30, 32, 35, 85, 233
アメリカ軍基地……28, 87-88, 204
アルモンテ、ホセ……62, 101, 113, 118-120
アロヨ、グロリア……2-4, 90, 138, 157, 160-161, 163-164, 169-170, 177, 213, 220-221, 275
安全保障環境……204
安全保障政策……5, 7, 11, 92
インフラ整備……220-223

ウィココ、レイナルド……154, 165
エストラダ、ジョセフ……2, 90, 147, 199, 213, 238, 240, 243, 249
エストラダ政権の危機……157
エスピノサ、エドガルド……159-160, 162-163, 182-183
エスペロン、ヘルモヘネス 192, 194-195, 199, 252
エドサ 1……179, 238, 241-242, 247
エドサ 2……147, 163-164, 167, 169, 171-172, 179, 181-184, 232, 238, 241-242, 247, 249
エドサ 3……168, 181-184
エブダネ、ヘルモヘネス……155-156, 159-160, 163, 182-184
エリート一族支配……67
エリート間政治と国軍……29
エリート政治……232
エリート政治一族……105
エリート層……30
エリート民主主義……13-16, 70, 83-84
エルミタ、エドゥアルド……61-62, 77-78, 81, 86, 101
エンリレ、アルトゥーロ……89, 114, 117, 204
エンリレ、フアン・ポンセ……41, 43-45, 65-66, 169-170
オークウッド事件……233, 244-247, 249, 251
オバン、エドゥアルド……274-275
恩　赦……68, 103, 167, 232, 242, 250-252

【か　行】

ガーディアン同胞財団……238
介入の機会……63, 244
家産制……16, 37
家産的特徴……16
ガズミン、ヴォルテル……275
カトリック教会……44, 157, 248
カリムリム、ホセ……153

313

キャムコ、ロイ……………………190, 192
共産主義勢力 28-29, 32, 57-61, 64, 80, 82, 84-87, 91, 100, 103, 204, 206-207, 210-212, 216-217
クーデタ 1-5, 12, 43, 48-49, 56-57, 60-61, 63-70, 75, 78, 83-84, 99-100, 104, 107-108, 135-136, 165-166, 181, 190, 194-195, 199
クーデタの噂……………………………151
グダニ、フランシスコ……………191-192, 195
クライエンテリズム………………………30, 47
クローニー…………………………16, 66, 159
クローニズム………………………………67, 189
軍事支出……………………………………88
軍事予算……………………………………61
軍人恩給基金………………………………151
軍人精神……………………………120, 224
警察軍………………27-28, 30, 39, 80, 82-83
ケルビン、アリエル……………194, 241, 251-252
権威主義体制…………………1, 3, 6, 8-10, 36-37
憲法（1935年憲法）………………31, 37, 129
憲法条項……………………………………249
国軍改革…………………43, 65-67, 70, 108, 239
国軍近代化（法）…………………87-90, 109
国軍参謀総長……32, 34, 41, 140, 184, 186-187, 198
国軍人事……34, 36, 63, 102, 128, 139-142, 152, 177, 275
国軍の「改革志向」…………………………272
国軍の介入に対する社会的容認……………247
国軍の亀裂…………………………41-42, 189, 199
国軍の掌握…………35-36, 62, 100, 113, 142, 152, 180-181, 189
国軍の政治化…1, 3-4, 8, 10, 45-46, 117, 126, 136, 147, 171, 224
国軍の政治関与………………………………3, 179
国軍の政治志向……………………………1, 8, 171
国軍の不満 41-42, 56-58, 152, 189, 191, 193, 198, 243
国軍の役割………8, 28, 35, 38, 45, 108, 110, 118
国軍の利益………………………10, 58, 62, 64, 75
国軍の離反……………………165-166, 199, 241-242, 247
国軍反乱派……………………64, 84, 100, 103, 107, 114
国軍と選挙……………………………………127

国軍予算……………………………………88
国軍利益……………………56-58, 61, 149, 152
国際人道法………………………268-270, 272, 277
国内安全保障…………………9, 58, 64, 87, 258
国防省…………43, 63, 65, 76-78, 83, 86, 88, 91-92, 149-150
国防予算……………………………………77, 90
国民世論……………………………………63-64, 90
国家開発支援司令部（NDSC）……………222
国家警察………82-83, 153, 159-161, 163-164, 181, 205-206, 208, 212
国家建設……………………………………111
国家国内安全保障計画（National Internal Security Plan：NISP）………………213
国家再生計画……………………234, 239, 246
国家の家産的特徴……………………………47
コファンコ、エドゥアルド………………66, 101-102
個別的関係……………………………………45
コミュニティ開発……………………218, 220

【さ　行】

参加型ガヴァナンス………………………272
サンチャゴ、ディフェンソール……102, 138, 170
支持撤回………………163, 165-166, 243, 250
支配エリート…………………………………32, 69
市民社会……………………268-269, 272, 274, 276
準軍組織……………………57-58, 61, 64, 211
将校と政治家の個別的な関係…………31, 172, 198
人権侵害…………………………………3, 57, 64, 108
新憲法（1987年憲法）………57-58, 63, 76, 82, 131, 140, 148, 165, 205
新人民軍……………………42, 58-60, 85, 207, 233
シン枢機卿………………………157-158, 162
真相究明委員会（ダビデ委員会）……108, 235-237
真相究明委員会（フェシリアーノ委員会）……181, 234, 236-238, 251
スルタン主義体制……………………………36
政権の正統性…………………………………11
政治エリート………………27-28, 76, 106, 118
政治介入……………………………………165, 171
政治介入の機会………………………………11
政治的殺害……………………………………2

正当性 191, 244
センガ、ヘネロソ 193-194
選挙管理委員会 128, 190
選挙不正 193-194, 198
全国民的アプローチ 268
総合的アプローチ 209, 225

【た 行】

退役軍人 77-78, 84, 86, 91-94, 101-102, 113-115, 119-120, 148, 151, 158, 161, 165-166, 187
対外的防衛 7, 9, 87, 89-90, 109, 204-205
対外任務 206
大統領への忠誠 180, 193, 199
弾劾裁判 157, 162
治安部門改革 264
中　国 90, 206
忠　誠 38, 40, 196
忠誠的な将校 34-35
デイヴィッド、リカルド 273, 275
デヴィーリャ、レナト 61-62, 113, 157, 159, 167, 171, 205
特別作戦チーム（SOT） 215, 224
トリリャネス4世、アントニオ 233, 238-204, 242, 249, 251-252
ドロニラ、アマド 114

【な 行】

二月政変 44, 46, 59
人間の安全保障アプローチ 268, 271, 273-274, 277
任命委員会 31, 37, 57, 128

【は 行】

バウティスタ、エマニュエル 275
パトロネージ 131, 136
パトロン・クライアント関係 14, 33, 139
ハバコン、ガブリエル 190, 192, 194
バヤニハン 267, 269, 272, 274-278
バンギット、デルフィン 184, 195-196, 198, 275
反政府武装勢力 9, 79, 81
バンタイ・バヤニハン 277-278

反乱鎮圧 28, 204
反乱鎮圧作戦 7, 57
反乱鎮圧任務 111, 205-206
ビアソン、ロドルフォ 86-87, 143, 166
ファエルドン、ニカノル 246, 249, 251
フィリピン2000 100, 108-110, 117
フィリピン共産党 58-59
フィリピン国防大学 149
フィリピン士官学校 29-30, 42, 65, 68, 137, 152, 156, 160-161, 184, 234, 240
フィリピン退役軍人局 149
フク団 27, 29
不正疑惑 190, 192, 244
文民化 93-94, 148
文民優位 5-7, 10, 12-13, 16, 26, 28, 37-38, 41, 45-48, 56, 61, 63-64, 69-70, 75, 77, 84, 91, 94, 108, 148-149, 152, 172, 224-225
文民優位の逆説 256
文民優位の侵食 225
ベール、ファビアン 40, 49, 126
ベローヤ、レイナルド 159-160, 162-164
ホナサン、グレゴリオ 43, 67-68, 104-107, 119, 167, 169-170, 234, 238, 240, 242

【ま 行】

マグサイサイ、ラモン 29, 31
マグダロ 233-235, 237-239, 242, 244-245, 247
マルコス、フェルディナンド 1-5, 10, 13, 16, 34, 48, 58, 65, 126, 131
マルコス、イメルダ 43, 101
ミランダ、レナト 194, 241
民軍作戦（CMO） 214-215
民主主義 4, 65
民主主義体制 1, 3, 36, 48
民主主義の制度 5, 75, 83, 85, 126
民主主義の制度と実態 12
民生活動 29
民生任務 215
民族民主戦線 58, 60
ミンダナオ 270, 273
名誉同期生 137, 156, 196, 198
メルカド、オーランド 88, 138, 148-152,

158-159
メンドーサ、レアンドロ………154, 156, 159-160,
　　163-164, 182-183
モロ・イスラーム解放戦線………………207, 233

【や　行】

予算増………………………………………64
世　論………………………………………63
世論調査…………………………………248
弱い国家…………………………………118

【ら　行】

ラクソン、パンファロ……154-156, 160, 163-164,
　　167, 169-170

ラモス、フィデル……1-2, 5, 12, 41, 49, 56, 59-61,
　　63, 69, 75, 77-79, 81-85, 89, 143, 152-153,
　　155-157, 160, 167, 171, 206, 208, 212, 218,
　　232, 242
ラモスと国軍…………………………100-103
ラモスの開発志向……………………108-109
リム、ダニロ……167, 194, 241, 246-247, 250-252
レイエス、アンヘロ………159, 161-163, 165-166,
　　182-183, 233, 249
論功行賞………………………………163, 182

■著者紹介

山根　健至（やまね　たけし）

1977年大阪府生まれ。立命館大学大学院国際関係研究科博士後期課程修了。博士（国際関係学）。フィリピン大学第三世界研究所客員研究員を経て、現在、立命館大学立命館グローバル・イノベーション研究機構専門研究員。

主な業績

「忠誠と報奨の政軍関係：フィリピン・アロヨ大統領の国軍人事と政治の介入」『東南アジア研究』48巻4号、京都大学東南アジア研究所、2011年、392-424ページ

「フィリピンにおける『参加型治安部門改革』の試み：アキノ政権下の国内平和安全保障計画と市民社会の役割」『アジア・アフリカ研究』53巻2号、2013年、1-21ページ

『共鳴するガヴァナンス空間の現実と課題：「人間の安全保障」から考える』（共編著）晃洋書房、2013年　　など

Horitsu Bunka Sha

フィリピンの国軍と政治
──民主化後の文民優位と政治介入

2014年3月31日　初版第1刷発行

著者　山根 健至

発行者　田靡 純子

発行所　株式会社 法律文化社

〒603-8053
京都市北区上賀茂岩ヶ垣内町71
電話 075(791)7131　FAX 075(721)8400
http://www.hou-bun.com/

＊乱丁など不良本がありましたら、ご連絡ください。
　お取り替えいたします。

印刷：㈱冨山房インターナショナル／製本：㈱藤沢製本
装幀：白沢　正

ISBN 978-4-589-03581-3
©2014 Takeshi Yamane Printed in Japan

JCOPY　〈(社)出版者著作権管理機構　委託出版物〉

本書の無断複写は著作権法上での例外を除き禁じられています。複写される
場合は、そのつど事前に、(社)出版者著作権管理機構(電話 03-3513-6969、
FAX 03-3513-6979、e-mail: info@jcopy.or.jp)の許諾を得てください。

日本平和学会編 **平和を考えるための100冊+α** A5判・298頁・2000円	平和について考えるために読むべき書物を解説した書評集。古典から新刊まで名著や定番の書物を厳選。要点を整理・概観したうえ、考えるきっかけを提示する。平和でない実態を知り、多面的な平和に出会うことができる。
三上貴教編 **映画で学ぶ国際関係 II** A5判・220頁・2400円	映画を題材に国際関係論を学ぶユニークな入門書。国際関係の歴史・地域・争点における主要なテーマをカバーし、話題作を中心に50作品を厳選。新しい試みとして好評を博した『映画で学ぶ国際関係』の第2弾。
国際基督教大学平和研究所編 **脱原発のための平和学** A5判・226頁・2800円	福島原発事故を契機として、「核」のない平和な世界の創造へ向け、批判的かつ創造的に社会のあり方を提言するとともに、問題克服へ向け、領域横断的な思考と対話を提示する。小出裕章氏、秋山豊寛氏、吉原毅氏ほか寄稿。
仲正昌樹編 **政治思想の知恵** ―マキャベリからサンデルまで― A5判・252頁・2500円	「政治思想を学ぶことは人生の知恵を学ぶことだ」。編者の熱い思いで編まれた入門書。ホッブズ、ロック、ルソー、スミス、カント、ベンサム、ミル、アーレント、バーリン、ロールズ、ハーバマスら総勢14人の代表的思想家をとりあげる。
高橋 進・石田 徹編 **ポピュリズム時代のデモクラシー** ―ヨーロッパからの考察― A5判・246頁・3500円	ポピュリズム的問題状況が先行しているヨーロッパを対象として取り上げ、理論面と実証面から多角的に分析し、問題状況の整理と論点の抽出を試みた。同様の問題状況が現れつつある日本政治の分析にとって多くの示唆を与える。
小堀眞裕著 **ウェストミンスター・モデルの変容** ―日本政治の「英国化」を問い直す― A5判・324頁・4200円	日本の政治改革がお手本としてきた「ウェストミンスター・モデル」が揺らいでいる。その史的展開と変容のダイナミズムを実証的に考察。「英国化」する日本政治を英国から照射することにより日本政治の未成熟を衝く。

――法律文化社――

表示価格は本体（税別）価格です